Information&
Communication
信息与通信创新学术专著

Quantum Key Distribution Networks

量子密钥分发网络

▶ 曹原 赵永利 郁小松 张杰/著

人民邮电出版社

北 京

图书在版编目（CIP）数据

量子密钥分发网络 / 曹原等著. -- 北京：人民邮电出版社，2022.6（2023.4重印）
（信息与通信创新学术专著）
ISBN 978-7-115-56553-2

Ⅰ．①量… Ⅱ．①曹… Ⅲ．①通信密钥－研究 Ⅳ.
①TN918

中国版本图书馆CIP数据核字(2021)第093714号

内 容 提 要

　　本书是一本关于量子密钥分发网络的学术专著，内容涉及量子密钥分发网络的概念原理、发展现状、体系架构和关键技术等，出版的目的在于帮助读者更好地学习和掌握量子密钥分发网络的原理和技术。首先，本书介绍了量子密钥分发技术的背景，概述了量子密钥分发网络的基本概念、发展现状及前瞻；其次，介绍了量子密钥分发网络的体系架构；再次，介绍了量子密钥分发网络的关键技术，具体包括量子密钥分发网络的资源调控技术、中继部署技术、多租户提供技术和软件定义创新服务；最后，对量子密钥分发网络的未来发展进行了展望。

　　本书的适用对象主要是从事量子密钥分发网络研究的工程技术人员以及高校相关专业的教师和研究生。

◆ 著　　　曹　原　赵永利　郁小松　张　杰
　　责任编辑　代晓丽
　　责任印制　马振武

◆ 人民邮电出版社出版发行　　北京市丰台区成寿寺路 11 号
　　邮编　100164　　电子邮件　315@ptpress.com.cn
　　网址　https://www.ptpress.com.cn
　　固安县铭成印刷有限公司印刷

◆ 开本：700×1000　1/16
　　印张：14.5　　　　　　　　2022 年 6 月第 1 版
　　字数：285 千字　　　　　　2023 年 4 月河北第 3 次印刷

定价：149.80 元

读者服务热线：(010)81055493　印装质量热线：(010)81055316
反盗版热线：(010)81055315
广告经营许可证：京东市监广登字 20170147 号

前　言

随着经济发展和社会信息化进程加快，网络信息技术在国家政治、经济、文化、社会、军事等领域的应用日益广泛，保障网络信息安全已经成为关系国家经济发展、社会稳定乃至国家安全的重要战略任务。从密码学的角度来看，过去网络信息安全主要依靠经典密码学来保障，但量子信息技术的飞速发展带来了以量子计算为代表的计算能力的不断突破，使得当前信息通信系统中广泛使用的公钥密码体制面临着严峻的安全挑战。

虽然量子计算对经典密码体制产生了一定的负面影响，但量子信息技术也催生了能够应对量子计算威胁的量子密码学。量子密码学可以基于量子物理学原理实现信息论安全性。即使未来量子计算能力或算法方面取得突破，其安全性也仍然不受影响。量子密码学的关键技术是量子密钥分发技术，该技术也是量子通信技术的重要分支。量子密钥分发技术的出现及其实用化，为保障网络信息安全开辟了一条新的道路。

量子密钥分发网络是一种以量子密钥分发技术为核心的新型网络形态，同时也被视为量子互联网发展的初级阶段。鉴于点到点的量子密钥分发系统难以支撑众多节点的各种业务加密需求，将量子密钥分发从点到点扩展为多点互联的量子密钥分发网络，有利于推动量子密钥分发系统从实验室走向现网应用，从而为全网范围内任意用户间通信提供安全保障。近年来，越来越多的量子密钥分发网络开始在全球范围内部署，如美国国防部高级研究计划局量子密钥分发网络、欧盟"基于量子密码学的全球安全通信网络开发项目"量子密钥分发网络、日本东京量子密钥分发网络、英国剑桥量子密钥分发网络、中国"京沪干线"量子密钥分发网络等。随着现实生活中安全需求的快速提升和量子密钥分发技术的不断成熟，量子密钥分发网络已经引起了学术界和工业界的广泛关注。量子密钥分发网络具有巨大的发展潜力，将成为推动网络信息安全的重要发展方向。

本书旨在全面概括量子密钥分发网络的实现原理及其涉及的关键技术，特别以不同的研究视角为切入点，系统描述了量子密钥分发网络在不同视角下的实现方式和关键技术问题，并对量子密钥分发组网与应用以及量子通信网络新兴技术进行了展望。

　　本书凝聚了作者所在单位多年来的科研经验和实践总结，得到了国家重点研发计划、国家自然科学基金等科研项目的支持，同时也包含了与英国南安普顿大学 Lajos Hanzo 教授、瑞典查尔姆斯理工大学 Jiajia Chen 教授、意大利米兰理工大学 Massimo Tornatore 副教授等学者的合作研究成果，在此一并表示感谢。

　　由于作者水平有限，书中难免有错误或者不周之处，敬请广大读者批评指正。

目　　录

第1章
量子密钥分发技术背景

基于信息网络的技术创新与融合应用空前活跃，网络已经渗透政治、经济、文化、社会、军事等各个领域，信息资源与关键信息基础设施已成为国家发展最重要的"战略资产"和"核心要素"。然而，网络信息面临着越来越严重的安全威胁。量子通信技术尤其是量子密钥分发（Quantum Key Distribution，QKD）技术的出现及其实用化，为保障网络信息安全开辟了一条新的道路。

1.1 网络信息安全需求与挑战

网络信息的安全性涉及信息的机密性、完整性和真实性等属性。机密性可确保信息在传输过程中不会泄露给未授权用户，完整性可确保信息在传输过程中不会被篡改，真实性可确保信息的通信实体为真实声称者。为了保证信息的机密性、完整性和真实性，需要解决信息通信系统中数据加密、密钥分发和消息认证 3 个环节的安全问题。信息通信系统的整体安全性很大程度上取决于上述 3 个环节中最薄弱的部分，而量子信息技术的突破与发展将会对信息通信系统的整体安全性产生重要影响。

1.1.1 数据加密安全问题

自古以来，数据加密技术就被用于保障信息在传输过程中的机密性。为了实现此目标，信息通信系统中目前使用了多种加密算法，主要可分为对称密钥算法和非对称密钥算法。对称密钥算法包括数据加密标准（Data Encryption Standard，DES）算法[1]和当前流行的高级加密标准（Advanced Encryption Standard，AES）算法[2]等。非对称密钥算法通常也被称为公钥密码算法，包括椭圆曲线加密（Elliptic Curve Cryptography，ECC）算法[3-4]和目前被广泛使用的 Rivest-Shamir-Adleman（RSA）算法[5]等。传统数据加密技术详见表 1-1。

表 1-1　传统数据加密技术

数据加密技术	安全性	特点	实现方法
对称密钥算法（除一次一密算法）	基于计算复杂度假设	发送方与接收方共享一对相同的密钥； 密钥需完全保密	DES 算法、AES 算法
非对称密钥算法（即公钥密码算法）	基于计算复杂度假设	接收方分别生成一对公钥和私钥； 发送方共享公钥； 公钥可公开获取； 私钥需完全保密	RSA 算法、ECC 算法

　　对称密钥算法如图 1-1 所示，数据的发送方与接收方共享一对相同的密钥，该密钥在发送方和接收方可以分别用于数据加密和解密，并且发送方和接收方都应将该密钥保密。数据在加密前称为明文，在加密后称为密文。

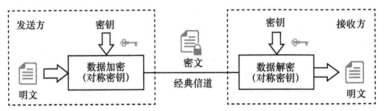

图 1-1　对称密钥算法

　　非对称密钥算法如图 1-2 所示，数据的接收方分别生成一对用于数据加密和解密的公钥和私钥，其中私钥由接收方保密，而公钥可以公开获取。数据的发送方利用公钥加密数据并发送给接收方，接收方根据私钥可以对数据解密。

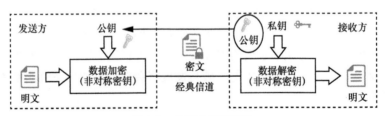

图 1-2　非对称密钥算法

　　上述对称和非对称密钥算法的安全性是建立在计算复杂度基础之上的，也就是说，其安全性基于攻击者无法利用有限的计算能力或者在有限的时间内破解算法。对于非对称密钥算法，其安全性还取决于基于现有计算能力解决某些数学问题的复杂度。具体来说，RSA 算法是基于大整数因子分解问题，ECC 算法是基于离散对数问题。随着计算能力的不断提升，这些算法的安全性将面临严峻挑战。例如，在现有的计算能力条件下可以实现 DES 算法的快速破解，作为对称密钥算法的 DES 算法已经被 AES 算法所取代。因此，加密算法将随着计算能力的提升而不断演进（如增加密钥长度），演进的同时需要消耗大量成本。

但是，存在一种具有信息论安全性（也称为无条件安全性）的加密算法，即一次一密（One-Time Pad，OTP）算法，可以不依赖计算复杂度的假设，并且确保密文不会随着计算能力的提升或者先进算法的出现而被破解。OTP 算法可以看作一种特殊的对称密钥算法，其最早是由 Vernam 和 Mauborgne 在 1917 年发明的，后来其信息论安全性是由 Shannon 在 1949 年证明的[6]。表 1-2 列出了 OTP 算法的特点，该算法的信息论安全性有苛刻的前提：密钥是真随机数、密钥长度不小于明文、密钥不重复使用。因此，OTP 算法需要大量的密钥来完成数据加密，导致其适用场合有一定的局限性，一般用在高度机密的低带宽信道。

表 1-2　OTP 算法的特点

数据加密技术	安全性	前提	适用场合
OTP 算法	信息论安全性	密钥是真随机数； 密钥长度不小于明文； 密钥不重复使用	高度机密的低带宽信道

1.1.2　密钥分发安全问题

数据加密环节重点关注密文的安全性，也就是密文被破解的难度。由于非对称密钥算法的加解密效率远远低于对称密钥算法，通常将对称密钥算法用于数据加密。对称密钥算法的发送方和接收方的密钥都应保密，如何确保发送方与接收方能够安全地共享一对相同的密钥是密钥分发环节关注的安全问题。

表 1-3 列出了传统的密钥分发技术，一般是利用给定的安全信道，或者是依赖公钥密码算法。基于给定的安全信道，可以让授权的信使携带存储密钥的计算机可读存储介质（如 U 盘）将密钥从发送方传递到接收方，或者是利用已分发的密钥保障后续密钥分发的安全。这两种基于给定的安全信道进行密钥分发的方法都是基于信道安全的假设，并且后一种方法的安全级别比前一种低。

表 1-3　传统的密钥分发技术

密钥分发技术	安全性	实现方法
安全信道	基于信道安全假设	授权信使传递计算机可读存储介质； 已分发密钥保障后续密钥分发安全
公钥密码算法	基于计算复杂度假设	RSA 算法、ECC 算法、Diffie-Hellman 算法

除了作为公钥密码算法的 RSA 算法和 ECC 算法可以用于实现密钥分发，还有一种经典的公钥密码算法经常用于实现密钥分发，即 Diffie-Hellman 算法。该算法是由 Diffie 和 Hellman 在 1976 年发明的[7]。与 RSA 算法和 ECC 算法不同的是，Diffie-Hellman 算法并非加密算法，而是专用于密钥分发的算法。Diffie-Hellman 算法的安全性是基于离散对数问题的，因此其安全性也是基于计算复杂度的假设。

基于公钥密码算法实现密钥分发的特点在于，发送方与接收方不需事先相互了解即可建立共享密钥。但是，由于没有事先相互了解，无法验证发送方和接收方的真实身份，导致密钥分发的过程无法解决中间人攻击问题。

目前广泛应用的密钥分发和数据加密技术是基于公钥密码算法完成密钥分发，然后基于对称密钥算法完成数据加密，如图1-3所示。

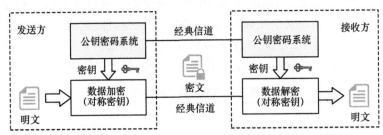

图1-3　目前广泛应用的密钥分发和数据加密技术

1.1.3　消息认证安全问题

信息通信系统的消息认证技术可以验证信息的完整性和信息源的真实性，其重点关注的安全问题是信息在传输过程中是否被篡改以及信息的发送方和接收方是否为真实声称者。同时，通过标识和鉴别用户的身份，防止攻击者假冒合法用户来获取访问权限，从而可以解决中间人攻击问题。表1-4列出了传统的消息认证技术[8]。

表1-4　传统的消息认证技术

消息认证技术	安全性	特点	实现方法
数字签名	基于计算复杂度假设	依赖公钥密码算法；使用哈希函数进行摘要处理	RSA算法、ECC算法、数字签名算法（Digital Signature Algorithm，DSA）
消息认证码（Massage Authentication Code，MAC）算法	基于计算复杂度假设	输入任意长度的消息，输入一个发送方与接收方之间共享的密钥；输出固定长度的数据（MAC值）	安全哈希算法（Secure Hash Algorithm，SHA）
Wegman-Carter算法	信息论安全性	强泛哈希函数族；一次一密思想	Wegman-Carter算法

数字签名是目前通用的消息认证技术，主要依赖公钥密码算法实现。数字签名过程示意如图1-4所示，数字签名技术将明文进行摘要处理生成摘要信息，将摘要信息用发送方私钥加密后同密文一起发送给接收方，加密后的摘要信息被称作数字签名。接收方用发送方公钥解密摘要信息，然后对接收到的明文进行摘要处理产生另一个摘要信息，并将其与利用发送方公钥解密的摘要信息进行对比。如果摘要信息相同则认证成功，可以验证信息的完整性和信息源的真实性。通常

使用哈希（Hash）函数进行摘要处理。此外，图 1-4 中基于非对称密钥算法的数据加密环节可以使用图 1-3 中基于公钥密码算法实现密钥分发和对称密钥算法完成数据加密环节的取代。常用于数字签名技术的公钥密码算法包括 RSA 算法、ECC 算法和 DSA[9]等。DSA 的安全性依赖于解决离散对数问题的复杂度。

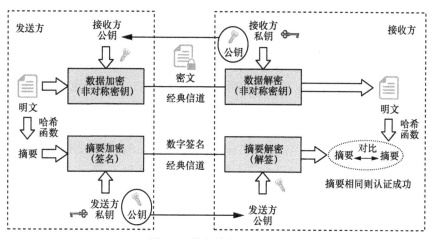

图 1-4　数字签名过程示意

此外，可以使用 MAC 算法来实现消息认证。消息认证码的输入是任意长度的消息和一个发送方与接收方之间共享的密钥，输出是固定长度的数据，这个数据称为 MAC 值。因此，实现 MAC 算法首先要完成密钥分发，也就是在发送方与接收方之间建立一个共享的密钥。MAC 算法可以基于 SHA，如 SHA-1、SHA-2 和 SHA-3 等单向哈希函数实现。

数字签名和 MAC 算法的安全性都是基于计算复杂度的假设，而存在一种具有信息论安全性的消息认证算法，即 Wegman-Carter 算法。该算法最初是由 Wegman 和 Carter 在 1981 年提出的[10]，其核心思想是基于一次一密的信息论安全性的思想。通过使用强泛哈希函数族以及不停更新密钥来保证其信息论安全性。

1.1.4　量子信息技术影响

量子信息是量子力学与信息科学的交叉学科，是借助量子力学的特性，实现经典信息科学中实现不了的功能。量子信息技术涉及量子计算、量子通信和量子测量三大领域[11]。量子计算以量子比特为基本单元，利用量子叠加和干涉等原理实现并行计算，对于某些计算困难问题可以提供指数级加速。量子通信利用量子叠加态或量子纠缠效应，实现量子态信息传输或密钥分发，理论上具有信息论安全性保证。量子测量通过对光子、冷原子等微观粒子系统调控和观测，实现时间、磁场等物理量的精密测量，在精度、灵敏度和稳定性等方面有明显优势。

近年来，量子信息技术的发展已呈加速之势，已经能够对当前信息通信系统的安全性产生重要影响，主要包括量子计算机产生的负面影响以及量子密码学与后量子密码学产生的正面影响。

量子计算机能够以特定的计算方式（如量子算法）有效解决一些经典计算机无法胜任的问题[12-14]。例如，量子计算机基于 Shor 量子算法[15]可以快速高效地解决大整数因子分解问题和离散对数问题，将会对当前广泛应用的公钥密码算法产生实质性的威胁。同时，量子计算机基于 Grover 量子算法[16]可以降低对称密钥算法的安全性，如将 AES-256 算法（密钥长度 256 位）的安全性降低为 AES-128 算法（密钥长度 128 位）级别。表 1-5 列出了量子计算机可能对数据加密、密钥分发和消息认证环节中涉及的不同经典密码体制安全性产生的影响。其中，基于信息论安全性的 OTP 算法和 Wegman-Carter 算法不受量子计算机的影响，基于大整数因子分解问题的 RSA 算法以及基于离散对数问题的 ECC 算法、Diffie-Hellman 算法和 DSA 将不再安全，而 AES 算法和 SHA 分别通过增加密钥长度和输出长度可以获得抵抗量子计算攻击的效果。

表 1-5　量子计算机对不同经典密码体制安全性的影响

密码体制	类型	量子算法风险	安全性受量子计算机的影响
RSA 算法	公钥密码算法	Shor 量子算法	不再安全
ECC 算法	公钥密码算法	Shor 量子算法	不再安全
Diffie-Hellman 算法	公钥密码算法	Shor 量子算法	不再安全
DSA	公钥密码算法	Shor 量子算法	不再安全
AES 算法	对称密钥算法	Grover 量子算法	相对安全，需增加密钥长度
SHA	哈希函数	Grover 量子算法	相对安全，需增加输出长度
OTP 算法	对称密钥算法	无	仍然安全
Wegman-Carter 算法	哈希函数	无	仍然安全

在量子计算机对经典密码体制产生负面影响的同时，量子信息技术也催生了新的量子密码学和后量子密码学技术，从而能够应对量子计算攻击。表 1-6 比较了后量子密码学和量子密码学技术的特点。后量子密码学技术包括一些后量子密码算法，如基于编码（Code-based）、基于哈希（Hash-based）、基于格（Lattice-based）和基于多变量（Multivariate-based）的密码算法，这些算法被证明可以抵抗已知的量子攻击[17]。后量子密码学具有与经典密码设施兼容性高的优势，可以实现大多数经典密码体制的功能，如数据加密、密钥分发和数字签名等。但是它只能抵抗已知的量子攻击，难以保证不被未来随时可能出现的新型量子算法所攻破。

表 1-6　后量子密码学和量子密码学技术的特点

密码体制	安全性	优势	劣势	实现方法
后量子密码学	抵抗已知量子攻击	与经典密码设施兼容性较高	难以保证不被未来新型量子算法所攻破	基于编码、基于哈希、基于格、基于多变量
量子密码学	信息论安全性	理论上可抗未来所有量子攻击	与经典密码设施兼容性较低	量子密钥分发

相反，量子密码学技术可以基于量子物理学原理（如量子不可克隆定理和海森堡测不准原理等）实现信息论安全性[18-19]。即使未来量子计算能力或算法方面取得突破，其安全性也仍然不受影响。量子密码学的关键技术是量子密钥分发技术[20-22]。未来受到量子计算机的影响，传统的密钥分发技术都将不再安全，密钥分发将成为信息通信系统整体安全性最薄弱的部分。因此，采用量子密钥分发技术可以提升信息通信系统的整体安全性。然而，量子密钥分发不能实现经典密码体制的全部功能，比如无法实现数据加密。

后量子密码学和量子密码学是应对量子安全问题的两种关键技术，目前处于平行发展的阶段，需要更多的研究来促进它们的实际应用。未来，可以结合量子密码学与后量子密码学共同为量子安全密码系统构建基础设施，保障网络信息安全。

1.2　量子密钥分发概述

量子密钥分发技术既是量子密码学的关键技术，也是量子通信技术的重要分支。尽管当前的量子计算机在实际应用中还不成熟，但仍然需要量子密钥分发技术来提供长期的安全性。这是因为攻击者可能会窃听并存储目前他们由于计算能力等限制而无法解密的密文，然后等待未来量子计算机或量子算法的成熟再来解密这些密文。一些高度机密的信息（如需要保密数十年的政府机密）将从量子密钥分发技术中获益。因此，量子密钥分发技术已经成为国内外通信与安全领域的研究热点和普遍关注的方向，并有望在不久的将来成为网络信息安全的基石。

1.2.1　量子通信基本原理

量子通信是利用微观粒子的量子态或者量子纠缠效应等进行密钥或信息传递的通信技术[23]，是量子信息技术的重要分支。量子通信可基于量子物理学原理提供具有信息论安全性的通信方式，在国防、政务、能源、金融、卫星通信等领域具有广泛的应用潜力。目前，量子通信的典型应用形式主要包括量子密钥分发和量子隐形传态，详见表1-7。前者基于单光子或光场正则分量的量子态制备、传输和测量，在发送方与接收方之间实现无法被窃听的安全密钥共享；后者基于通信双方的光子纠缠对分发（信道建立）、贝尔态测量（信息调制）和幺正变换（信息解调）实现量子态信息直接传递。

表1-7　量子通信的典型应用形式

量子通信技术	安全性	目标	实现方法
量子密钥分发	信息论安全性	安全密钥共享	基于单光子或光场正则分量的量子态制备、传输和测量
量子隐形传态	信息论安全性	量子态信息直接传递	基于光子纠缠对分发（信道建立）、贝尔态测量（信息调制）和幺正变换（信息解调）

量子通信主要利用量子信道将量子态从发送方传输到接收方。量子通信基本原理示意如图1-5所示，量子通信通常包含3个关键步骤。

- 量子态制备：在发送方，输入原始的经典信息并将其编码为量子态。
- 量子态传输：通过量子信道（如光纤或自由空间信道），将制备的量子态从发送方传输到接收方。
- 量子态测量：在接收方，将接收的量子态解码并输出经典信息。

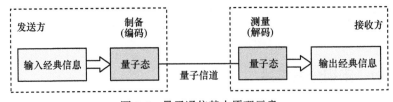

图1-5　量子通信基本原理示意

1.2.2　量子密钥分发概念

量子密钥分发是通信双方通过制备、传输和测量量子态实现信息论安全的密钥分发过程，可以使合法的发送方与接收方共享具有信息论安全性的对称密钥。量子密钥分发技术利用了量子物理学的海森堡测不准原理和量子不可克隆定理。其中，海森堡测不准原理保证了窃听者在不知道发送方编码基的情况下无法准确测量获得量子态的信息；量子不可克隆定理保证了窃听者即使在得知编码基进行测量后也无法复制相同的量子态，使得窃听必然造成明显的误码，从而使通信双方能够察觉出窃听者的存在。

量子密钥分发在发送方与接收方之间生成的密钥可以与对称密钥算法结合使用，完成经典信息加密和安全传输，该过程通常称为量子保密通信。量子密钥分发解决了信息通信系统在量子攻击情况下安全性最薄弱的环节，即密钥分发环节。将量子密钥分发与具有信息论安全性的OTP算法和Wegman-Carter算法结合，可以实现一个理论上无条件安全的信息通信系统。由于 OTP 算法和 Wegman-Carter 算法的实用化水平较低，目前将量子密钥分发与 AES 算法和 SHA 结合，也可以实现一个高度安全的抗量子攻击的信息通信系统。

近年来，量子密钥分发在协议、器件和系统等方面取得了重大进展。研究人员开发了多种量子密钥分发协议和器件来提升量子密钥分发的性能（如密钥生成率、传输距离和实际安全性），基于这些量子密钥分发协议和器件，量子密钥分发系统逐渐走向商用化。

1.2.3　量子密钥分发工作原理

相比信息通信系统常用的安全保密技术（如图 1-3 所示），量子密钥分发的不同之处在于利用量子物理学原理在发送方与接收方之间分发具有信息论安全性的对称密钥，而相似之处在于分发的密钥也可以与对称密钥算法相结合用于数据加密。

量子密钥分发工作原理示意如图 1-6 所示，量子密钥分发的基本元件是量子密钥分发终端（包含发送端和接收端），以及连接发送端和接收端的量子密钥分发信道。量子密钥分发终端通常也称为量子密钥分发设备，它在规定的安全范围内封装了用于实现量子密钥分发的硬件和软件。量子密钥分发信道通常由量子信道和经典信道组成。量子信道用于传输量子信号，量子信号是由经典信息编码的量子态组成的。经典信道用于传输经典信号，以实现发送端与接收端之间的同步和密钥协商。量子信道和经典信道的特征与区别将在下文具体讨论。如果一个窃听者从量子信道中窃听了一部分量子态，那么这些量子态将不会被用于分发密钥，这是因为接收端不会接收到它们。另外，该窃听者可能测量并复制这些量子态发送给接收端，但是量子不可克隆定理保证了复制的量子态将不可避免地发生改变，从而产生明显的误码。因此，对量子密钥分发过程的任何潜在窃听都可以被检测到。

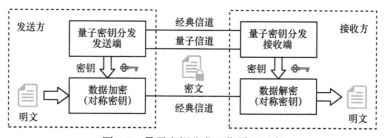

图 1-6　量子密钥分发工作原理示意

基于量子密钥分发在发送方与接收方之间共享的密钥可以用于数据加密。如图 1-6 所示，发送方可以使用共享的密钥和对称密钥算法对明文进行加密，并通过经典信道将密文发送给接收方。然后，接收方利用共享的密钥对密文进行解密并获得明文。因此，量子密钥分发提供了一种信息论安全的方式来分发对称密钥，而数据加密仍然可以使用与过去相同的方式（即对称密钥算法）来实现，不过需要增加除 OTP 算法以外其他对称密钥算法的密钥长度来抵抗量子计算攻击。

1.3 量子密钥分发系统组成

量子密钥分发系统由量子密钥分发信道连接的量子密钥分发终端组成。量子密钥分发信道包含量子信道、同步信道和协商信道。通过量子密钥分发信道连接的量子密钥分发发送端和接收端按照特定的协议（即量子密钥分发协议），可以执行一组流程以在量子密钥分发发送端与接收端之间建立共享的对称密钥。

表 1-8 列出了量子密钥分发系统的 3 个主要流程，重点介绍了与这 3 个流程相关的量子密钥分发终端和量子密钥分发信道需求。

表 1-8　量子密钥分发系统主要流程

流程说明	量子密钥分发终端	量子密钥分发信道	备注
量子密钥分发送端将经典信息编码为量子态，然后将量子态在量子信道上发送给量子密钥分发接收端	量子密钥分发发送端	量子信道	量子密钥分发送端制备的量子态应该不能被没有误码地区分出来
量子密钥分发发送端产生经典模拟光信号（即用于在收发两端进行同步的周期性辅助光信号），并将这些信号在同步信道上发送给量子密钥分发接收端	量子密钥分发发送端	同步信道（经典信道）	时钟同步；偏振漂移监控和校正；相位漂移监控和校正；参考帧共享
量子密钥分发发送端与接收端之间通过协商信道交互经典消息，以执行筛选（即基于原始数据筛选可用于后处理的信息）和后处理	量子密钥分发发送端和接收端	协商信道（经典信道）	后处理过程将原始数据筛选后的信息作为输入，并输出安全密钥，主要包括纠错、校验和隐私放大

1.3.1 量子密钥分发终端

量子密钥分发终端包含许多内部元件。根据量子密钥分发系统的不同，量子密钥分发终端的元件类型和复杂程度也各不相同。量子密钥分发系统都是基于量子物理学原理来声明它们生成密钥的安全级别。这些系统通常在发送端使用几种不同的编码基将信号编码在量子态上，并在接收端选择不同的测量基进行测量。

量子物理学原理指出，在不知道编码基或者测量基的情况下，窃听者无法获取密钥的全部信息，从而保证了量子密钥分发发送端与接收端之间可以生成共享的安全密钥。不同类型的量子密钥分发系统可以根据它们使用的信号源（即光子源）进行分类，包括真单光子源、纠缠光子源和弱激光脉冲等。量子态信号编码常用的方法是控制光子的相位或偏振态等。

　　量子密钥分发系统由两个终端组成，即分别位于量子密钥分发信道两端的量子密钥分发发送端和接收端，如图 1-7 所示。量子密钥分发发送端和接收端包含用于密钥生成协议的随机源。该随机源可以是固有的（如在发送纠缠光子的情况下），也可以是有源的随机数发生器或无源的随机选择器件（如非偏振分束器）。量子密钥分发发送端包含信号源和用于该信号源的信号调制单元，量子密钥分发接收端包含信号解调单元（如用于测量基选择）和一个或多个信号探测器。量子密钥分发发送端和接收端的控制电子单元可以访问独立的随机数发生器，并产生信号源、信号调制单元、信号解调单元和信号探测器的驱动信号。并且，控制电子单元使用探测到的信号来生成原始数据，然后对其进行筛选和后处理（如纠错、校验和隐私放大）以生成最终共享的安全密钥。

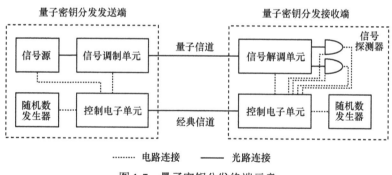

图 1-7　量子密钥分发终端示意

1.3.2　量子密钥分发信道

　　由表 1-8 可以看出，量子密钥分发系统在发送端和接收端执行不同的流程，并且某些流程需要量子密钥分发发送端与接收端之间相互通信。除了在量子信道上传输的量子信号以外，量子密钥分发发送端和接收端还需要交互经典信号，以进行时钟同步以及筛选和后处理。这些经典信号在经典信道上传输，经典信道包含同步信道和协商信道。经典信号可以在单独的光纤上传输，也可以基于特定的复用技术（如波分或时分复用）与量子信号共纤传输。因此，量子密钥分发信道包含 3 种不同的信道，如图 1-8 所示。

图 1-8　量子密钥分发信道示意

（1）量子信道

量子信道通常是一个单向的光信道，该信道可以基于光纤实现，也可以基于自由空间实现。量子信道是实现量子密钥分发协议不可或缺的一部分，通常用于传输经典信息编码的量子态，从而将经典信息从量子密钥分发发送端传递到量子密钥分发接收端。

量子密钥分发协议通常依赖于监控随机经典信息在量子信道上传输所产生的误码。如果误码太多，则量子密钥分发系统会假定误码可能是由窃听造成的，于是中止密钥分发。可以进行安全密钥分发的误码阈值取决于不同量子密钥分发协议的安全性参数。量子密钥分发的独特之处在于，通过监控误码可以判断量子信号是否被潜在的窃听者所窃听。

量子信道参数，特别是光损耗和噪声源（如光衰减、发送端的不完美光编码、发送端与接收端之间的参考帧稳定性、接收端的不完美探测和外部光信号等）是决定能否使用量子密钥分发来进行安全密钥分发的关键因素。在固定光损耗的量子信道上实现量子密钥分发的能力很大程度上取决于将端到端噪声水平降至最低的能力。

（2）同步信道

同步信道是一个单向的模拟光经典信道，通常使用经典信号（每个经典信号包含多个光子）在量子密钥分发发送端与接收端之间交换参考信息。这些信息主要可以用于时钟同步、相位参考共享和补偿、偏振漂移监控和补偿等。

同步信道应在其传播特性（如持续时间、色散、偏振漂移等）与量子信道传播特性相似（或相关度高）的光信道上实现。因此，同步信道可以与量子信道进行时分复用[24]，也可以借助独立的经典信道实现。

（3）协商信道

协商信道通常是经典的双向光数字信道，用于从量子密钥分发发送端到接收端或者从量子密钥分发接收端到发送端传输经典信息，根据其实现方式的不同可以包含一条或多条经典信道。量子密钥分发发送端与接收端之间的双向经典通信通常是筛选（即基于原始数据筛选可用于后处理的信息）和后处理（如纠错、校验和隐私放大）所必需的。

协商信道也可以采用与量子信道完全不同的方式实现,如不依赖于光信道等。不过,量子密钥分发协议性能的限制可能会对信道特性(如吞吐量和时延)有具体要求。

🔍1.4　量子密钥分发分类

从不同的角度可以对量子密钥分发进行不同的分类。按量子密钥分发信道实现方法的不同,可以将量子密钥分发分为光纤量子密钥分发和自由空间量子密钥分发。按量子密钥分发终端实现方法的不同,可以将量子密钥分发分为离散变量量子密钥分发和连续变量量子密钥分发。

1.4.1　光纤量子密钥分发和自由空间量子密钥分发

量子密钥分发信道包含经典信道和量子信道,实现量子密钥分发所用传输媒质涉及量子密钥分发信道的实现方法。经典信道和量子信道都可以是公开信道,但必须是经过认证的信道。用于传输经典信号的经典信道可以使用与经典通信相同的传输媒质,此处不再具体阐述。相比强度较大和所含光子数较多的经典信号,量子信道中传播的微弱量子信号容易受到各种物理层噪声(如散射和损耗)的干扰,并且不能被放大。这是因为放大量子信号需要测量和克隆量子态,违背了量子不可克隆定理。因此,用于实现量子信道的传输媒质对于量子密钥分发至关重要,可以分为两大类,即光纤和自由空间。表 1-9 比较了光纤量子密钥分发和自由空间量子密钥分发的不同特性。未来,光纤量子密钥分发和自由空间量子密钥分发可以相互补充,共同构成天地一体化全球量子密钥分发网络[25]。

表 1-9　光纤量子密钥分发和自由空间量子密钥分发对比

特性	光纤量子密钥分发	自由空间量子密钥分发
稳定性	高	低
灵活性	低	高
成熟度	高	低
成本	低	高
商用化水平	已商用	尚未商用
可实现距离	几百千米	超过 1 000 km
未来方向	相互补充构成全球量子密钥分发网络	

（1）光纤量子密钥分发

光纤用于传输量子信号具有损耗低和稳定性高等优势，可以充分且便捷地连接各种用户。近年来，研究人员在光纤量子密钥分发领域开展了大量的理论和实验工作，推动了光纤量子密钥分发可实现距离的延长和密钥生成率的提升。在实验方面，量子密钥分发可以在 50.5 km 的光纤链路上实现 1.2 Mbit/s 的密钥生成率[26]，而在 405 km 的光纤链路上可以实现 6.5 bit/s 的密钥生成率[27]。2020 年，500 km 左右光纤链路上的量子密钥分发也在实验中得以实现[28-29]。在商用化方面，基于光纤的量子密钥分发系统已经进入商用市场。在现场部署方面，可以在现有普遍的光纤基础设施上部署量子密钥分发，以实现其相对低成本实用化的部署。但是，光纤量子密钥分发的局限性在于，它无法穿过某些难以铺设光纤的特殊位置（如悬崖和河流）。另外，由于量子信号在光纤中传输受到损耗和噪声的影响随距离的增加而加剧，基于光纤可实现的点到点量子密钥分发距离被限制在几百千米。

（2）自由空间量子密钥分发

自由空间具有覆盖范围广和灵活性高等优势，不仅便捷，还可以根据量子信道的需求进行重定位。自由空间涉及几种特殊的传输媒质，例如空气和水。近年来，研究人员在自由空间量子密钥分发的实验方面连续取得了重大突破。空地量子密钥分发已在飞机与地面站之间 20 km 的自由空间中演示[30]。中国在 2016 年 8 月发射了世界上第一颗量子卫星（命名为"墨子号"），该卫星是低轨道卫星，在夜间实现了与地面站之间 1 200 km 的自由空间中星地量子密钥分发[31]。此外，Liao 等[32] 在 53 km 的自由空间中验证了在白天实现基于卫星的量子密钥分发的可行性，并且水下量子信道的可行性也已经得到了实验验证[33-34]。2020 年，Cao 等[35] 通过实验首次在 19.2 km 的城市大气信道上实现了自由空间中的测量设备无关（Measurement-Device-Independent，MDI）量子密钥分发。但是，自由空间量子密钥分发目前仍然没有光纤量子密钥分发技术成熟，需要在此方向开展更多的研究，以将自由空间量子密钥分发从实验推向实际应用。

1.4.2　离散变量量子密钥分发和连续变量量子密钥分发

量子密钥分发终端实现方法的不同决定了实现量子密钥分发的不同方式，主要包括离散变量量子密钥分发（Discrete-Variable QKD，DV-QKD）和连续变量量子密钥分发（Continuous-Variable QKD，CV-QKD）。到目前为止，研究人员在 DV-QKD 和 CV-QKD 方面都已经开展了大量实验，证明了这两种方案在实践中的可行性。为了实现实用化的量子密钥分发，这两种方案通常采用制备与测量（Prepare-and-Measure）的方法，即量子态由量子密钥分发发送端制备并发送给量子密钥分发接收端进行测量。除了制备与测量，另一种有效的方法是基于纠缠（Entanglement-Based）的方法，即纠缠源在量子密钥分发发送端和接收端的外部制备纠缠态，并将纠缠光子对分发给量子密钥分发发送端和接收端。基于纠缠实现量子密钥分发具有抗环境变化能力强、现实安全性高等优点，同时可以适配离散变量，但是在现阶段其实用化仍面临诸多挑战。目前，大多数商用的量子密钥分发系统采用的是制备与测量的方法，该方法已被广泛应用于现实部署的量子密钥分发网络。离散变量量子密钥分发和连续变量量子密钥分发之间的区别体现在许多方面，详见表 1-10。

表 1-10　离散变量量子密钥分发和连续变量量子密钥分发对比

特性	离散变量量子密钥分发	连续变量量子密钥分发
量子态	单光子偏振、相位或时间仓	量子化电磁场正交分量（相干态/压缩态）
信号源	单光子源	相干态/压缩态光源
信号探测器	单光子探测器	零差/外差探测器
信道模型	有损量子比特信道	有损玻色信道
距离限制	单光子探测器性能	后处理效率

（1）离散变量量子密钥分发

在离散变量量子密钥分发系统中，信息被编码在量子态的离散变量上，如单光子偏振、相位或时间仓。在量子密钥分发发送端，首选单光子源。但是，要实现完美的单光子源，仍然面临许多技术挑战，因此通常使用衰减的激光源（即弱激光脉冲）来作为单光子源。在量子密钥分发接收端，采用单光子探测器。信道模型主要考虑有损量子比特信道。离散变量量子密钥分发系统可实现的点到点距离主要受单光子探测器性能的限制。

（2）连续变量量子密钥分发

在连续变量量子密钥分发系统中，信息被编码在量子态的连续变量上，如量子化电磁场正交分量（包括相干态和压缩态）。在量子密钥分发发送端，相干态光源或压缩态光源被广泛使用。在量子密钥分发接收端，采用零差或外差探测器。信道模型主要考虑有损玻色信道。连续变量量子密钥分发系统可实现的点到点距离主要受后处理效率的限制。

目前，离散变量量子密钥分发系统在技术上比连续变量量子密钥分发系统成熟。连续变量量子密钥分发系统可以与现有电信设备高度兼容，近年来吸引了越来越多的关注，并不断取得了技术突破[36]。未来，混合离散变量与连续变量量子密钥分发系统[37]有望在实际中应用，从而适应不同的场景。

1.5 经典量子密钥分发协议

基于量子密钥分发的不同实现方式，已经有多种量子密钥分发协议被发明出来。表 1-11 总结了一些经典量子密钥分发协议，包括 BB84（Bennett-Brassard-1984）协议[18]、E91（Ekert-91）协议[38]、BBM92（Bennett-Brassard-Mermin-1992）协议[39]、GG02（Grosshans-Grangier-2002）协议[40]、差分相移（Differential-Phase-Shift，DPS）协议[41]、诱骗态协议[42-44]、SARG04（Scarani-Acín-Ribordy-Gisin-2004）协议[45]、相干单相（Coherent-One-Way，COW）协议[46]、MDI 协议[47]、双场（Twin-Field，TF）协议[48]和相位匹配（Phase-Matching，PM）协议[49]。本节具体介绍 3 种典型的量子密钥分发协议，即 BB84 协议、GG02 协议和 MDI 协议。

表 1-11　经典量子密钥分发协议

协议	类型	方法	发明年份
BB84	离散变量	制备与测量	1984 年
E91	离散变量	基于纠缠	1991 年
BBM92	离散变量	基于纠缠	1992 年
GG02	连续变量	制备与测量	2002 年
DPS	离散变量	制备与测量	2002 年
诱骗态	离散变量	制备与测量	2003—2005 年
SARG04	离散变量	制备与测量	2004 年
COW	离散变量	制备与测量	2005 年
MDI	离散/连续变量	制备与测量	2012 年
TF	离散变量	制备与测量	2018 年
PM	离散变量	制备与测量	2018 年

1.5.1 BB84 协议

BB84 协议是 Bennett 和 Brassard 在 1984 年发明的首个量子密钥分发协议[18]，可以实现离散变量量子密钥分发。该协议成熟度高，目前仍然被广泛使用，并且它是开发复杂量子密钥分发协议的基础。在 BB84 协议中，需要执行以下 5 个流程，如图 1-9 所示。

（1）量子比特制备、传输和测量

量子密钥分发发送端（Alice）产生一串经典比特（称为原始密钥），并将它们编码为单光子以作为量子比特。每个单光子从 4 个偏振态中任意选择一个偏振态作为编码基，其中 4 个偏振态是水平（0°）、垂直（90°）、对角（+45°）和反对角（−45°），分别对应 0 bit、1 bit、1 bit 和 0 bit。通过量子信道将量子比特发送给量子密钥分发接收端（Bob）。Bob 接收传入的量子比特，并从两个共轭的测量基中任意选择一个对每个量子比特进行测量，测量基包含直线基（+）和对角基（×）。Bob 记录所选的测量基以及测量结果。

（2）筛选

Alice 与 Bob 通过经典信道公开并比较偏振态与测量基。水平（0°）和垂直（90°）偏振态可以与直线基（+）匹配，而对角（+45°）和反对角（−45°）偏振态可以与对角基（×）匹配。偏振态与测量基之间不匹配的结果将被丢弃，然后将与匹配结果相对应的剩余量子比特解码为经典比特（称为筛选密钥）。

（3）参数估计

通过牺牲一部分筛选后的密钥来估计量子比特误码率，以验证其是否低于预设阈值。如果量子比特误码率高于此阈值，则判定量子信道上可能存在窃听，量子密钥分发过程将被中止并重新启动。

（4）后处理

Alice 与 Bob 通过经典信道执行纠错、校验和隐私放大，以提取最终的安全比特（称为安全密钥）。

（5）认证

Alice 与 Bob 之间使用预先共享的密钥对第一次量子密钥分发过程进行认证。后续的量子密钥分发过程可以从前一个过程生成的安全密钥中选取一小部分密钥进行认证，从而避免中间人攻击。

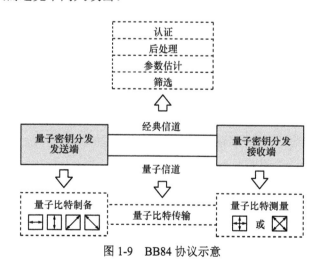

图 1-9　BB84 协议示意

BB84 协议中需要一个完美的单光子源，但基于当前技术仍难以实现。取而代之的是，目前基于 BB84 协议的量子密钥分发系统通常会采用可以产生弱相干脉冲的高衰减激光源。但是，这种激光源可能会在一个脉冲中发射多个光子，从而导致量子密钥分发系统容易受到光子数分离攻击[50]。为了克服光子数分离攻击，诱骗态的方法已被提出，即可以通过在 BB84 协议中添加诱骗态来有效地克服光子数分离攻击[42-44]。在诱骗态量子密钥分发系统中，量子密钥分发发送端产生一些诱骗态，其光子数与原始信号态不同。量子密钥分发发送端和接收端可以监控和分析原始信号态与诱骗态的统计特性，其中诱骗态用于检测光子数分离攻击，原始信号态用于生成安全密钥。诱骗态方法的发明使得量子密钥分发可以基于弱相干脉冲走向实用化。

1.5.2　GG02 协议

GG02 协议是由 Grosshans 和 Grangier 在 2002 年发明的[40]，可以实现相干态高斯调制的连续变量量子密钥分发。它是目前应用最广泛的连续变量量子密钥分发协议之一，已在商用连续变量量子密钥分发系统中使用。类似于 BB84 协议，GG02 协议也需要执行 5 个流程，如图 1-10 所示。

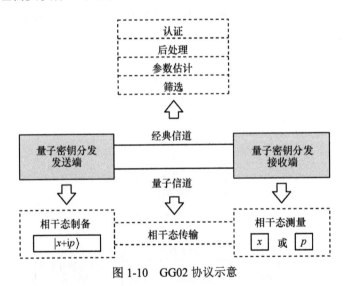

图 1-10　GG02 协议示意

（1）相干态制备、传输和测量

量子密钥分发发送端制备相干态 $|x+ip\rangle$，其中 x 和 p 是电磁场的实部和虚部，对应相干态的两个正交分量。通过量子信道将相干态发送给量子密钥分发接收端。Bob 随机测量相干态的两个正交分量之一，并记录测量结果。

（2）筛选

Bob 将其测量的正交分量通过经典信道公开告知 Alice，Alice 通过比较后丢弃无关数据。通过此流程，Alice 与 Bob 共享一组相关的高斯变量（称为密钥元素）。

（3）参数估计

Alice 与 Bob 通过经典信道透露随机的一小部分密钥元素，以估计量子信道的传输效率和误码率。

（4）后处理

即使没有窃听者存在并且在完美的相干态制备和测量情况下，由于固有量子噪声的存在，误码通常也是不可避免的。因此，需要通过经典信道实现纠错，然后 Alice 与 Bob 会共享可能被窃听者获取部分信息的比特串。接下来执行校验操作以确认 Alice 与 Bob 具有相同的密钥。最后，Alice 与 Bob 执行隐私放大，以消除窃听者可以获取的信息，并提取最终的安全密钥。

（5）认证

可以执行与 BB84 协议相同的认证流程来对量子密钥分发过程进行认证，以防止中间人攻击。

1.5.3　MDI 协议

MDI 协议由 Lo 等[47]于 2012 年首次提出，以消除实际量子密钥分发系统的信号探测漏洞，该协议允许 Alice 与 Bob 通过它们中间的不可信中继（称为 Charlie）共享安全密钥。MDI 协议示意如图 1-11 所示，Alice 和 Bob 都是量子密钥分发发送端，它们产生量子信号并发送给作为量子密钥分发接收端的 Charlie。传统环境下，Alice 和 Bob 的位置对称。Charlie 执行贝尔态测量，从而将接收的量子信号转换为贝尔态，并公开测量结果以在 Alice 与 Bob 之间关联密钥信息。受此启发，研究人员已经发明了各种离散变量和连续变量 MDI 协议。尤其是近年来提出的新型 MDI 协议，如 TF 协议[48]和 PM 协议[49]，能够突破量子密钥分发的速率-距离限制。同时，可以克服传统 MDI 协议对称信道限制的非对称协议也已被发明出来[51-52]。MDI 协议主要的假设是 Alice 和 Bob 信任它们的信号源，通过采用设备无关（Device-Independent，DI）协议[53]可以放宽这种假设。相比在实际量子密钥分发系统中可行的 MDI 协议，DI 协议的实用化仍然非常困难，通过未来的进一步研究有望使 DI 协议更加成熟。

图 1-11　MDI 协议示意

🔍 1.6 本章小结

本章对量子密钥分发技术背景进行了简要阐述,首先分析了网络信息安全面临的需求与挑战,重点分析了量子信息技术的发展对当前信息通信系统的安全性产生的正面和负面影响。然后从量子通信的基本原理出发,介绍了量子密钥分发的概念和工作原理。接着从量子密钥分发终端和信道的角度讨论了量子密钥分发系统组成,并且讨论了量子密钥分发的不同分类,包括光纤量子密钥分发和自由空间量子密钥分发以及离散变量量子密钥分发和连续变量量子密钥分发。最后介绍了经典的量子密钥分发协议,重点介绍了 BB84 协议、GG02 协议和 MDI 协议以及它们的工作流程。量子密钥分发技术解决了信息通信系统面临量子计算挑战时安全性最薄弱的环节,是未来保障网络信息安全的重要技术。

参 考 文 献

[1] National Institute of Standards and Technology. Data Encryption Standard (DES)[S]. [S.l.:s.n.], 1977.

[2] National Institute of Standards and Technology. Advanced Encryption Standard (AES)[S]. [S.l.:s.n.], 2001.

[3] MILLER V S. Use of elliptic curves in cryptography[C]//Conference on the Theory and Application of Cryptographic Techniques. Heidelberg: Springer, 1985.

[4] KOBLITZ N. Elliptic curve cryptosystems[J]. Mathematics of Computation, 1987, 48(177): 203-209.

[5] RIVEST R L, SHAMIR A, ADLEMAN L. A method for obtaining digital signatures and public-key cryptosystems[J]. Communications of the ACM, 1978, 21(2): 120-126.

[6] SHANNON C E. Communication theory of secrecy systems[J]. The Bell System Technical Journal, 1949, 28(4): 656-715.

[7] DIFFIE W, HELLMAN M. New directions in cryptography[J]. IEEE Transactions on Information Theory, 1976, 22(6): 644-654.

[8] LÄNGER T, LENHART G. Standardization of quantum key distribution and the ETSI standardization initiative ISG-QKD[J]. New Journal of Physics, 2009, 11(5): 055051.

[9] National Institute of Standards and Technology. Digital Signature Standard (DSS)[S]. [S.l.:s.n.], 1994.

[10] WEGMAN M N, CARTER J L. New hash functions and their use in authentication and set equality[J]. Journal of Computer and System Sciences, 1981, 22(3): 265-279.

[11] 量子信息技术发展与应用研究报告[R]. 北京: 中国信息通信研究院, 2020.

[12] LADD T D, JELEZKO F, LAFLAMME R, et al. Quantum computers[J]. Nature, 2010, 464(7285): 45-53.

[13] ARUTE F, ARYA K, BABBUSH R, et al. Quantum supremacy using a programmable super-conducting processor[J]. Nature, 2019, 574(7779): 505-510.

[14] ZHONG H S, WANG H, DENG Y H, et al. Quantum computational advantage using photons[J]. Science, 2020, 370(6523): 1460-1463.

[15] SHOR P W. Algorithms for quantum computation: discrete logarithms and factoring[C]//35th Annual Symposium on Foundations of Computer Science. Piscataway: IEEE Press, 1994.

[16] GROVER L K. A fast quantum mechanical algorithm for database search[C]//28th Annual ACM Symposium on Theory of Computing. New York: ACM Press, 1996.

[17] BERNSTEIN D J, LANGE T. Post-quantum cryptography[J]. Nature, 2017, 549(7671): 188-194.

[18] BENNETT C H, BRASSARD G. Quantum cryptography: public key distribution and coin tossing[C]//IEEE International Conference on Computers, Systems and Signal Processing. Piscataway: IEEE Press, 1984.

[19] GISIN N, RIBORDY G, TITTEL W, et al. Quantum cryptography[J]. Reviews of Modern Physics, 2002, 74(1): 145-195.

[20] SCARANI V, BECHMANN-PASQUINUCCI H, CERF N J, et al. The security of practical quantum key distribution[J]. Reviews of Modern Physics, 2009, 81(3): 1301-1350.

[21] LO H K, CURTY M, TAMAKI K. Secure quantum key distribution[J]. Nature Photonics, 2014, 8(8): 595-604.

[22] XU F, MA X, ZHANG Q, et al. Secure quantum key distribution with realistic devices[J]. Reviews of Modern Physics, 2020, 92(2): 025002.

[23] GISIN N, THEW R. Quantum communication[J]. Nature Photonics, 2007, 1(3): 165-171.

[24] European Telecommunications Standards Insititute. Quantum key distribution (QKD); Device and communication channel parameters for QKD deployment[S]. ETSI GS QKD 012 V1.1.1, 2019.

[25] CHEN Y A, ZHANG Q, CHEN T Y, et al. An integrated space-to-ground quantum communication network over 4 600 kilometres[J]. Nature, 2021, 589(7841): 214-219.

[26] DYNES J F, TAM W W S, PLEWS A, et al. Ultra-high bandwidth quantum secured data transmission[J]. Scientific Reports, 2016, 6.

[27] BOARON A, BOSO G, RUSCA D, et al. Secure quantum key distribution over 421 km of optical fiber[J]. Physical Review Letters, 2018, 121(19).

[28] FANG X T, ZENG P, LIU H, et al. Implementation of quantum key distribution surpassing the linear rate-transmittance bound[J]. Nature Photonics, 2020, 14(7): 422-425.

[29] CHEN J P, ZHANG C, LIU Y, et al. Sending-or-not-sending with independent lasers: secure twin-field quantum key distribution over 509 km[J]. Physical Review Letters, 2020, 124(7).

[30] NAUERTH S, MOLL F, RAU M, et al. Air-to-ground quantum communication[J]. Nature Pho-

tonics, 2013, 7(5): 382-386.

[31] LIAO S K, CAI W Q, LIU W Y, et al. Satellite-to-ground quantum key distribution[J]. Nature, 2017, 549(7670): 43-47.

[32] LIAO S K, YONG H L, LIU C, et al. Long-distance free-space quantum key distribution in daylight towards inter-satellite communication[J]. Nature Photonics, 2017, 11(8): 509-513.

[33] JI L, GAO J, YANG A L, et al. Towards quantum communications in free-space seawater[J]. Optics Express, 2017, 25(17): 19795-19806.

[34] BOUCHARD F, SIT A, HUFNAGEL F, et al. Quantum cryptography with twisted photons through an outdoor underwater channel[J]. Optics Express, 2018, 26(17): 22563-22573.

[35] CAO Y, LI Y H, YANG K X, et al. Long-distance free-space measurement-device-independent quantum key distribution[J]. Physical Review Letters, 2020, 125(26): 260503.

[36] ZHANG Y, CHEN Z, PIRANDOLA S, et al. Long-distance continuous-variable quantum key distribution over 202.81 km of fiber[J]. Physical Review Letters, 2020, 125(1): 010502.

[37] ANDERSEN U L, NEERGAARD-NIELSEN J S, LOOCK P V, et al. Hybrid discrete- and continuous-variable quantum information[J]. Nature Physics, 2015, 11(9): 713-719.

[38] EKERT A K. Quantum cryptography based on Bell's theorem[J]. Physical Review Letters, 1991, 67(6): 661-663.

[39] BENNETT C H, BRASSARD G, MERMIN N D. Quantum cryptography without Bell's theorem[J]. Physical Review Letters, 1992, 68(5): 557-559.

[40] GROSSHANS F, GRANGIER P. Continuous variable quantum cryptography using coherent states[J]. Physical Review Letters, 2002, 88(5): 057902.

[41] INOUE K, WAKS E, YAMAMOTO Y. Differential phase shift quantum key distribution[J]. Physical Review Letters, 2002, 89(3): 037902.

[42] HWANG W Y. Quantum key distribution with high loss: toward global secure communication[J]. Physical Review Letters, 2003, 91(5): 057901.

[43] WANG X B. Beating the photon-number-splitting attack in practical quantum cryptography[J]. Physical Review Letters, 2005, 94(23): 230503.

[44] LO H K, MA X, CHEN K. Decoy state quantum key distribution[J]. Physical Review Letters, 2005, 94(23): 230504.

[45] SCARANI V, ACÍN A, RIBORDY G, et al. Quantum cryptography protocols robust against photon number splitting attacks for weak laser pulse implementations[J]. Physical Review Letters, 2004, 92(5): 057901.

[46] STUCKI D, BRUNNER N, GISIN N, et al. Fast and simple one-way quantum key distribution[J]. Applied Physics Letters, 2005, 87(19): 194108.

[47] LO H K, CURTY M, QI B. Measurement-device-independent quantum key distribution[J]. Physical Review Letters, 2012, 108(13): 130503.

[48] LUCAMARINI M, YUAN Z L, DYNES J F, et al. Overcoming the rate-distance limit of quantum key distribution without quantum repeaters[J]. Nature, 2018, 557(7705): 400-403.

[49] MA X, ZENG P, ZHOU H. Phase-matching quantum key distribution[J]. Physical Review X,

2018, 8(3): 031043.

[50] BRASSARD G, LÜTKENHAUS N, MOR T, et al. Limitations on practical quantum cryptography[J]. Physical Review Letters, 2000, 85(6): 1330-1333.

[51] WANG W, XU F, LO H K. Asymmetric protocols for scalable high-rate measurement-device-independent quantum key distribution networks[J]. Physical Review X, 2019, 9(4): 041012.

[52] LIU H, WANG W, WEI K, et al. Experimental demonstration of high-rate measurement-device-independent quantum key distribution over asymmetric channels[J]. Physical Review Letters, 2019, 122(16): 160501.

[53] MURTA G, DAM S B V, RIBEIRO J, et al. Towards a realization of device-independent quantum key distribution[J]. Quantum Science and Technology, 2019, 4(3): 035011.

第2章

量子密钥分发网络概述

随着业务量与日俱增，互联网接入业务、承载网专线业务等安全需求逐步提升。然而，仅仅利用点到点的量子密钥分发技术支撑众多节点的各类业务加密需求困难重重，业务安全性无法得到保证。点到点量子密钥分发仅支持在一对用户间建立共享的安全密钥，很大程度上限制了量子密钥分发技术的实用化。将量子密钥分发从点到点扩展为多点互联的量子密钥分发网络，有利于推动量子密钥分发系统从实验室走向现网应用，从而为全网范围内任意用户间通信提供安全保障。

2.1 量子密钥分发网络基本概念

量子密钥分发网络是一种以量子密钥分发技术为核心的新型网络形态，同时也被视为量子互联网发展的初级阶段[1]。相比点到点量子密钥分发系统中一对量子密钥分发终端可以为两端用户提供共享的安全密钥，量子密钥分发网络具有为用户网络中任意两个或多个用户间提供安全密钥的能力。随着现实生活中安全需求的不断提升和量子密钥分发技术的不断成熟，量子密钥分发网络已经引起了学术界和工业界的广泛关注。

2.1.1 量子密钥分发网络定义

量子密钥分发网络是由节点（包含量子密钥分发设备和中继设备等）和链路组成的，能够完成多个节点间量子密钥分发的网络。一个量子密钥分发网络通常包含两个以上由量子密钥分发链路相连的量子密钥分发节点，其中任意一对量子密钥分发节点之间可以建立安全密钥共享通道。量子密钥分发网络生成的安全密钥可以提供给用户网络中各种具有高安全需求的用户。

基于不同的节点功能，目前实现量子密钥分发网络主要包括 4 种方式，即基于光交换、可信中继、不可信中继和量子中继的量子密钥分发网络。表 2-1 比较了现阶段 4 种量子密钥分发网络实现方式的不同特性。

表 2-1　量子密钥分发网络实现方式对比

特性	光交换	可信中继	不可信中继	量子中继
可实现距离	较短	任意距离	较长	任意距离
可扩展性	较低	高	较低	高
适用范围	较窄	广	较窄	广
安全性	高	较低	高	高
成熟度	高	高	较低	低
现实部署	已实现	已实现	已实现	未实现

（1）基于光交换的量子密钥分发网络

基于光交换的量子密钥分发网络，可以对量子信道中的量子信号使用经典的光学功能（如使用光开关或光分路器）。该网络允许通过交换量子信道以连接任意两个量子密钥分发节点，可以很容易地基于现有光学技术来实现。量子信号通过量子信道传输，并且在任意两个量子密钥分发节点之间不会对其进行测量，因此该网络不包含用于量子密钥分发的中继（如可信中继、不可信中继和量子中继）。由于无法避免量子信号长距离传输时的衰减，基于光交换的量子密钥分发网络仅适用于无法扩展量子密钥分发距离的小规模网络（如量子密钥分发接入网、局域网和小型城域网等）。

（2）基于可信中继的量子密钥分发网络

基于可信中继的量子密钥分发网络，本地密钥在每条量子密钥分发链路上生成，然后存储在量子密钥分发链路连接的量子密钥分发节点中。通过建立一条量子密钥分发路径可以实现两个端节点之间的长距离量子密钥分发，该路径由连接多条量子密钥分发链路的一维可信中继链组成。通过逐跳加密和解密的方式将密钥沿着量子密钥分发路径从源节点转发到宿节点，其中采用一次一密算法来对密钥进行加密和解密，以确保全局密钥的端到端信息论安全性。基于可信中继的量子密钥分发网络方便实用并且易于扩展，已被广泛用于量子密钥分发现网部署。不过，该网络的关键前提是每个中继都必须是可信的，即可抵御任何入侵或攻击。在实际应用中为了实现该前提，通常将中继放置在有人值守的环境中或者通过采用物理防御措施以辅助可信中继抵御入侵或攻击。

（3）基于不可信中继的量子密钥分发网络

基于不可信中继的量子密钥分发网络，需要使用特定的量子密钥分发协议，如 MDI 协议。MDI 协议不仅涉及离散变量和连续变量 MDI 协议，也有一些新型的 MDI 协议（如 TF 协议和 PM 协议）以及基于非对称信道的 MDI 协议等。借助位于量子密钥分发节点中间的不可信中继，MDI 协议可以在一定程度上延长量子密钥分发距离，从而在更远距离或者更高损耗的量子密钥分发链路上生成安全密钥。相比可信中继，不可信中继具有更高的安全性，因为它不依赖任何安全性假设，甚至被窃听者控制也不会影响量子密钥分发的安全性。但是，不可信中继无法像可信中继一样将量子密钥分发扩展到任意距离。因此，基于不可信中继的量子密钥分发网络比较适用于量子密钥分发接入网和城域网，将其应用于大规模量子密钥分发网络可能需要与可信中继相结合。

（4）基于量子中继的量子密钥分发网络

基于量子中继的量子密钥分发网络，通常采用量子中继[2-3]来解决量子信号的噪声和损耗问题。位于量子密钥分发节点之间的量子中继，可以通过一种称为纠缠交换（Entanglement Swapping）的物理过程，在源宿节点之间建立长距离的量子纠缠。量子中继不需可信就可以将量子密钥分发扩展到任意距离。然而，基于现有技术尚未实现可实用化的量子中继，因此基于量子中继的量子密钥分发网络尚未在现实生活中部署和应用。

图 2-1 所示为结合上述 4 种实现方式的量子密钥分发网络，以及它与用户网络的逻辑关系。量子密钥分发节点与其相同物理位置处的用户相连。安全密钥在任意一对量子密钥分发节点之间生成，即量子密钥分发节点是共享安全密钥的节点，因此量子密钥分发节点一般是可信节点。同时，量子密钥分发节点可以集成如光开关/光分路器和可信/不可信/量子中继的功能。可信/不可信/量子中继所在位置的节点称为中继节点。

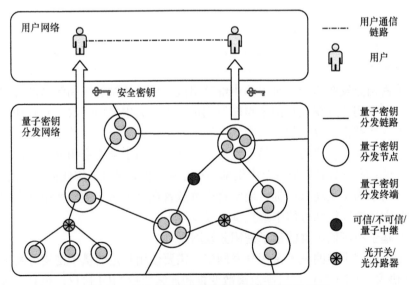

图 2-1 结合 4 种实现方式的量子密钥分发网络

　　此外,光开关/光分路器和不可信/量子中继所在位置的节点可以称为量子信号中继点,在量子信号中继点处不会产生或共享任何密钥,因此量子信号中继点不需要可信。与之相反,可信中继处需要产生和共享安全密钥。基于可信中继和量子信号中继点,可以在量子密钥分发网络中实现任意一对量子密钥分发节点之间共享安全密钥。因此,可信中继和量子信号中继点都被部署在量子密钥分发链路上,可以为量子密钥分发网络提供更长的距离或更灵活的拓扑。

2.1.2　量子密钥分发网络需求

　　量子密钥分发网络作为一种提供安全密钥服务的通信网络,具有一些与经典通信网络相似的特征,例如它也涉及信号调制、传输、探测和后处理等多个通信功能模块。因此,它必须符合通信网络设计中所考虑的成本经济、灵活扩展和兼容互通等基本要求。但是,量子密钥分发网络提供的服务不同于经典通信网络,是随机的安全密钥而不是有序的信息。因此,量子密钥分发网络还需要满足安全密钥服务提供的诸多需求,包括高安全级别、与加密应用的集成等。综合考虑通信网络建设运营和安全密钥服务提供两方面要求,量子密钥分发网络的需求主要包括 8 个方面[4-5],详见表 2-2。

表 2-2　量子密钥分发网络需求

特性	具体需求
可用性	支持自适应的应用程序接口（Application Programming Interface，API）; 能够为众多领域的各种信息通信应用提供随时随地的安全保障
可靠性	支持保护和恢复方案; 具有快速准确的故障定位和恢复能力; 具有保持长期稳定运行的能力
灵活性	灵活适配用户特定的安全级别和多样化的需求; 具备提供差异化的服务质量（Quality of Service，QoS）和多种灵活计费策略的能力; 具有支持软件定义网络（Software Defined Networking，SDN）等技术对整体网络进行灵活控制和管理的能力
可扩展性	支持网络的平滑演进、升级和重构; 支持多种网络拓扑结构以适应不同规模量子密钥分发组网的需要
安全性	采用经过严格安全性证明的量子密钥分发协议; 支持针对量子黑客攻击的有效防御对策; 安全技术的使用应符合相关的安全标准和认证; 量子密钥分发节点需要有效的保护措施
高效性	支持高效的端到端量子密钥分发连接、网络资源调度和安全密钥分配; 具有提供高密钥吞吐量和低时延的能力
兼容性	支持量子信号和经典信号共纤传输; 新引入的加密功能或量子信息技术应与现有基础设施兼容
互通性	支持多域、多厂商的量子密钥分发设备和组网设备互联互通; 支持跨域的量子密钥分发网络管理和运营

2.2　量子密钥分发网络发展现状

近年来，越来越多的量子密钥分发网络开始在现实部署，如美国国防部高级研究计划局（Defense Advanced Research Projects Agency，DARPA）量子密钥分发网络、欧盟"基于量子密码的安全通信（Secure Communication Based on Quantum Cryptography，SECOQC）"量子密钥分发网络、日本东京量子密钥分发网络、西班牙马德里量子密钥分发网络、英国剑桥量子密钥分发网络、中国"京沪干线"量子密钥分发网络等。随着量子密钥分发技术的不断成熟和应用规模的不断扩大，量子密钥分发网络将成为推动网络信息安全的重要发展方向。

2.2.1　量子密钥分发接入网和局域网

短距离量子密钥分发网络允许多个用户通过短距链路访问量子密钥分发功能，主要涉及量子密钥分发接入网和局域网。

1. 量子密钥分发接入网

量子密钥分发接入网可以作为"最后一千米"的解决方案，通过点到多点的连接，使量子密钥分发功能方便地提供给各种终端用户。基于现代光接入网技术，图 2-2（a）和图 2-2（b）所示分别为下行量子密钥分发接入网和上行量子密钥分发接入网，它们均属于基于光交换的量子密钥分发网络。下行量子密钥分发接入网的量子密钥分发发送端位于网络节点，每个用户都有 1 个量子密钥分发接收端；而上行量子密钥分发接入网的量子密钥分发接收端位于网络节点，每个用户都有 1 个量子密钥分发发送端。采用无源光分路器可以将量子信号从量子密钥分发发送端引导至量子密钥分发接收端。基于量子密钥分发过程的单向特性，下行和上行量子密钥分发接入网都可以实现网络节点与每个用户之间共享安全密钥。1997 年，Townsend[6]首次在实验室中实现了 1 种下行量子密钥分发接入网，该网络包含 1 个量子密钥分发发送端和 3 个量子密钥分发接收端。2013 年，Fröhlich 等[7]在实验室中成功演示了一种上行量子密钥分发接入网，该网络允许多达 64 个用户共享一个网络节点的单光子探测器。2019 年，Raddo 等[8]提出了量子到户的设想，即通过按需提供量子密钥分发服务实现用户端到端安全，未来可能在埃因霍温量子密钥分发网络试验平台上实现。

2. 量子密钥分发局域网

除了无源光分路器，还可以使用光开关等光学器件来实现量子密钥分发局域网。Tang 等[9]和 Ma 等[10]分别于 2006 年和 2007 年报道了在美国国家标准与技术研究院（National Institute of Standards and Technology，NIST）演示的量子密钥分发局域网，如图 2-3 所示。该网络包含一个量子密钥分发发送端（Alice）和两个量子密钥分发接收端（Bob1 和 Bob2），并使用一个光开关来动态控制量子密钥分发连接。此外，该网络还演示了基于量子密钥分发保障安全的视频监控应用。2019 年，Ma 等[11]描述了在 NIST 园区内搭建现网测试平台的计划，目标是测试量子密钥分发与光纤通信网络集成的可行性和兼容性。

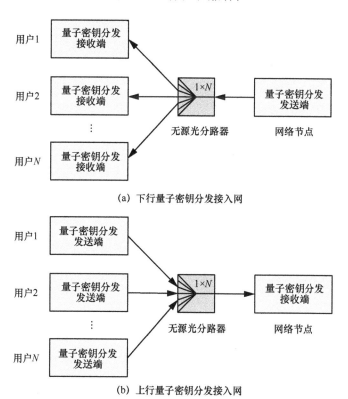

图 2-2　量子密钥分发接入网示意

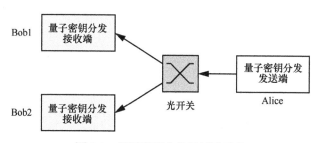

图 2-3　量子密钥分发局域网示意

2.2.2 量子密钥分发城域网

迄今为止，越来越多的量子密钥分发网络已部署在城域范围内。量子密钥分发城域网是量子密钥分发接入/局域网与量子密钥分发骨干/广域网之间的桥梁。表 2-3 和表 2-4 分别按时间顺序总结了在城域范围内现实部署的不同量子密钥分发网络和链路。

表 2-3 现实部署的量子密钥分发城域网

年份	城域网范围	实现方式	协议类型	节点数量/个
2004 年	美国波士顿	光交换+可信中继	离散变量	10
2007 年	中国北京	光交换	离散变量	4
2008 年	奥地利维也纳	可信中继	离散+连续变量	6
2008 年	中国合肥	可信中继	离散变量	3
2009 年	瑞士日内瓦	可信中继	离散变量	3
2009 年	南非德班	光交换+可信中继	离散变量	4
2009 年	中国芜湖	光交换+可信中继	离散变量	7
2009 年	中国合肥	光交换+可信中继	离散变量	5
2009 年	西班牙马德里	光交换	离散变量	3
2010 年	中国芜湖	光交换	离散变量	5
2010 年	日本东京	可信中继	离散变量	6
2012 年	中国合肥	光交换+可信中继	离散变量	46
2013 年	美国哥伦布	可信中继	离散变量	4
2013 年	中国济南	光交换+可信中继	离散变量	56
2014 年	西班牙马德里	光交换	离散变量	3
2016 年	中国合肥	不可信中继	离散变量–MDI	4
2016 年	中国上海	全连接	连续变量	4
2016 年	俄罗斯喀山	可信中继	离散变量	4
2017 年	俄罗斯莫斯科	可信中继	离散变量	3
2017 年	中国武汉	光交换+可信中继	离散变量	>60
2018 年	西班牙马德里	可信中继	连续变量	3
2019 年	英国布里斯托尔	光交换	离散变量	4
2019 年	英国剑桥	可信中继	离散变量	3
2020 年	英国布里斯托尔	全连接	离散变量–纠缠	8

表 2-4　现实部署的量子密钥分发城域链路

年份	城域链路范围	链路总长度/km	协议类型	节点数量/个
2005 年	中国北京–天津	125	离散变量	2
2006 年	美国华盛顿	25	离散变量	2
2010 年	南非德班	2.8	离散变量	2
2010 年	法国巴黎	17.7	连续变量	2
2013 年	加拿大卡尔加里	18.6	离散变量–MDI	3
2013 年	日本东京	90	离散变量	2
2014 年	中国合肥	30	离散变量–MDI	3
2015 年	日本东京	45	离散变量	2
2016 年	韩国圣水–盆唐	35	离散变量	2
2018 年	美国剑桥–莱克星顿	43	离散变量	2
2019 年	中国西安	30.02	连续变量	2
2019 年	中国广州	49.85	连续变量	2
2019 年	意大利佛罗伦萨	40	离散变量	2

（1）美国波士顿城域范围

美国 DARPA 量子密钥分发网络[12]是部署在美国波士顿的世界上第一个量子密钥分发城域网。该网络于 2003 年 10 月首次在 BBN 科技（BBN Technologies）公司的实验室中运行，然后于 2004 年 6 月在 BBN 科技公司、哈佛大学和波士顿大学之间扩展到 6 个节点。2005 年，计划在该网络中再增加 4 个节点。最后，该网络由 10 个节点组成。该网络是基于光交换和可信中继技术实现的，测试了网络中光纤和自由空间量子密钥分发的可行性。

（2）中国北京城域范围

2007 年，Chen 等[13]在中国北京搭建了一个波长路由 4 节点星形量子密钥分发城域网。利用 BB84 协议和诱骗态 BB84 协议来实现量子密钥分发。该网络部署在商用电信网络基础设施上，展示了量子密钥分发与现有电信网络融合的可行性，基于专为该网络设计的 4 端口量子密钥分发路由器，利用波分复用设备实现了无源路由。

（3）奥地利维也纳城域范围

欧盟 SECOQC 量子密钥分发网络[14]是搭建在奥地利维也纳的基于可信中继的量子密钥分发城域网。该网络由 6 个节点以及连接它们的 8 条量子密钥分发链路（包含 7 条光纤链路和 1 条自由空间链路）组成，于 2008 年投入运行。该网络使用了多种量子密钥分发协议，包括几种离散变量量子密钥分发协议（如 BB84 协议、SARG04 协议、诱骗态 BB84 协议、COW 协议和 BBM92 协议）和一种连续变量量子密钥分发协议。该网络演示了 OTP 算法加密的电话通信、AES 算法加密的视频会议和高负载情况下的流量重路由等应用。

（4）瑞士日内瓦城域范围

瑞士 SwissQuantum 量子密钥分发网络[15]是部署在瑞士日内瓦的量子密钥分发城域网，从 2009 年 3 月到 2011 年 1 月运行了超过一年半的时间。该网络由 3 个节点和连接它们的 3 条量子密钥分发光纤链路组成，是基于可信中继的量子密钥分发网络。该网络使用了基于 SARG04 协议的量子密钥分发设备，并在商用环境下测试和验证了网络的可靠性和鲁棒性，展示了量子密钥分发可以集成到复杂的网络基础设施中。

（5）南非德班城域范围

南非 QuantumCity 量子密钥分发网络[16]是部署在南非德班的 4 节点星形量子密钥分发城域网。该网络于 2009 年运行，用于保障电话和互联网通信等实时数据的安全。该网络的量子密钥分发系统使用了 BB84 协议，并部署在商用的光纤基础设施上，以测试和验证量子密钥分发系统的长期性能。

2010 年 4 月，德班的两个站点之间建立了 QuantumStadium 量子密钥分发城域链路[17]，并在 2010 年国际足球联合会世界杯期间运行。

（6）中国芜湖城域范围

2009 年 5 月，Xu 等[18]在中国芜湖演示了一个 7 节点量子密钥分发城域网。该网络是基于光交换和可信中继技术实现的，并在量子密钥分发系统中采用了诱骗态 BB84 协议。该网络实现了 AES 算法加密的文本信息和机密文件的传输。

2010 年，Wang 等[19]在芜湖建成了一个波长节约量子密钥分发网络，其中使用两个波长支持 5 个节点的连接。该网络使用商用光纤和诱骗态 BB84 协议来支持量子密钥分发。在该网络中任意两个节点之间都可以直接共享安全密钥。

（7）日本东京城域范围

2010 年，日本东京量子密钥分发网络[20]投入运行。该网络是基于可信中继的量子密钥分发网络，由 6 个节点以及连接它们的 6 条量子密钥分发光纤链路组成。该网络的不同量子密钥分发系统共使用了 4 种量子密钥分发协议，即诱骗态 BB84 协议、BBM92 协议、DPS 协议和 SARG04 协议。为了支持不同量子密钥分发系统的互通性，开发了一个通用的应用接口。该网络中演示的应用包括量子密钥分发保障安全的视频会议和移动电话。

2013 年，Shimizu 等[21]在东京城域范围的 90 km 光纤链路上完成了量子密钥分发的长期现场测试，在量子密钥分发系统中使用 DPS 协议，可以实现 1.1 kbit/s 的密钥生成率。

2015 年，Dixon 等[22]在东京城域电信网络的 45 km 光纤链路上部署了量子密钥分发原型系统，实现了 301 kbit/s 的密钥生成率。

（8）中国合肥城域范围

2008 年，Chen 等[23]在中国合肥实现了一个基于 3 节点可信中继的量子密钥分发城域网。该网络采用诱骗态 BB84 协议和商用光纤，实现了 OTP 算法加密的实时语音通信。

2009 年 8 月，Chen 等[24]在合肥城域范围内部署了一个基于光交换的 4 节点星形全通量子密钥分发网络，并基于可信中继技术将其连接到桐城的另一个节点。量子密钥分发系统采用诱骗态 BB84 协议，演示了 OTP 算法加密的实时语音通话。

2012 年，由 46 个节点组成的合肥量子密钥分发城域网建成，该网络至今仍用于量子密钥分发保障安全的实时语音通信以及文本信息和文件的传输。

2014 年，Tang 等[25]在合肥完成了基于 MDI 协议与不可信中继的城域量子密钥分发光纤链路的现场测试。该链路总长度为 30 km，实现了 16.9 bit/s 的密钥生成率。

2016 年，Tang 等[26]在合肥搭建了 MDI 量子密钥分发城域网，如图 2-4 所示。图 2-4～图 2-7 中，光纤链路属性包含光纤长度（单位为 km）和光纤损耗（单位为 dB）。该网络采用基于不可信中继的星形拓扑结构，网络中 4 个节点（包含一个不可信中继和 3 个用户节点）通过光纤链路连接，测试和验证了基于 MDI 协议使用不可信中继构建量子密钥分发网络的可行性。

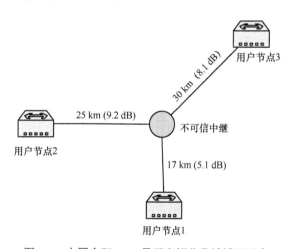

图 2-4　中国合肥 MDI 量子密钥分发城域网示意

（9）西班牙马德里城域范围

2009 年，Lancho 等[27]在西班牙马德里搭建了一个 3 节点量子密钥分发城域网测试平台，该平台使用 BB84 协议，演示了量子密钥分发在经典光网络中的应用。

2014 年，Ciurana 等[28]在马德里演示了一个量子密钥分发城域网试验床，基于波分复用技术可以同时支持 32 条量子密钥分发链路的运行。

2018 年，Martin 等[29]在马德里搭建了基于 SDN 的量子密钥分发城域网。如图 2-5 所示，该网络连接了 3 个不同的站点，这些站点均在商用环境中安装了连续变量量子密钥分发设备。SDN 技术提升了该网络的灵活性，同时该网络可以实现量子信号和经典信号共纤传输[30]。

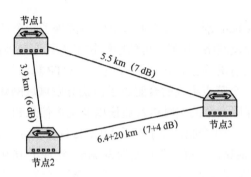

图 2-5　西班牙马德里基于 SDN 的量子密钥分发城域网示意

（10）美国哥伦布城域范围

2012 年，Morrow 等[31]报道了 Battelle 公司量子密钥分发测试平台的 4 个阶段，其中第三阶段是在美国俄亥俄州哥伦布建设一个环形量子密钥分发城域网。该网络已于 2013 年 9 月投入运行，它是一个基于可信中继的量子密钥分发网络，包含通过环形量子密钥分发光纤链路连接的 4 个节点。此外，该网络使用了基于 COW 协议的商用量子密钥分发系统，用于保障 Battelle 公司不同位置设施之间的通信安全。

（11）中国济南城域范围

2013 年，中国济南量子密钥分发城域网建成，量子密钥分发系统使用了诱骗态 BB84 协议。该网络包含 56 个节点，是基于可信中继和光交换技术实现的。

（12）中国上海城域范围

2016 年，Huang 等[32]在中国上海搭建了全连接网状的连续变量量子密钥分发城域网，其中使用了基于高斯调制相干态的连续变量量子密钥分发协议。该网络由 4 个节点组成，这些节点通过 6 条量子密钥分发链路使用商用光纤实现全连接，因此不需要使用光交换或可信/不可信中继技术就可以实现任意两个节点的互连。该网络通过波分复用技术实现经典信号和量子信号的共纤传输，测试并验证了在商用电信网络环境中部署连续变量量子密钥分发的可行性。

（13）俄罗斯喀山城域范围

Bannik 等[33]在俄罗斯喀山建成了一个 4 节点的量子密钥分发城域网。该网络采用子载波量子通信方式，于 2016 年投入测试。此外，该网络具有星形拓扑结构，并基于可信中继技术和 BB84 协议实现了量子密钥分发。该网络实现了多个子载波设备之间的长期稳定互通,演示了量子密钥分发保障安全的数字音频信号传输。

（14）韩国城市城域范围

2016 年,Kim 等[34]报道了一条 35 km 的量子密钥分发城域光纤链路,该链路连接了位于韩国圣水和盆唐两地的 SK 电讯公司设施。量子密钥分发系统中采用诱骗态 BB84 协议。2016 年,量子密钥分发系统还被部署在连接韩国大田（Dunsan）和世宗（Sejong）两地的 4G 长期演进网络中。

（15）俄罗斯莫斯科城域范围

2017 年,Kiktenko 等[35]在俄罗斯莫斯科演示了一个量子密钥分发城域网。该网络是基于可信中继的量子密钥分发网络,具有 3 个节点和连接它们的两条量子密钥分发光纤链路,并且量子密钥分发系统使用了 BB84 协议。该网络能够适应城域通信链路的外部影响,并提供持续更新的安全密钥。

（16）中国武汉城域范围

2017 年,中国武汉量子密钥分发城域网建成。该网络使用波分复用技术可实现量子信号和经典信号共纤传输。该网络连接了武汉市内的政府部门、金融机构等 60 多个用户节点。

（17）英国布里斯托尔城域范围

2019 年,Tessinari 等[36]在英国布里斯托尔实现了具有动态量子密钥分发组网能力的 4 节点全连接城域网的现场试验。其中,在同一根光纤中实现了量子信道和经典信道的共存,利用 SDN 技术提供量子/经典动态切换以及连续最优的量子密钥分发安全连接。

2020 年,Joshi 等[37]在布里斯托尔演示了一个不需可信节点的全连接量子密钥分发城域网。该网络采用基于纠缠的 BBM92 协议,支持 8 个用户间 28 对安全连接,验证了纠缠量子密钥分发网络的可行性。

（18）英国剑桥城域范围

2019 年,Dynes 等[38]在英国剑桥建成了 3 节点环形量子密钥分发城域网,如图 2-6 所示。该网络采用基于诱骗态 BB84 协议的离散变量量子密钥分发系统。量子信道和经典信道通过密集波分复用技术在同一根光纤中共存。经过长时间的测试,该网络中每条量子密钥分发链路上的密钥生成率可达 2～3 Mbit/s,可以用于 AES 算法加密的数据传输。

（19）美国华盛顿城域范围

2006 年,Runser 等[39]在美国华盛顿完成了连接两个节点的量子密钥分发城域链路的现场测试。该链路使用了基于 BB84 协议的量子密钥分发系统,在 25 km 的光纤上以无人值守的方式运行,实现了 1.09 kbit/s 的密钥生成率。此外,利用光开关在连接两个节点的 3 条不同网络路径上进行量子密钥分发路由,并在此基础上演示了网络路径重构后的量子密钥分发自动重同步。

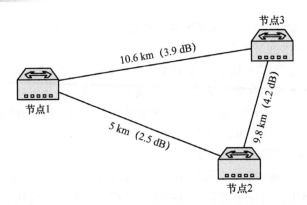

图 2-6 英国剑桥 3 节点环形量子密钥分发城域网示意

（20）法国巴黎城域范围

Jouguet 等[40]在法国巴黎完成了一条量子密钥分发城域链路的现场演示。该链路连接了位于法国巴黎马西和帕莱索的两个站点，在 17.7 km 的光纤上从 2010 年 7 月运行到 2011 年 2 月。该链路采用 GG02 协议来实现连续变量量子密钥分发，展示了连续变量量子密钥分发系统在商用环境下的长期稳定性。

（21）加拿大卡尔加里城域范围

2013 年，Rubenok 等[41]搭建了连接加拿大卡尔加里市 3 个不同地点的量子密钥分发城域链路。该链路总长度为 18.6 km，采用基于诱骗态方法的 MDI 协议，并在两个端节点之间放置了不可信中继。

（22）中国西安和广州城域范围

2019 年，Zhang 等[42]在中国西安和广州分别实现了连续变量量子密钥分发城域光纤链路的现场测试，如图 2-7（a）和图 2-7（b）所示。在西安和广州的现场测试中，部署的光纤长度分别为 30.02 km 和 49.85 km，分别实现了 7.57 kbit/s 和 7.43 kbit/s 的密钥生成率。

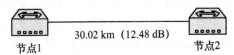

（a）西安连续变量量子密钥分发城域光纤链路

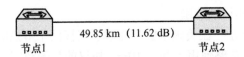

（b）广州连续变量量子密钥分发城域光纤链路

图 2-7 中国西安和广州连续变量量子密钥分发城域光纤链路示意

（23）意大利佛罗伦萨城域范围

2019 年，Bacco 等[43]在意大利佛罗伦萨城域范围的 40 km 光纤链路上进行了量子密钥分发的现场测试。该量子密钥分发链路采用诱骗态 BB84 协议，利用光同步和电同步分别实现了 3.4 kbit/s 和 4.53 kbit/s 的密钥生成率。

（24）跨城市城域范围

2005 年，Mo 等[44]在中国北京和天津之间的商用光纤上实现了 125 km 的量子密钥分发城域链路的现场测试。

2018 年，Bunandar 等[45]完成了在美国剑桥和莱克星顿之间 43 km 量子密钥分发城域光纤链路的现场测试。该链路采用诱骗态 BB84 协议，实现了 157 kbit/s 的密钥生成率。该链路基于硅光子学技术实现了量子密钥分发系统，测试和验证了光子集成芯片应用于量子密钥分发城域网的可行性和可扩展性。

2.2.3　量子密钥分发骨干网和广域网

得益于实用化的可信中继技术，在现实世界中已经部署了一些长距离量子密钥分发网络。同时，在现有光纤骨干网中测试了量子密钥分发链路集成的可行性。长距离量子密钥分发网络主要涉及量子密钥分发骨干网和广域网，详见表 2-5。

表 2-5　现实部署的量子密钥分发骨干网和广域网

年份	骨干/广域网范围	链路总长度/跨度	协议类型	节点数量/个
2011 年	合肥-巢湖-芜湖	199 km	离散变量	9
2017 年	北京-上海	2 000 km	离散变量	32
2018 年	诸城-黄山	66 km	离散变量	2
2018 年	武汉-合肥	609 km	离散变量	11
2018 年	中国-奥地利	7 600 km	离散变量	3
2019 年	剑桥-伊普斯威奇	121 km	离散变量	5
2021 年	天地一体化（中国）	4 600 km	离散变量	多

（1）合肥-巢湖-芜湖量子密钥分发广域网

Wang 等[46]搭建了跨越中国安徽省 3 个城市（合肥、巢湖和芜湖）的合肥-巢湖-芜湖量子密钥分发广域网。该广域网于 2011 年 12 月至 2012 年 7 月投入运行，其中包含 9 个节点，连接了合肥和芜湖两个城市的量子密钥分发城域网，量子密钥分发光纤链路总长度为 199 km。该网络采用基于诱骗态 BB84 协议的量子密钥分发系统，演示了 OTP 算法加密的公用交换电话网和 AES 算法加密的虚拟专用网（Virtual Private Network，VPN）的应用。

（2）北京-上海量子密钥分发骨干网

北京-上海量子密钥分发骨干网（"京沪干线"）是部署在中国北京到上海的基于可信中继的量子密钥分发网络，如图 2-8 所示。该网络包含 31 条光纤链路连接的 32 个节点，连通了北京、济南、合肥和上海 4 个城市的量子密钥分发城域网，总长度 2 000 余千米。该网络于 2013 年 6 月开始建设，并于 2016 年 12 月建设完成。经过长期的性能测试和评估，该网络已于 2017 年 8 月投入运行。政务和金融领域的许多实际应用均通过该网络得到了安全保障。

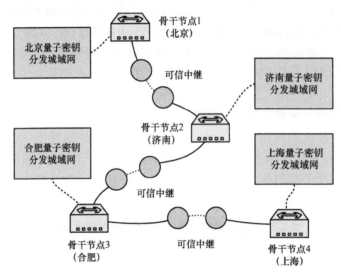

图 2-8　北京-上海量子密钥分发骨干网（"京沪干线"）示意

（3）诸城-黄山量子密钥分发骨干链路

2018 年，Mao 等[47]在商用光纤骨干网上进行了从中国山东省诸城到黄山的量子密钥分发骨干链路的现场测试。该链路采用基于诱骗态 BB84 协议的量子密钥分发系统，链路长度为 66 km，测试并验证了在现有光纤骨干网基础设施上部署量子密钥分发的可行性。

（4）武汉-合肥量子密钥分发骨干网

武汉-合肥量子密钥分发骨干网（"武合干线"）是连接中国武汉到合肥的基于可信中继的量子密钥分发网络，于 2018 年 11 月开始运行。该网络由 11 个节点和连接它们的 10 条光纤链路组成，链路总长度为 609 km。

（5）中国-奥地利量子密钥分发广域网

2018 年，Liao 等[48]演示了基于量子卫星的洲际量子密钥分发广域网，如图 2-9 所示。该网络采用"墨子号"量子卫星作为可信中继，连接了中国的兴隆地面站和奥地利的格拉茨地面站，总跨度为 7 600 km。量子密钥分发系统使用了诱骗态 BB84 协议。通过将该广域网与量子密钥分发城域网相结合，实现了 AES 算法加密的洲际视频会议。该网络的演示为构建全球量子密钥分发网络指出了有前景的解决方案。

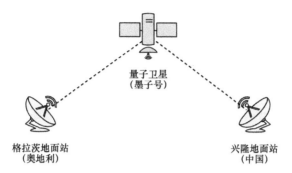

图 2-9　基于量子卫星的洲际量子密钥分发广域网示意

（6）剑桥-伊普斯威奇量子密钥分发骨干网

2019 年，Wonfor 等[49]在英国剑桥和伊普斯威奇之间搭建了基于可信中继的量子密钥分发骨干网。该网络由 5 个节点和连接它们的 4 条光纤链路组成，实现了量子信号和经典信号共纤传输，链路总长度为 121 km。

（7）天地一体化量子密钥分发广域网

2021 年，Chen 等[50]报道了世界上首个集成 700 多条地面光纤量子密钥分发链路和两条星地自由空间量子密钥分发链路的天地一体化量子密钥分发广域网，实现了跨度 4 600 km 的大范围、多用户量子密钥分发。该网络包含中国北京、济南、合肥和上海 4 个城市的量子密钥分发城域网、北京-上海量子密钥分发骨干网（"京沪干线"）以及两条分别连接兴隆地面站和南山地面站的星地链路，开展了长期的稳定性和安全性测试以及政务、金融、电力等不同领域的应用示范。

（8）量子密钥分发骨干网和广域网建设规划

目前，许多国家/地区正在部署或规划建设大规模量子密钥分发网络。中国规划从 2017 年到 2025 年建设"五横六纵"的光纤量子密钥分发骨干网，并计划发射更多的量子卫星以构成全球量子密钥分发广域网。美国从波士顿到华盛顿正在部署总长约 800 km 的光纤量子密钥分发骨干网，同时正在规划建设从波士顿延伸到佐治亚州并且最终到达加利福尼亚州的量子密钥分发骨干网。英国正在建设横跨剑桥、伦敦和布里斯托尔的量子密钥分发骨干网，并且已经在实验室中完成了测试与验证。欧洲正在探索建立基于地面-卫星一体化的量子密钥分发网络基础设施，将在整个欧盟范围内部署。俄罗斯铁路公司计划在 2024 年前部署 7 000 km 的量子网络。韩国预计将于不同阶段在全国范围内部署量子密钥分发网络。日本计划在 2024 年底前建立一个可以容纳 100 多个量子密码设备和 10 000 个用户的大规模网络。而且，世界各地已经宣布了一些量子卫星项目[51]。

2.3 量子密钥分发网络发展前瞻

量子密钥分发网络可以提升众多领域如军事、政务、医疗和金融等基础设施信息通信系统的安全性。例如：将量子密钥分发与对称密钥算法结合，可以为政府和情报机构或具有战略商业机密的企业提供长期的数据保密性；将量子密钥分发用于封闭式电子数据交换系统中银行转账，能够有效保障金融交易的安全。量子密钥分发网络作为跨学科、跨领域的系统工程，标准化工作仍处于发展初期，需要多领域、不同标准组织之间合作推进，促进量子密钥分发网络的大规模产业化应用。

2.3.1 量子密钥分发网络标准动态

量子密钥分发网络从实用化走向产业化规模应用之路仍然面临不少挑战，标准化则是其中十分重要的一环，为未来产业健康发展发挥奠基石的作用。目前已有不少国内外标准组织开展量子密钥分发网络相关的标准化工作，包括国际电信联盟电信标准化部门（International Telecommunication Union Telecommunication Standardization Sector，ITU-T）、欧洲电信标准化协会（European Telecommunications Standards Institute，ETSI）、国际标准化组织（International Organization for Standardization，ISO）、国际电工委员会（International Electrotechnical Commission，IEC）、互联网工程任务组（Internet Engineering Task Force，IETF）、电气电子工程师学会（Institute of Electrical and Electronics Engineers，IEEE）、云安全联盟（Cloud Security Alliance，CSA）和中国通信标准化协会（China Communications Standards Association，CCSA）等。鉴于量子密钥分发技术的复杂性，这些组织开展的标准化工作除了涉及量子密钥分发网络技术，还涉及量子互联网、量子保密通信以及量子密钥分发相关的术语标准、器件、系统、安全性等，从而可以在多方面支撑量子密钥分发网络的建设和应用。

（1）ITU-T

2018 年以来，ITU-T 第 13 研究组（SG13）和第 17 研究组（SG17）启动了一些量子密钥分发网络相关的标准化工作项目，详见表 2-6。为了给面向网络的量子信息技术预标准化方面提供一个协作平台，ITU-T 在 2019 年 9 月成立了面向网络的量子信息技术焦点组（FG-QIT4N）。

表 2-6　ITU-T 量子密钥分发网络相关标准项目

类型	主题
标准	支持量子密钥分发的网络概述（Y.3800）
标准	量子密钥分发网络功能需求（Y.3801）
标准	量子密钥分发网络功能架构（Y.3802）
标准	量子密钥分发网络密钥管理（Y.3803）
标准	量子密钥分发网络控制和管理（Y.3804）
标准	量子噪声随机数发生器结构（X.1702）
标准	量子密钥分发网络安全性框架（X.1710）
标准	量子密钥分发网络密钥组合与密钥提供（X.1714）
标准	量子密钥分发网络基于业务角色的模型
标准	量子密钥分发网络 SDN 控制
标准	量子密钥分发网络 QoS 通用特性
标准	量子密钥分发网络 QoS 保障要求
标准	量子密钥分发网络基于机器学习的 QoS 保障要求
标准	量子密钥分发网络 QoS 保障功能架构
标准	量子密钥分发网络与安全网络基础设施融合框架
技术报告	机器学习在量子密钥分发网络中的应用
技术报告	量子密钥分发网络安全性考虑
标准	量子密钥分发网络安全性要求——密钥管理
标准	量子密钥分发网络安全性要求——可信节点

（2）ETSI

2008 年，ETSI 成立了量子密钥分发行业规范组（Industry Specification Group-Quantum Key Distribution，ISG-QKD）。在标准化方面，ISG-QKD 制定了一系列的量子密钥分发相关组织规范和报告，详见表 2-7。Länger 等[52]介绍了 ISG-QKD 成立的初衷，即为创建通用的量子密钥分发相关标准提供平台。Weigel 等[53]指出了量子密钥分发标准化的必要性，并介绍了 ETSI 在量子密钥分发标准化方面的一些工作。

表 2-7　ETSI 量子密钥分发相关标准组织规范和报告

类型	主题
组织规范	量子密钥分发应用案例（GS QKD 002）
组织报告	量子密钥分发组件和内部接口（GR QKD 003）
组织规范	量子密钥分发应用接口（GS QKD 004）
组织规范	量子密钥分发安全性证明（GS QKD 005）

（续表）

类型	主题
组织报告	量子密钥分发术语（GR QKD 007）
组织规范	量子密钥分发模块安全规范（GS QKD 008）
组织规范	量子密钥分发系统光学元件特性（GS QKD 011）
组织规范	用于量子密钥分发部署的设备和信道参数（GS QKD 012）
组织规范	基于表述性状态转移（Representational State Transfer，REST）的密钥提供 API 协议和数据格式（GS QKD 014）
组织规范	单向量子密钥分发系统特洛伊木马攻击防护（GS QKD 010）
组织规范	量子密钥分发发送端模块光输出特性（GS QKD 013）
组织规范	基于 SDN 的量子密钥分发控制接口（GS QKD 015）
组织规范	量子密钥分发通用标准保护文件（GS QKD 016）
组织报告	量子密钥分发网络架构（GR QKD 017）

目前，ETSI 已经发布了多个组织规范和报告。组织规范 GS QKD 002 概述了量子密钥分发用于保障信息通信系统安全的应用场景和案例。组织报告 GR QKD 003 确定了量子密钥分发系统组件和内部接口。组织规范 GS QKD 004 定义了加密应用与密钥管理设备之间的应用接口。组织规范 GS QKD 005 描述了量子密钥分发安全性证明的一般要求，可以作为实际量子密钥分发系统安全评估的参考。组织报告 GR QKD 007 总结了量子密钥分发相关的定义和缩略语。组织规范 GS QKD 008 规定了在安全系统中使用量子密钥分发模块的安全要求。组织规范 GS QKD 011 提供了量子密钥分发系统中光学元件特性的规范。组织规范 GS QKD 012 规范了量子密钥分发系统中的主要通信资源，以及在光网络基础设施上部署量子密钥分发的可行架构。组织规范 GS QKD 014 为量子密钥分发网络基础设施指定了基于 REST 的 API 通信协议和数据格式，以向加密应用提供安全密钥。

（3）ISO/IEC

ISO/IEC 的 JTC1/SC27 是 ISO 和 IEC 第一联合技术委员会（Joint Technical Committee 1，JTC1）下属的标准化分委员会，致力于信息通信保护标准的制定。2017 年，针对量子密钥分发的安全要求、测试和评估方法，JTC1/SC27 启动了研究项目。该项目于 2019 年完成，在此基础上批准并启动了新的标准化项目，目标是制定两部分标准，即 WD 23837-1"量子密钥分发的安全要求"以及 WD 23837-2"量子密钥分发的安全评估和测试方法"。其中，标准 WD 23837-1 旨在鉴别违反理论模型的潜在攻击，并对安全功能要求和安全保障要求进行描述；标准 WD

23837-2 将根据预期的安全保障要求，为验证安全功能是否符合要求提供规范。

（4）IETF

IETF 量子互联网研究组（Quantum Internet Research Group，QIRG）成立于2018 年，旨在推动互联网规模量子通信的研究。截至目前，QIRG 已经发布了多项互联网草案。互联网草案"量子互联网架构原理"介绍了量子互联网的一些基本架构原理。量子互联网的愿景是通过实现现实世界中任意两点之间的量子通信，从根本上提升互联网技术。互联网草案"量子互联网链路层业务"确定了量子互联网中链路层提供的业务，并定义了链路层与上层之间的接口。互联网草案"量子互联网应用案例"概述了量子互联网上一些有前景的应用，并提供了具体的应用案例。互联网草案"量子网络连接设置"定义了量子网络中连接设置的体系架构。互联网草案"量子网络纠缠功能"描述了量子网络中经典链路上使用的链路状态路由协议。

（5）IEEE

2016 年，IEEE 成立了一个工作组，负责制定软件定义量子通信新标准。该标准旨在规范一种软件定义的量子通信协议，以实现通信网络中量子通信设备的配置。该协议位于传输控制协议/互联网协议（Transmission Control Protocol/Internet Protocol，TCP/IP）模型的应用层，这将有利于未来与 SDN 和 OpenFlow 集成。该标准将定义一些用于量子通信设备配置的命令，以实现对量子态的传输、接收和操作的控制。这些命令管理描述量子态的制备、测量和读取的参数。

（6）CSA

2014 年，CSA 量子安全防护工作组（Quantum-Safe Security Working Group，QSSWG）成立，以规范工业部门网络中数据保护的量子安全方法。该工作组的目标是基于量子安全方法制定保护敏感数据的框架。量子密钥分发是该工作组考虑的主要量子安全方法之一。目前，QSSWG 已经发布了一些与量子安全有关的研究报告，包括对量子密钥分发技术直接进行介绍的研究报告。

（7）CCSA

CCSA 于 2017 年 6 月成立了量子通信与信息技术特设任务组（ST7），目标是建立中国自主知识产权的量子保密通信标准体系，支撑量子保密通信网络的建设及应用，推动量子密钥分发相关国际标准化进展。ST7 下设量子通信工作组（WG1）和量子信息处理工作组（WG2）两个子工作组。

目前，ST7 已制定了完整的量子保密通信标准体系框架，包括名词术语标准以及业务和系统类、网络技术类、量子通用器件类、量子安全类、量子信息处理类等五大类标准，正在开展多项标准研究（包括国家标准和行业标准等），详见表 2-8。

表 2-8　CCSA 量子保密通信相关标准

类型	主题
推荐国家标准	量子通信术语和定义
推荐国家标准	量子保密通信应用场景和需求
行业标准	量子保密通信网络架构
行业标准	量子密钥分发网络：网络管理系统技术要求；密钥管理单元与量子密钥分发设备间接口要求
行业标准	基于互联网络层安全协议（Internet Protocol Security，IPSec）的量子保密通信应用设备技术要求
行业标准	量子密钥分发与经典光通信共纤传输技术要求
行业标准	量子密钥分发系统测试方法
行业标准	量子密钥分发系统应用接口
行业标准	量子密钥分发系统技术要求 第 1 部分：基于 BB84 协议的量子密钥分发系统
行业标准	量子密钥分发设备安全要求 第 1 部分：基于诱骗态 BB84 协议的量子密钥分发设备
行业标准	基于 BB84 协议的量子密钥分发用关键器件和模块 第 1 部分：光源 第 2 部分：单光子探测器 第 3 部分：量子随机数发生器
研究报告	量子密钥分发技术及应用研究
研究报告	量子密钥分发关键器件和模块技术要求研究
研究报告	量子密钥分发与经典光通信系统共纤传输研究
研究报告	量子保密通信系统测试评估研究
研究报告	量子保密通信网络架构研究
研究报告	量子密钥分发安全性研究
研究报告	量子随机数制备和检测技术研究
研究报告	量子保密通信网络管理研究
研究报告	量子保密通信网络可信中继节点技术研究
研究报告	连续变量量子密钥分发技术研究
研究报告	连续变量量子密钥分发系统测评研究
研究报告	软件定义的量子密钥分发网络研究
研究报告	量子时间同步技术的演进及其在通信网络中的应用研究
研究报告	量子保密通信网络中多协议标签交换（Multi-Protocol Label Switching，MPLS）专线承载加密数据要求的研究
白皮书	量子保密通信技术

2.3.2 量子密钥分发网络应用前景

通过将量子密钥分发网络与现有的信息通信系统相结合，在许多领域出现了各种受量子密钥分发保障安全的应用。具体的应用场景可以参考 ETSI 制定的组织规范 GS QKD 002 和 CCSA 制定的推荐国家标准《量子保密通信应用场景和需求》。例如，量子密钥分发网络能够保障金融机构和政府机关的关键用户通信链路的安全。同时，量子密钥分发链路可以部署在体育赛事中，如 2010 年的国际足球联合会世界杯[17]。量子密钥分发网络的一些典型应用领域如图 2-10 所示。

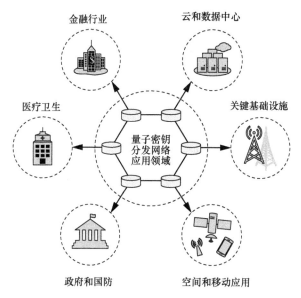

图 2-10　量子密钥分发网络的一些典型应用领域

（1）金融行业

金融行业，尤其是银行业，处理着大量的高度敏感和有价值的数据，如交易、客户数据和专有信息等。量子密钥分发使金融行业能够对其数据进行长期保护，确保数据的安全性达到最佳水平，并实现面向未来的安全性。2004 年，奥地利一家银行总部与维也纳市政厅之间第一次实现了量子密钥分发保障安全的银行转账[54]，通过量子密钥分发系统在两地之间按需分配密钥。瑞士的金融机构也部署了商用化的量子密钥分发系统来保障其网络的安全，并实现了数据灾备。基于现实部署的量子密钥分发网络，中国的许多银行已经实现了量子密钥分发保障安全的数据传输以及企业用户的网上银行和交易安全。鉴于网上银行系统中的身份认证环节通常容易遭受网络钓鱼等各种攻击，可以采用量子密钥分发来增强网上银行系统中身份认证的安全性。目前，荷兰银行正准备使用量子密钥分发来实现安全的数据连接，使其银行系统在未来更加安全。

（2）政府和国防领域

在所有社会机构中，政府和国防机构对数据安全的要求是最高的。如果是官方机密，则需要保密长达数十年之久。量子密钥分发可以为政府和国防机构提供长期的数据安全保障，以确保其数据主权。一般情况下，政府或国防机构会利用专用的安全链路（如 VPN）为其通信系统提供高度的数据保密性、完整性和真实性。2007 年，瑞士日内瓦政府成功地将量子密钥分发应用于保障瑞士国家大选中计票专线的安全。Sundar 等[55]提出了一种基于量子密钥分发的投票方案，可以抵抗中间人攻击。在中国济南量子密钥分发城域网中，许多政府和官方用户都使用该网络生成的安全密钥来保障自身的数据安全。澳大利亚堪培拉政府也在利用量子密钥分发网络来实现政府内部通信安全。

（3）云和数据中心领域

如今，海量的高度机密数据被存储在云和数据中心中。随着越来越多的组织使用云和数据中心进行数据备份、还原和恢复，确保数据隐私和安全已经引起了人们的高度关注。鉴于传统的安全解决方案将受到量子计算带来的威胁，量子密钥分发可以提高云数据保护和数据中心互联的安全能力。在荷兰，西门子公司演示了量子密钥分发链路可以保障其位于海牙与祖特尔梅尔的数据中心之间的数据传输安全；荷兰皇家电信也在其位于海牙与鹿特丹的数据中心互联网络中实现了端到端的量子密钥分发。中国"京沪干线"量子密钥分发网络已经应用于保障北京与上海之间的数据中心备份安全。在企业云安全应用方面，安克诺斯（Acronis）、阿里巴巴网络技术有限公司等多家公司都将量子安全加密技术引入云数据保护领域。量子密钥分发在云计算方面已经实现了一系列应用，涵盖了访问控制、身份认证、数据和隐私安全、云容器以及云存储和数据动态等。

（4）关键基础设施领域

国家关键基础设施提供支撑社会的基本服务，其中包括能源、运输和电信等若干部门。对关键基础设施构成的威胁（如恶意数据篡改和服务中断）会造成经济损失，也会对企业和国家服务造成干扰。针对这些威胁，量子密钥分发具有为关键基础设施提供长期保护和前向保密的潜力。目前，中国国家电网有限公司以及美国橡树岭和洛斯阿拉莫斯国家实验室等多家机构正在研究应用量子密钥分发网络保护能源电网，以确保整个能源电网的安全稳定运行。同时，世界各地的一些电信机构（如西班牙电信、中国电信集团有限公司和英国电信等）也在研究将量子密钥分发系统与现有的光纤基础设施进行融合，以确保电信网络中的数据传输安全。而且，量子密钥分发可用于提升航空电信网络的安全性。以网络为中心的量子密钥分发体系架构已被应用于保护关键基础设施，且量子密钥分发在智能电网多源数据安全保护方面的应用也得到了研究。

（5）医疗卫生领域

医疗卫生机构依赖高度可靠的网络来传输病人记录（包括姓名、地址、出生日期、社保记录和临床记录等）等敏感信息。如果不采取数据保护措施，敏感信息在网络上传输就会面临网络攻击的风险。这种网络攻击会影响患者（如威胁患者的个人信息和健康），并给医疗卫生机构带来巨大的经济和信用损失。随着量子信息时代的到来，量子密钥分发可以作为医疗卫生机构在当前和未来安全形势下保护数据的有效方法。为了在整个生命周期中保护与人类基因组和健康相关的敏感数据，Sasaki 等[56]提出了一种基于量子密钥分发的长寿命存储网络系统。同时，量子密钥分发在云环境下为个人健康记录提供存储和访问安全的应用也已得到了实现。2020 年，东芝公司和日本东北大学演示了由量子密钥分发保障安全的全基因组序列数据实时传输，展示了量子密钥分发在基因组研究和基因组医学领域的实际应用。

（6）空间和移动应用领域

未来，能够实现多用户无缝接入网络的空间和移动应用也可以从量子密钥分发提供的信息论安全性中获益。因此，量子密钥分发网络的应用有望覆盖全球范围内的空间和移动通信网络。在空间通信方面，量子密钥分发可用于保障卫星接入、地面站之间通信以及卫星之间通信的安全。为了实现此目的，世界各地已经宣布了一系列关于空间量子通信的项目[51]。通过结合卫星量子密钥分发广域网与光纤量子密钥分发城域网，中国与奥地利之间实现了量子密钥分发网络保障安全的洲际视频会议[49]。利用量子密钥分发保障多用户智能手机网络中的安全应用也在日本东京量子密钥分发城域网上完成了演示。而且，科大国盾量子技术股份有限公司和中兴通讯股份有限公司联合研发了一种商用的量子密钥分发增强型手机。在移动通信网络基础设施方面，目前已经开展了量子密钥分发保障安全的 5G 域间业务编排实验[57]，并且在布里斯托尔 5GUK 网络测试平台上实现了动态量子密钥分发组网的现场演示[36]。

2.4　本章小结

本章对量子密钥分发网络进行了简要阐述，首先从量子密钥分发网络定义和需求的角度出发，介绍了量子密钥分发网络的基本概念。然后分析了量子密钥分发网络的发展现状，重点分析了量子密钥分发接入网、局域网、城域网、骨干网和广域网的发展现状。最后讨论了量子密钥分发网络的发展前瞻，重点讨论了量子密钥分发网络标准动态和应用前景。随着量子密钥分发技术的不断成熟、市场需求的持续扩大和应用场景的深入挖掘，一个大规模、多层级、跨行业的量子密钥分发网络将在未来成形，对推动高安全、高服务质量、低成本的量子密钥分发网络发展具有重要的现实意义和长远的战略意义。

参 考 文 献

[1] WEHNER S, ELKOUSS D, HANSON R. Quantum internet: a vision for the road ahead[J]. Science, 2018, 362(6412).

[2] BRIEGEL H J, DÜR W, CIRAC J I, et al. Quantum repeaters: the role of imperfect local operations in quantum communication[J]. Physical Review Letters, 1998, 81(26): 5932-5935.

[3] SANGOUARD N, SIMON C, RIEDMATTEN H D, et al. Quantum repeaters based on atomic ensembles and linear optics[J]. Reviews of Modern Physics, 2011, 83(1): 33-80.

[4] International Telecommunication Union. Functional requirements for quantum key distribution networks[S]. [S.l.:s.n.], 2020.

[5] 中国通信标准化协会. 量子保密通信技术白皮书[R]. 北京: 中国通信标准化协会, 2018.

[6] TOWNSEND P D. Quantum cryptography on multiuser optical fibre networks[J]. Nature, 1997, 385(6611): 47-49.

[7] FRÖHLICH B, DYNES J F, LUCAMARINI M, et al. A quantum access network[J]. Nature, 2013, 501(7465): 69-72.

[8] RADDO T R, ROMMEL S, LAND V, et al. Quantum data encryption as a service on demand: Eindhoven QKD network testbed[C]//21st International Conference on Transparent Optical Networks. [S.l.:s.n.], 2019.

[9] TANG X, MA L, MINK A, et al. Demonstration of an active quantum key distribution network[C]//Quantum Communications and Quantum Imaging IV. [S.l.]: Proceedings of SPIE, 2006.

[10] MA L, MINK A, XU H, et al. Experimental demonstration of an active quantum key distribution network with over Gbit/s clock synchronization[J]. IEEE Communications Letters, 2007, 11(12): 1019-1021.

[11] MA L, TANG X, SLATTERY O, et al. A testbed for quantum communication and quantum networks[C]//Quantum Information Science, Sensing, and Computation XI. [S.l.]: Proceedings of SPIE, 2019.

[12] ELLIOTT C, COLVIN A, PEARSON D, et al. Current status of the DARPA quantum network[C]//Quantum Information and Computation III. [S.l.]: Proceedings of SPIE, 2005.

[13] CHEN W, HAN Z F, ZHANG T, et al. Field experiment on a "star type" metropolitan quantum key distribution network[J]. IEEE Photonics Technology Letters, 2009, 21(9): 575-577.

[14] PEEV M, PACHER C, ALLÉAUME R, et al. The SECOQC quantum key distribution network in Vienna[J]. New Journal of Physics, 2009, 11(7).

[15] STUCKI D, LEGRÉ M, BUNTSCHU F, et al. Long-term performance of the SwissQuantum quantum key distribution network in a field environment[J]. New Journal of Physics, 2011, 13(12).

[16] MIRZA A, PETRUCCIONE F. Realizing long-term quantum cryptography[J]. Journal of the Optical Society of America B, 2010, 27(6): A185-A188.

[17] MIRZA A, PETRUCCIONE F. Recent findings from the quantum network in Durban[J]. AIP Conference Proceedings, 2011, 1363(1): 35-38.

[18] XU F, CHEN W, WANG S, et al. Field experiment on a robust hierarchical metropolitan quantum cryptography network[J]. Chinese Science Bulletin, 2009, 54(17): 2991-2997.

[19] WANG S, CHEN W, YIN Z Q, et al. Field test of wavelength-saving quantum key distribution network[J]. Optics Letters, 2010, 35(14): 2454-2456.

[20] SASAKI M, FUJIWARA M, ISHIZUKA H, et al. Field test of quantum key distribution in the Tokyo QKD network[J]. Optics Express, 2011, 19(11): 10387-10409.

[21] SHIMIZU K, HONJO T, FUJIWARA M, et al. Performance of long-distance quantum key distribution over 90 km optical links installed in a field environment of Tokyo metropolitan area[J]. Journal of Lightwave Technology, 2014, 32(1): 141-151.

[22] DIXON A R, DYNES J F, LUCAMARINI M, et al. High speed prototype quantum key distribution system and long term field trial[J]. Optics Express, 2015, 23(6): 7583-7592.

[23] CHEN T Y, LIANG H, LIU Y, et al. Field test of a practical secure communication network with decoy-state quantum cryptography[J]. Optics Express, 2009, 17(8): 6540-6549.

[24] CHEN T Y, WANG J, LIANG H, et al. Metropolitan all-pass and inter-city quantum communication network[J]. Optics Express, 2010, 18(26): 27217-27225.

[25] TANG Y L, YIN H L, CHEN S J, et al. Field test of measurement-device-independent quantum key distribution[J]. IEEE Journal of Selected Topics in Quantum Electronics, 2015, 21(3): 6600407.

[26] TANG Y L, YIN H L, ZHAO Q, et al. Measurement-device-independent quantum key distribution over untrustful metropolitan network[J]. Physical Review X, 2016, 6(1): 011024.

[27] LANCHO D, MARTINEZ J, ELKOUSS D, et al. QKD in standard optical telecommunications networks[C]//International Conference on Quantum Communication and Quantum Networking. [S.l.]: Proceedings of SPIE, 2009.

[28] CIURANA A, MARTÍNEZ-MATEO J, PEEV M, et al. Quantum metropolitan optical network based on wavelength division multiplexing[J]. Optics Express, 2014, 22(2): 1576-1593.

[29] MARTIN V, AGUADO A, LOPEZ D, et al. The Madrid SDN-QKD network[C]//8th International Conference on Quantum Cryptography. [S.l.:s.n.], 2018.

[30] AGUADO A, LÓPEZ V, LÓPEZ D, et al. The engineering of software-defined quantum key distribution networks[J]. IEEE Communications Magazine, 2019, 57(7): 20-26.

[31] MORROW A, HAYFORD D, LEGRÉ M. Battelle QKD test bed[C]//IEEE Conference on Technologies for Homeland Security. Piscataway: IEEE Press, 2012.

[32] HUANG D, HUANG P, LI H, et al. Field demonstration of a continuous-variable quantum key

distribution network[J]. Optics Letters, 2016, 41(15): 3511-3514.

[33] BANNIK O I, CHISTYAKOV V V, GILYAZOV L R, et al. Multinode subcarrier wave quantum communication network[C]//7th International Conference on Quantum Cryptography. [S.l.:s.n.], 2017.

[34] KIM T, KWAK S. Development of quantum technologies at SK Telecom[J]. AAPPS Bulletin, 2016, 26(6): 2-9.

[35] KIKTENKO E O, POZHAR N O, DUPLINSKIY A V, et al. Demonstration of a quantum key distribution network in urban fibre-optic communication lines[J]. Quantum Electronics, 2017, 47(9): 798-802.

[36] TESSINARI R S, BRAVALHERI A, HUGUES-SALAS E, et al. Field trial of dynamic DV-QKD networking in the SDN-controlled fully-meshed optical metro network of the Bristol city 5GUK test network[C]//45th European Conference on Optical Communication. [S.l.:s.n.], 2019.

[37] JOSHI S K, AKTAS D, WENGEROWSKY S, et al. A trusted node-free eight-user metropolitan quantum communication network[J]. Science Advances, 2020, 6(36).

[38] DYNES J F, WONFOR A, TAM W W S, et al. Cambridge quantum network[J]. npj Quantum Information, 2019, 5: 101.

[39] RUNSER R J, CHAPURAN T E, TOLIVER P, et al. Quantum key distribution for reconfigurable optical networks[C]//Optical Fiber Communication Conference. Piscataway: IEEE Press, 2006.

[40] JOUGUET P, KUNZ-JACQUES S, DEBUISSCHERT T, et al. Field test of classical symmetric encryption with continuous variables quantum key distribution[J]. Optics Express, 2012, 20(13): 14030-14041.

[41] RUBENOK A, SLATER J A, CHAN P, et al. Real-world two-photon interference and proof-of-principle quantum key distribution immune to detector attacks[J]. Physical Review Letters, 2013, 111(13): 130501.

[42] ZHANG Y, LI Z, CHEN Z, et al. Continuous-variable QKD over 50 km commercial fiber[J]. Quantum Science and Technology, 2019, 4(3): 035006.

[43] BACCO D, VAGNILUCA I, LIO B D, et al. Field trial of a three-state quantum key distribution scheme in the Florence metropolitan area[J]. EPJ Quantum Technology, 2019, 6: 5.

[44] MO X F, ZHU B, HAN Z F, et al. Faraday-Michelson system for quantum cryptography[J]. Optics Letters, 2005, 30(19): 2632-2634.

[45] BUNANDAR D, LENTINE A, LEE C, et al. Metropolitan quantum key distribution with silicon photonics[J]. Physical Review X, 2018, 8(2): 021009.

[46] WANG S, CHEN W, YIN Z Q, et al. Field and long-term demonstration of a wide area quantum key distribution network[J]. Optics Express, 2014, 22(18): 21739-21756.

[47] MAO Y, WANG B X, ZHAO C, et al. Integrating quantum key distribution with classical communications in backbone fiber network[J]. Optics Express, 2018, 26(5): 6010-6020.

[48] LIAO S K, CAI W Q, HANDSTEINER J, et al. Satellite-relayed intercontinental quantum network[J]. Physical Review Letters, 2018, 120(3): 030501.

[49] WONFOR A, WHITE C, BAHRAMI A, et al. Field trial of multi-node, coherent-one-way quantum key distribution with encrypted 5x100G DWDM transmission system[C]//45th European Conference on Optical Communication. [S.l.:s.n.], 2019.

[50] CHEN Y A, ZHANG Q, CHEN T Y, et al. An integrated space-to-ground quantum communication network over 4 600 kilometres[J]. Nature, 2021, 589(7841): 214-219.

[51] BEDINGTON R, ARRAZOLA J M, LING A. Progress in satellite quantum key distribution[J]. npj Quantum Information, 2017, 3: 30.

[52] LÄNGER T, LENHART G. Standardization of quantum key distribution and the ETSI standardization initiative ISG-QKD[J]. New Journal of Physics, 2009, 11(5): 055051.

[53] WEIGEL W, LENHART G. Standardization of quantum key distribution in ETSI[J]. Wireless Personal Communications, 2011, 58(1): 145-157.

[54] POPPE A, FEDRIZZI A, URSIN R, et al. Practical quantum key distribution with polarization entangled photons[J]. Optics Express, 2004, 12(16): 3865-3871.

[55] SUNDAR D S, NARAYAN N. A novel voting scheme using quantum cryptography[C]//IEEE Conference on Open Systems. Piscataway: IEEE Press, 2014.

[56] SASAKI M. Quantum key distribution and its applications[J]. IEEE Security and Privacy, 2018, 16(5): 42-48.

[57] WANG R, TESSINARI R S, HUGUES-SALAS E, et al. End-to-end quantum secured inter-domain 5G service orchestration over dynamically switched flex-grid optical networks enabled by a q-ROADM[J]. Journal of Lightwave Technology, 2020, 38(1): 139-149.

第3章
量子密钥分发网络体系架构

量子密钥分发网络涉及的资源形态在传统网络资源的基础上增加了密钥资源，资源维度的增加提升了网络控制、管理和运营的复杂性。传统的量子密钥分发主要面向物理层点到点链路连通的属性，缺乏对不同资源的感知能力，不具备全局视野。为了提升量子密钥分发网络的安全性和实时性，密钥资源必然走向分布化；为了提升量子密钥分发网络的灵活性和高效性，传统网络资源逐步走向开放化。因此，在密钥资源分布化和网络资源开放化的驱动下，实现量子密钥分发网络迫切需要统一的体系架构。

🔍 3.1 量子密钥分发网络架构概述

量子密钥分发网络与经典网络密不可分，它可以利用经典网络（如光网络）实现部署，并保障经典网络（如用户网络）中各种加密应用的安全。量子密钥分发网络已经在现有通信和安全基础设施中实现了初步部署和应用。欧盟 SECOQC量子密钥分发城域网[1]首次采用分层的思想设计网络架构，分层网络架构在支持量子密钥分发方面展现了比其他网络架构更好的通用性和适用性，同时也为在电信网络中融合量子密钥分发提供了灵活性。

3.1.1 量子密钥分发网络架构发展现状

目前，多种支持量子密钥分发的分层网络架构已被提出。根据不同的定义和应用，量子密钥分发网络架构具有不同的层次，如三层、四层、五层和六层网络架构等，支持量子密钥分发的分层网络架构见表 3-1，其中各层定义按照自下而上的顺序列出。尤其是在 ITU-T Y.3800 标准"支持量子密钥分发的网络概述"中，描述了面向实现量子密钥分发网络的概念结构和分层模型等。由表 3-1 可以看出，三层网络架构能够涵盖量子密钥分发网络的大部分功能，四层、五层和六层网络架构对三层网络架构的功能进行了细化或补充，或者是集成了经典网络（如光网络或用户网络等）。

表 3-1　支持量子密钥分发的分层网络架构

架构	各层定义（自下而上）	类型	年份	备注
三层网络架构	量子层、安全层、数据层	现场测试	2008 年	欧盟 SECOQC 量子密钥分发城域网[1]
	量子层、密钥管理层、应用层	现场测试	2009 年	瑞士 SwissQuantum 量子密钥分发域网[2]
	量子层、密钥管理层、应用层	现场测试	2010 年	法国巴黎量子密钥分发城域链路[3]
	量子层、密钥管理层、通信层	现场测试	2010 年	日本东京量子密钥分发城域网[4]
	物理层、密钥管理层、应用层	实验研究	2013 年	量子密钥分发网络[5]
	基础设施层、控制管理层、应用层	理论研究	2016 年	软件定义量子密钥分发网络[6]
	量子层、网络密钥传递层、应用层	现场测试	2019 年	英国剑桥量子密钥分发城域网[7]
	量子密钥分发层、控制层、应用层	理论研究	2019 年	软件定义量子密钥分发网络[8]
	基础设施层、控制层、应用层	实验研究	2019 年	软件定义量子密钥分发网络[9]
	量子密钥分发层、控制层、应用层	实验研究	2019 年	软件定义量子密钥分发网络[10]
四层网络架构	数据层、密钥生成层、连接层、密钥管理层	实验研究	2009 年	量子密钥分发融合光网络[11]
	光层、量子密钥分发层、控制层、应用层	理论研究	2017 年	量子密钥分发融合光网络[12]
	数据层、量子密钥分发层、控制层、应用层	理论研究	2017 年	量子密钥分发融合光网络[13]
	量子层、密钥管理层、密钥提供层、应用层	实验研究	2017 年	量子密钥分发网络[14]
	数据层、量子密钥分发层、控制层、应用层	理论研究	2018 年	量子密钥分发融合光网络[15]
	光层、量子密钥分发层、控制层、应用层	理论研究	2019 年	量子密钥分发融合光网络[16]
	量子层、密钥管理层、控制层、应用层	理论研究	2019 年	软件定义量子密钥分发网络[17]
五层网络架构	量子物理层、量子逻辑层、经典物理层、经典逻辑层、应用层	现场测试	2021 年	中国天地一体化量子密钥分发广域网[18]
六层网络架构	量子层、密钥管理层、量子密钥分发网络控制层、量子密钥分发网络管理层、服务层、用户网络管理层	ITU-T 标准	2019 年	量子密钥分发网络和用户网络[19]

经典的三层网络架构大多考虑量子层（利用量子密钥分发设备完成点到点量子密钥分发）、密钥管理层（利用密钥管理设备生成端到端全局密钥）和应用层（加密应用获取密钥加密数据传输）。由于其忽视了量子密钥分发网络控制层和量子密钥分发网络管理层的设计，导致网络整体的控制和管理效率较低。常见的四层网络架构大多考虑量子密钥分发融合光网络，即在量子密钥分发三层网络架构中添加光层/数据层，可以利用光层/数据层的光纤资源实现量子密钥分发网络基础设施的部署，同时基于量子密钥分发网络基础设施生成的密钥可以保障光层/数据层的业务通信安全。而在 ITU-T Y.3800 标准描述的支持量子密钥分发的六层网络架构中，除了包含量子层和密钥管理层，还将应用层扩展为服务层和用户网络管理层，同时补充了量子密钥分发网络控制层和量子密钥分发网络管理层。

3.1.2 量子密钥分发网络架构典型案例

当量子密钥分发与光网络相互融合时，量子密钥分发网络在逻辑上仍然是独立的，并在物理上是与光网络隔离的。因此，本章只介绍量子密钥分发网络的体系架构，其与光网络融合的相关网络架构不再具体阐述。下面介绍现实部署的量子密钥分发网络采用的几种分层架构典型案例。

（1）欧盟 SECOQC 量子密钥分发城域网三层网络架构

欧盟 SECOQC 量子密钥分发城域网[1]首次定义了量子密钥分发三层网络架构。该架构包含 3 个网络层面，即量子层、安全层和数据层，如图 3-1 所示。

- 量子层：量子层包含量子信道和量子密钥分发设备，其中量子密钥分发设备生成密钥并将其传递给安全层的节点模块。
- 安全层：安全层包含节点模块和经典信道，该层定义了 3 个逻辑层，涉及量子点到点层（Quantum Point-to-Point Layer）、量子网络层（Quantum Network Layer）和量子传输层（Quantum Transport Layer）。量子点到点层实现与节点相连的所有点到点量子密钥分发链路的功能，管理通过这些链路生成的密钥，并在此基础上确保所有直接通过量子密钥分发链路相连节点的点到点无条件安全连接。量子网络层确定网络中从一个节点到任意一个目标节点的路径，该路径由量子密钥分发链路连接的一组节点构成。量子传输层采用逐跳传输机制，确保沿着所选路径的端到端安全密钥传输。安全层基于量子层生成的密钥可以在网络上任意两个节点之间分发全局密钥，即实现了端到端安全密钥分发。
- 数据层：通信基础设施从安全层获取全局密钥，以保障其网络中端到端业务安全通信。

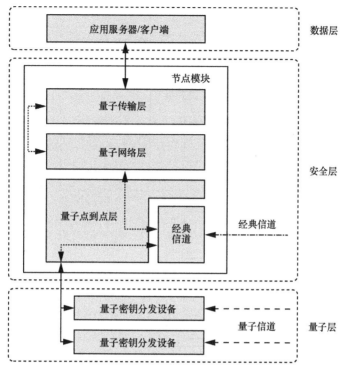

图 3-1　欧盟 SECOQC 量子密钥分发城域网三层网络架构示意

借鉴 SECOQC 量子密钥分发三层网络架构思想，后续许多量子密钥分发网络都设计了自身的三层网络架构。

（2）瑞士 SwissQuantum 量子密钥分发城域网三层网络架构

瑞士 SwissQuantum 量子密钥分发城域网[2]定义了三层网络架构的量子层、密钥管理层和应用层，如图 3-2 所示。

- 量子层：量子层包含通过量子密钥分发点到点链路连接的商用量子密钥分发设备。量子层生成安全密钥并将其传递给密钥管理层。
- 密钥管理层：密钥管理层负责管理整个网络各层密钥以及跨层密钥，处理并存储从量子层获取的安全密钥，并将密钥提供给应用层的各类应用。
- 应用层：应用层终端用户的各类应用利用密钥管理层提供的密钥进行数据加密和解密。

该架构的主要特点是，在量子密钥分发设备完成点到点量子密钥分发的量子层与加密应用获取密钥加密数据传输的应用层之间添加了一个抽象层，即密钥管理层。密钥管理层的添加使量子层可以采用不同的量子密钥分发技术（如不同协议和厂商设备等），而不会对上层的结构和复杂度造成影响，从而能够方便地将点到点配置扩展为多点配置。

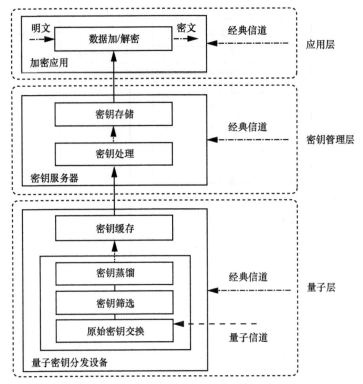

图 3-2 瑞士 SwissQuantum 量子密钥分发城域网三层网络架构示意

此外，法国巴黎量子密钥分发城域链路[3]使用了与瑞士 SwissQuantum 量子密钥分发城域网相似的三层网络架构，即量子层、密钥管理层和应用层。法国巴黎量子密钥分发城域链路三层网络架构的量子层由连续变量量子密钥分发点到点链路实现；密钥管理层处理和存储量子层的密钥流并将安全密钥提供给应用层；应用层终端用户利用密钥管理层提供的安全密钥，结合经典对称加密系统对数据进行加密传输以实现安全通信。

（3）日本东京量子密钥分发城域网三层网络架构

日本东京量子密钥分发城域网[4]定义了三层网络架构的量子层、密钥管理层和通信层，如图 3-3 所示。量子层包含点到点的量子密钥分发链路，与量子密钥分发设备共同组成量子密钥分发基础设施。安全密钥在每条链路上独立生成，每条链路可以采用不同的量子密钥分发协议以及任意的密钥格式和大小。量子层的量子密钥分发设备将安全密钥传递给中间的密钥管理层。

在密钥管理层上，各节点的密钥管理代理（Key Management Agent，KMA）能够获取量子层的安全密钥。每个 KMA 需要经过物理防护以可信的方式运行。它的工作包括调整安全密钥大小以适应不同量子密钥分发链路上密钥生成率和密钥长度的差异、将安全密钥重组为通用格式以便进一步使用，以及为安全密钥提供唯一标识符。每个 KMA 按数字顺序存储安全密钥，以同步加密和解密过程中的密钥使用情况。它还存储链路相关统计数据（如量子比特误码率和密钥生成率），并将这些数据转发给集中式的密钥管理服务器（Key Management Server，KMS）。KMS 负责协调和监控网络的所有链路。各项网络功能在密钥管理层由软件完成，并通过 KMS 监督。KMA 可以基于 OTP 算法实现安全密钥中继。于是，全局密钥可以在量子密钥分发链路不直接相连的节点之间共享。KMS 管理安全密钥的生命周期和提供安全路径。此外，认证环节由 Wegman-Carter 算法完成。

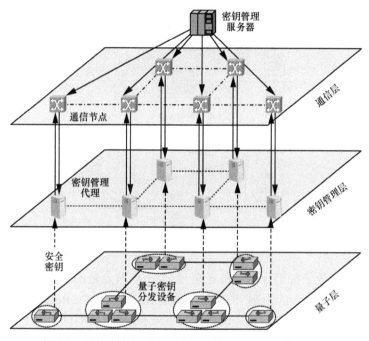

图 3-3　日本东京量子密钥分发城域网三层网络架构示意

通信层利用分布式的安全密钥对各种应用产生的文本、音频或视频数据进行加密和解密，从而确保其安全通信。用户在可信节点内将其数据发送给 KMA。KMA 可以采用 OTP 算法或 AES 算法对数据进行加密和解密。KMS 可以根据密钥剩余量切换 KMA 采用的两种加密算法。KMS 采用集中式管理，主要是因为该架构选择了一个政府专网或关键基础设施网络作为测试案例，这类网络通常有一个中央调度器或中央数据服务器。该网络中继路由的数量有限，所以路由算法相对简单。KMS 可以根据用户请求的端点组织一个路由表，然后从中选择一条合适的路由。

（4）英国剑桥量子密钥分发城域网三层网络架构

英国剑桥量子密钥分发城域网[7]定义了三层网络架构的量子层、网络密钥传递层和应用层，如图3-4所示。

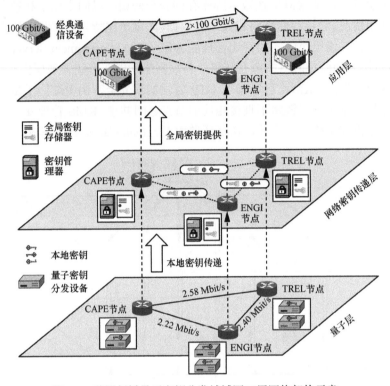

图3-4　英国剑桥量子密钥分发城域网三层网络架构示意

　　量子层上的量子密钥分发链路连接 3 个不同节点处的高速量子密钥分发设备。3 个节点分别位于英国剑桥的东芝欧洲研究所（Toshiba Research Europe Ltd，TREL）、剑桥大学工程系（Department of Engineering，ENGI）和剑桥大学先进光电子中心（Centre for Advanced Photonics and Electronics，CAPE）。每条量子密钥分发链路上可以生成一组本地密钥，3 条链路上的密钥生成率均大于 2 Mbit/s。量子层的基础设施大约运行了 580 天。相比在量子层采用暗光纤传输量子信号的 SwissQuantum 量子密钥分发城域网，该网络基于波分复用技术实现了量子信号和经典信号共纤传输。高速量子密钥分发设备的部署使该网络的密钥生成率远高于 SwissQuantum 量子密钥分发城域网，并且获得了比长期运行近 600 天的 SwissQuantum 量子密钥分发城域网大 3 个数量级的密钥量。

　　与经典量子密钥分发三层网络架构中采用的密钥管理层不同，该网络在量子层与应用层之间定义了网络密钥传递层。网络密钥传递层在某些方面相比密钥管理层具有显著的优势，尤其是适用于高速兆比特每秒（Mbit/s）量级的网络带宽环境。每个节点都是可信节点，并且可以缓存全局密钥。通过结合本地密钥和 OTP

算法完成密钥中继，可以实现全局密钥在任意两个节点之间共享。借助基于 REST 的特定应用接口，全局密钥可以提供给各种加密应用使用。网络密钥传递层还使该网络具有应对故障的恢复能力。假如 CAPE-TREL 的链路由于链路中断或遭受攻击者攻击而出现故障，网络密钥传递层可以自动响应并以相反的路径完成密钥中继，即通过 TREL-ENGI-CAPE。

应用层包含各种加密应用。例如，该网络在 CAPE 和 TREL 的两个节点处都放置了两个 100 Gbit/s 经典通信设备，其中经典通信设备集成了 AES 加密模块。于是，CAPE 与 TREL 之间的经典通信设备通过应用接口向本地节点发送请求，并获取网络密钥传递层提供的全局密钥，从而实现数据流的 AES 对称加密。此外，加密后的数据流、量子层的量子和经典信号借助波分复用技术在同一光纤中传输。该网络中量子密钥分发链路不使用暗光纤，因此可以大大降低量子层的部署成本，有利于实现量子密钥分发与传统光网络的无缝融合。

🔍 3.2　量子密钥分发网络架构基本构成

本章在 ITU-T Y.3800 标准中支持量子密钥分发的六层网络架构的基础上，从整体角度重点描述一种量子密钥分发网络通用三层架构，如图 3-5 所示。由于量子密钥分发网络具有复杂性和多样性，实际应用中量子密钥分发组网可以不局限于此架构。

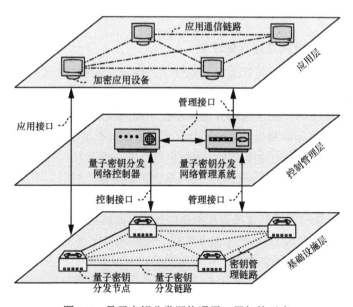

图 3-5　量子密钥分发网络通用三层架构示意

与经典的三层网络架构不同，该架构由 3 个逻辑层组成，即基础设施层（包含六层网络架构的量子层和密钥管理层）、控制管理层（包含六层网络架构的量子密钥分发网络控制层和量子密钥分发网络管理层）和应用层（包含六层网络架构的服务层和用户网络管理层）。该架构的 3 个逻辑层将在下面具体介绍。

3.2.1　量子密钥分发网络基础设施层

量子密钥分发网络基础设施层包含用于实现点到点和端到端量子密钥分发连接的各种物理设备和链路。为了抵御入侵或攻击，相同位置的物理设备被放置在一个安全可靠的节点中，该节点称为量子密钥分发节点，也是可信节点。基于量子密钥分发网络的不同实现方式，不同量子密钥分发节点包含的物理设备可能是不同的，具体的物理设备将在下一节介绍。根据量子密钥分发组网需求，量子密钥分发节点之间可以放置光开关/光分路器或可信/不可信/量子中继等，从而为量子密钥分发网络提供更长的距离或更灵活的拓扑。量子密钥分发节点通过光纤或自由空间链路互连，每对量子密钥分发节点之间可以独立生成对称的随机比特串作为安全密钥。因此，在兼容性和互通性允许的条件下，可以采用各种量子密钥分发协议或不同厂商开发的物理设备。密钥被存储在量子密钥分发节点中，每个量子密钥分发节点都保存着详细的密钥参数，如密钥的身份标识号码（Identifier，ID）、长度、速率和类型，以及生成与存储密钥的物理设备 ID 和时间戳。同时，量子密钥分发节点可以对密钥进行分布式管理，如实现密钥中继和密钥提供等，涉及密钥从生成到消耗的全生命周期。每个量子密钥分发节点还保存着链路参数，如链路长度和类型以及量子信道误码率。

3.2.2　量子密钥分发网络控制管理层

量子密钥分发网络控制管理层是由量子密钥分发网络控制器和管理系统构成的。一方面，量子密钥分发网络控制器有权限对量子密钥分发节点和链路进行激活、去激活和参数校准等。量子密钥分发网络控制器的实现方式可以是集中式或分布式，其中，分布式控制即每个量子密钥分发节点上都放置量子密钥分发网络控制器。从提高效率和降低成本的角度出发，本章聚焦集中式控制，即所有的量子密钥分发节点都由逻辑上集中式的量子密钥分发网络控制器进行控制，如图 3-5 所示。另一方面，量子密钥分发网络管理系统从整体角度对量子密钥分发网络进行监控和管理。它监控所有量子密钥分发节点和链路的状态（如从量子密钥分发节点获取实时的密钥参数和链路参数），并指示量子密钥分发网络控制器的运行。量子密钥分发网络管理系统可以按一定的周期频率收集监控和管理获得的相关统计数据，然后在数据库中进行记录和更新。需要注意的是，存储在量子密钥分发节点中的真实安全密钥不会在不同的物理位置间传递，也不能被量子密钥分发网络控制器或管理系统访问。因此，在添加量子密钥分发网络控制管理层后，密钥的安全性仍能得到保证。

3.2.3　量子密钥分发网络应用层

量子密钥分发网络应用层由多个用户的加密应用构成。图 3-6 所示为量子密钥分发网络为加密应用提供安全服务的工作流程示例。首先，加密应用（包含两个或两个以上的加密应用设备）将其安全请求发送给量子密钥分发网络管理系统。安全请求主要是密钥请求，包括密钥长度、速率和更新周期等请求信息。根据该请求，量子密钥分发网络管理系统查询需要从相应量子密钥分发节点中获取的密钥。如果节点中实时的密钥量可以满足该加密应用的安全请求，则量子密钥分发网络管理系统指示量子密钥分发网络控制器配置相应的量子密钥分发节点，从而使量子密钥分发节点能够以适当的方式向加密应用提供密钥。否则，该加密应用需要等待密钥补充。最后，加密应用可以基于获得的密钥对应用通信链路上的数据传输进行加密。在密钥提供给某个加密应用后，量子密钥分发节点和量子密钥分发网络管理系统都不再对这部分密钥负责，这部分密钥后续的使用将由加密应用全权负责。

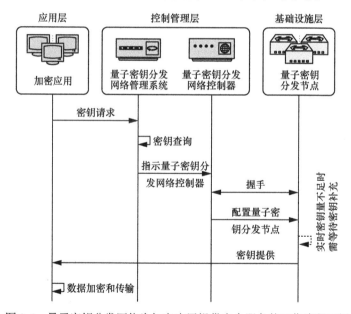

图 3-6　量子密钥分发网络为加密应用提供安全服务的工作流程示例

🔍 3.3　量子密钥分发网络元件

根据量子密钥分发网络通用三层架构，量子密钥分发网络元件分布在基础设施层、控制管理层和应用层。

3.3.1　量子密钥分发网络基础设施层元件

　　量子密钥分发网络基础设施层的基本构成如图 3-7 所示，在逻辑上可以细分为量子层和密钥管理层。量子层的量子密钥分发设备和密钥管理层的密钥管理设备具有对应关系，在相同物理位置处对应的量子密钥分发设备和密钥管理设备都放置在同一个量子密钥分发节点中。量子密钥分发网络基础设施层元件主要包括量子密钥分发节点、量子密钥分发链路和密钥管理链路。

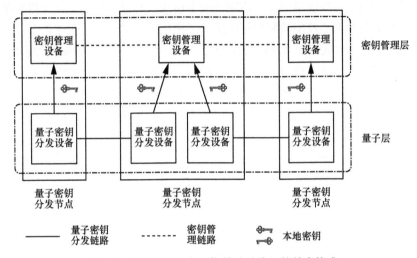

图 3-7　量子密钥分发网络基础设施层的基本构成

　　量子密钥分发节点在不同网络场景中涉及多种形式。在由多个不同规模子网组成的量子密钥分发网络基础设施中，量子密钥分发节点可能涉及骨干节点和接入节点。对于基于可信/不可信/量子中继的量子密钥分发网络，量子密钥分发节点可能涉及端节点和中继节点。量子密钥分发节点还可以集成如光开关/光分路器以及可信/不可信/量子中继的功能，以提供更长的距离或更灵活的拓扑。根据具体的组网需求，每个量子密钥分发节点包含用于量子密钥分发组网的各种物理设备，主要涉及量子密钥分发设备、密钥管理设备、中继设备和辅助设备。

- 量子密钥分发设备：量子密钥分发设备通常也被称为量子密钥分发终端，是用于实现点到点量子密钥分发的设备。量子密钥分发设备主要有两种类型，即量子密钥分发发送端和接收端。一对量子密钥分发设备之间可以共享本地密钥。如图 3-7 所示，量子密钥分发设备可以将其生成的本地密钥传递给它们各自连接的密钥管理设备。一个量子密钥分发节点可以包含一个或多个量子密钥分发设备。目前，已经有多种商用化的量子密钥分发设备在实际量子密钥分发网络中部署应用。

- 密钥管理设备：密钥管理设备是一个分布式的服务器，用于管理量子密钥分发设备生成的本地密钥，并将全局密钥提供给加密应用。一个量子密钥分发节点通常包含一个密钥管理设备，该设备与同一量子密钥分发节点中的所有量子密钥分发设备相连，接收并存储其连接的量子密钥分发设备生成的本地密钥。密钥管理设备还可以进行密钥中继，使任意一对量子密钥分发节点之间基于端到端的方式生成全局密钥，并将密钥提供给多个加密应用。此外，密钥管理设备管理着密钥从量子密钥分发设备生成到加密应用消耗的全生命周期。

- 中继设备：可信中继的功能是由量子密钥分发设备结合密钥管理设备实现的，可信中继的量子密钥分发设备可以使用任意的量子密钥分发协议。不可信中继的功能是由基于特定量子密钥分发协议（如 MDI 协议）的量子密钥分发设备实现的。因此，可信中继和不可信中继通常都不需设计特定的中继设备。相比之下，量子中继则需要一种不必测量/克隆量子信号就能直接对其进行中继的设备。基于量子中继可以将量子密钥分发安全地扩展到任意距离，有利于量子密钥分发网络的大规模部署。然而，目前还没有开发出实用化的量子中继，导致量子中继尚未在实际量子密钥分发网络中实现。

- 辅助设备：辅助设备包含光开关、复用器/解复用器以及安全基础设施等。光开关是在有限的距离内实现量子信道切换的装置，可以将量子信道从量子密钥分发发送端切换到任意量子密钥分发接收端，或从量子密钥分发接收端切换到任意量子密钥分发发送端。它可以实现量子信道的时分复用和量子密钥分发设备的分时共享。复用器/解复用器是用于实现多路信道（包含量子信道和经典信道）复用/解复用的装置。根据复用技术（如波分复用和时分复用）的不同，目前有多种类型的复用器/解复用器。基于 N 个波分复用器还可以组成 N 端口量子密钥分发路由器[20-21]。安全基础设施为量子密钥分发节点提供有效的监控和安全防护，保障量子密钥分发节点为可信节点，并在面临入侵或攻击的情况下能够可靠运行。

量子密钥分发网络基础设施层的两种链路，即量子密钥分发链路和密钥管理链路都可以通过光纤或自由空间实现。量子密钥分发链路也被称为量子密钥分发信道，通常用于连接一对量子密钥分发设备。该链路由两类信道组成，即用于量子态传输的量子信道，以及用于信号同步和密钥协商的经典信道。密钥管理链路是连接密钥管理设备的经典信道，用于实现密钥中继等密钥管理功能。

3.3.2 量子密钥分发网络控制管理层元件

量子密钥分发网络控制管理层在逻辑上可以细分为量子密钥分发网络控制层和管理层，其基本构成如图 3-8 所示。管理层上的量子密钥分发网络管理系统监督并指示控制层上的量子密钥分发网络控制器的运行。因此，量子密钥分发网络控制管理层元件主要包括量子密钥分发网络控制器和管理系统。

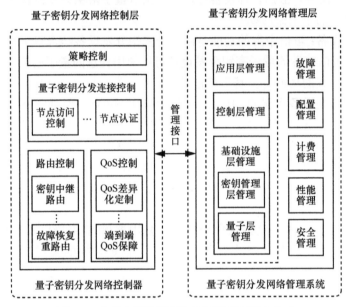

图 3-8 量子密钥分发网络控制管理层基本构成

量子密钥分发网络控制器由集中式的服务器实现，用于控制基础设施层的所有量子密钥分发节点。它具有对量子密钥分发节点和链路进行激活、去激活和参数校准的权限。控制器可以对量子密钥分发网络执行多项控制功能，包括策略控制、量子密钥分发连接控制（如节点访问控制和节点认证）、路由控制（如密钥中继路由和故障恢复重路由）以及 QoS 控制（如 QoS 差异化定制和端到端 QoS 保障）等。

量子密钥分发网络管理系统也可以是集中式的服务器，用于监控和管理整个量子密钥分发网络，包括监控和管理应用层、控制层、密钥管理层及量子层。它监控所有量子密钥分发节点以及量子密钥分发和密钥管理链路的状态，并监督和指示量子密钥分发网络控制器的运行。量子密钥分发网络管理系统可以执行多项网络管理功能，包括量子密钥分发网络的故障管理、配置管理、计费管理、性能管理和安全管理，如图 3-9 所示。

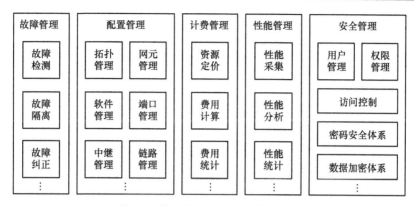

图 3-9　量子密钥分发网络管理功能

量子密钥分发网络管理涉及的常用性能指标主要集中在密钥信息方面，如密钥生成率、密钥量、密钥存储空间、密钥更新时间、密钥资源利用率等。表 3-2 具体给出了量子密钥分发网络两种典型的性能指标，即密钥生成率和密钥量[22]。

表 3-2　量子密钥分发网络两种典型的性能指标

性能指标	分类	定义
密钥生成率	实时密钥生成率	一对量子密钥分发节点实时的密钥生成率
	平均密钥生成率	一对量子密钥分发节点一个时段的平均密钥生成率
密钥量	总配对密钥量	一对量子密钥分发节点运行以来生成的密钥总量
	当前配对密钥量	一对量子密钥分发节点当前可用的密钥量

3.3.3　量子密钥分发网络应用层元件

量子密钥分发网络应用层元件主要包括加密应用设备和应用通信链路。加密应用设备是具有特定安全请求的用户通信设备。安全请求的主要形式是密钥请求，包括密钥长度、速率和更新周期等。一个加密应用通常包含两个或两个以上的加密应用设备。需要注意的是，一个加密应用设备通常需要与某个量子密钥分发节点部署在相同的物理位置，这样才可以从量子密钥分发节点的密钥管理设备中获取密钥。其中，选择在线注入密钥方式的加密应用设备（如服务器）需要时刻与量子密钥分发节点物理位置相同，而选择离线注入密钥方式的加密应用设备（如手机）只需在注入密钥时与量子密钥分发节点物理位置相同。由于密钥没有在不同的物理位置之间传递，密钥在本地传递后安全性仍能得到保证。应用通信链路是一个经典信道，用于连接两个加密应用设备，并在两个加密应用设备之间传输加密后的数据（即密文）。

3.4 量子密钥分发网络接口和协议

支持量子密钥分发的分层网络架构包含多种跨层接口，即管理、控制和应用接口。本节具体描述量子密钥分发网络接口，并讨论可以实现这些接口的几种典型协议。不过，量子密钥分发网络元件的内部接口不在本节讨论的范围之内。表 3-3 简要总结了量子密钥分发网络接口和协议。实际量子密钥分发网络中采用的协议不局限于本节讨论的协议。

表 3-3 量子密钥分发网络接口和协议

接口	位置	典型协议	实例
管理接口	量子密钥分发网络管理系统与量子密钥分发节点之间	简单网络管理协议（Simple Network Management Protocol，SNMP）、公共对象请求代理体系结构（Common Object Request Broker Architecture，CORBA）等	ID Quantique 公司商用系统；科大国盾量子技术股份有限公司（国盾量子公司）商用系统
	量子密钥分发网络管理系统与量发网络控制器之间		
	量子密钥分发网络管理系统与加密应用设备之间		
控制接口	量子密钥分发网络控制器与量子密钥分发节点之间	OpenFlow、NETCONF 等	基于 SDN 的量子密钥分发网络；ETSI GS QKD 015
应用接口	加密应用设备与量子密钥分发节点之间	REST API [超文本传输安全协议（HyperText Transfer Protocol Secure，HTTPS）、JavaScript 对象表示法（JavaScript Object Notation，JSON）]	英国剑桥量子密钥分发城域网；ETSI GS QKD 004；ETSI GS QKD 014

3.4.1 量子密钥分发网络管理接口和协议

量子密钥分发网络的管理接口包括面向量子密钥分发节点的管理接口、面向量子密钥分发网络控制器的管理接口和面向加密应用设备的管理接口。基于面向量子密钥分发节点的管理接口，量子密钥分发网络管理系统与基础设施层的所有量子密钥分发节点进行通信，量子密钥分发节点可以将其详细信息上报给量子密钥分发网络管理系统，其中涉及设备、板卡、端口、模块、软件、资源、链路等信息。量子密钥分发网络管理系统还可以查询量子密钥分发节点的密钥信息、中继信息和路由信息等。量子密钥分发网络管理接口示意如图 3-10 所示。基于面向量子密钥分发网络控制器的管理接口，量子密钥分发网络管理系统与量子密钥分发网络控制器进行通信，并监督和指示其运行。基于面向加密应用设备的管理接口，量子密钥分发网络管理系统与应用层的加密应用设备进行通信，可以收集加密应用的多个安全请求。

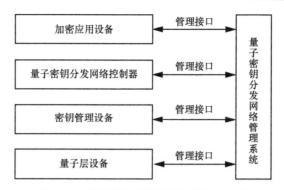

图 3-10　量子密钥分发网络管理接口示意

4 种管理接口包括但不限于以下功能。

- 面向量子层设备的管理接口：查询设备信息、查询板卡信息、查询端口信息、查询模块信息、查询软件信息、告警上报、告警同步、实时性能上报、通知事件、网关接口地址设置、告警屏蔽、告警时延、设备授时、重启设备、关闭设备、软件更新、日志上报、配置文件上传等。
- 面向密钥管理设备的管理接口：查询密钥量性能指标、查询密钥中继过程、密钥静态路由设置、密钥路由禁止设置、密钥中继策略设置等。
- 面向量子密钥分发网络控制器的管理接口：查询量子密钥分发网络控制器信息、量子密钥分发网络控制器配置等。
- 面向加密应用设备的管理接口：查询加密应用设备网元信息、查询加密应用设备网元配置信息、查询加密应用设备网元状态信息、加密应用设备网元配置等。

　　管理接口可以通过 SNMP[23-24]实现。SNMP 广泛应用于网络监控和管理，可以收集量子密钥分发网络中被管理的网元和设备的信息。例如，通过 SNMP 可以收集量子密钥分发节点的设备、板卡、端口、模块、软件、资源、链路等信息，以及加密应用的多个安全请求信息。告警和通知事件的上报以及密钥信息的查询也可以通过 SNMP 实现。此外，为了实现不同厂商开发的量子密钥分发网络设备的互通性，可以利用 CORBA 来协调多厂商或多域量子密钥分发网络中的异构网元和设备。SNMP 和 CORBA 已在面向量子密钥分发组网的商用系统中得到了应用，包括 ID Quantique 和国盾量子等公司的商用系统。

3.4.2　量子密钥分发网络控制接口和协议

　　量子密钥分发网络控制器通过控制接口与基础设施层的所有量子密钥分发节点进行通信。借助该接口，控制器与量子密钥分发节点交换控制和配置消息，从而实现一些面向量子密钥分发网络的控制功能，如策略控制、量子密钥分发连接控制、路由控制和 QoS 控制。

SDN 控制器具有强大的网络集中式控制功能，将其作为量子密钥分发网络控制器已在现实部署的量子密钥分发网络中得到了验证。ETSI 制定的组织规范 GS QKD 015 定义了基于 SDN 的量子密钥分发控制接口。对于 SDN 控制器来说，OpenFlow[25] 和 NETCONF[26] 是实现其控制接口（SDN 架构中通常称为南向接口）的两种主流协议。这两种协议都可以用来传输控制和配置的请求/响应消息。通过采用 OpenFlow 协议，支持 SDN 的量子密钥分发网络控制器可以对支持 OpenFlow 的量子密钥分发节点进行灵活控制。NETCONF 协议是一种网络配置协议，其数据编码通常采用可扩展标记语言（Extensible Markup Language，XML），可以提供一整套安装、操作和删除量子密钥分发节点配置的机制。本书第 7 章将对量子密钥分发网络软件定义控制技术进行具体介绍。

3.4.3　量子密钥分发网络应用接口和协议

量子密钥分发网络的应用接口示意如图 3-11 所示，其介于应用层与基础设施层之间。量子密钥分发节点中的本地密钥管理设备通过应用接口与本地加密应用设备进行通信。因此，更具体地说，应用接口介于应用层与密钥管理层之间。应用接口通常也被定义为密钥提供 API，本地密钥管理设备通过该接口将密钥提供给本地加密应用设备。目前，ETSI 制定的组织规范 GS QKD 004 已对量子密钥分发相关的应用接口进行了明确定义。

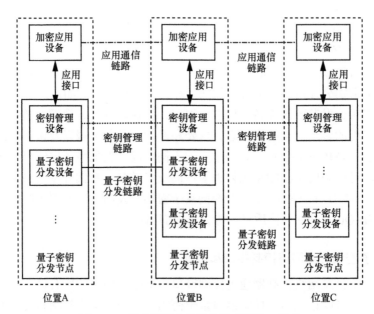

图 3-11　量子密钥分发网络的应用接口示意

应用接口用于密钥提供，可以通过 REST API 实现。REST API 可以采用 HTTPS 和 JSON 数据格式向加密应用设备提供密钥。REST API 是一种简单、轻量级的方法，在许多领域得到了广泛应用，如在英国剑桥量子密钥分发城域网[7] 中已被采用。此外，ETSI 制定的组织规范 GS QKD 014 详细描述了量子密钥分发网络中用于密钥提供的 REST API。下面将介绍应用接口的两个案例。

（1）应用接口连接单个加密应用设备

密钥管理设备通过应用接口连接单个加密应用设备的案例如图 3-12 所示，密钥管理设备 A 与密钥管理设备 B 连接，加密应用设备 A 与密钥管理设备 A 连接，加密应用设备 B 与密钥管理设备 B 连接。密钥管理设备 A 与密钥管理设备 B 交换和存储密钥，每个密钥都有唯一 ID。加密应用设备 A（主加密应用设备）可以按照以下步骤与加密应用设备 B（从加密应用设备）发起安全通信。

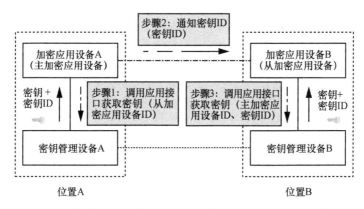

图 3-12　密钥管理设备通过应用接口连接单个加密应用设备的案例

步骤 1：加密应用设备 A 根据加密应用设备 B 的 ID 调用应用接口从密钥管理设备 A 获取密钥。密钥管理设备 A 向加密应用设备 A 提供密钥以及相关的密钥 ID，这些密钥是密钥管理设备 A 与密钥管理设备 B 共享的密钥。

步骤 2：加密应用设备 A 将密钥 ID 通知加密应用设备 B，即主加密应用设备与从加密应用设备之间建立经典通信。

步骤 3：加密应用设备 B 调用应用接口，根据加密应用设备 A 的 ID 和获知的密钥 ID 从密钥管理设备 B 获取相同的密钥。密钥管理设备 B 向加密应用设备 B 提供其与密钥管理设备 A 共享的具有相同密钥 ID 的密钥。

（2）应用接口连接多个加密应用设备

图 3-13 所示为密钥管理设备通过应用接口连接多个加密应用设备的案例。不同位置间任意两个加密应用设备的安全通信流程与图 3-12 所示的流程相似，即主加密应用设备根据从加密应用设备 ID 调用应用接口获取密钥，主加密应用设备通

知从加密应用设备密钥 ID，从加密应用设备根据主加密应用设备 ID 和密钥 ID 调用应用接口获取密钥。

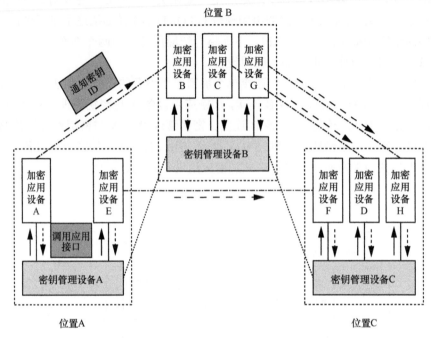

图 3-13　密钥管理设备通过应用接口连接多个加密应用设备的案例

需要注意的是，在密钥管理设备不直接相连的两个位置之间，加密应用设备实现安全通信需要借助中间位置的密钥管理设备进行密钥中继。例如，加密应用设备 E 与加密应用设备 F 的安全通信需要从密钥管理设备 A 与密钥管理设备 C 获取端到端的全局密钥，端到端的全局密钥由密钥管理设备 A 与密钥管理设备 C 借助密钥管理设备 B 通过密钥中继生成。

🔍 3.5　本章小结

本章具体介绍了量子密钥分发网络体系架构，首先讨论了支持量子密钥分发的分层网络架构的优势及其发展现状，并介绍了现实部署的量子密钥分发网络采用的几种分层架构典型案例。然后从整体角度重点描述了一种量子密钥分发网络通用三层架构，并具体分析了其三个层面即基础设施层、控制管理层和应用层的功能和特点。接着介绍了该架构下的量子密钥分发网络元件，主要包括：基础设施层的量子密钥分发节点、量子密钥分发链路和密钥管理链路；控制管理层的量子密钥分发网络控制器和管理系统；应用层的加密应用设备和应用通信链路。最后从量子密钥分发网络分层架构的跨层接口出发，描述了管理、控制和应用接口，并讨论了可以实现这些接口的典型协议。目前量子密钥分发网络体系架构呈现出多样化的特点，国际标准化组织 ITU-T 和 ETSI 以及中国通信标准化协会都在加快推进量子密钥分发网络体系架构的标准化和实用化。

参 考 文 献

[1] PEEV M, PACHER C, ALLÉAUME R, et al. The SECOQC quantum key distribution network in Vienna[J]. New Journal of Physics, 2009, 11(7).

[2] STUCKI D, LEGRÉ M, BUNTSCHU F, et al. Long-term performance of the SwissQuantum quantum key distribution network in a field environment[J]. New Journal of Physics, 2011, 13(12).

[3] JOUGUET P, KUNZ-JACQUES S, DEBUISSCHERT T, et al. Field test of classical symmetric encryption with continuous variables quantum key distribution[J]. Optics Express, 2012, 20(13): 14030-14041.

[4] SASAKI M, FUJIWARA M, ISHIZUKA H, et al. Field test of quantum key distribution in the Tokyo QKD network[J]. Optics Express, 2011, 19(11): 10387-10409.

[5] HUGHES R J, NORDHOLT J E, MCCABE K P, et al. Network-centric quantum communications with application to critical infrastructure protection[J]. arXiv: 1305.0305, 2013.

[6] AGUADO A, MARTIN V, LOPEZ D, et al. Quantum-aware software defined networks[C]//6th International Conference on Quantum Cryptography. [S.l.:s.n.], 2016.

[7] DYNES J F, WONFOR A, TAM W W S, et al. Cambridge quantum network[J]. NPJ Quantum Information, 2019, 5: 101.

[8] CAO Y, ZHAO Y, LIN R, et al. Multi-tenant secret-key assignment over quantum key distribution networks[J]. Optics Express, 2019, 27(3): 2544-2561.

[9] CAO Y, ZHAO Y, WANG J, et al. SDQaaS: software defined networking for quantum key distribution as a service[J]. Optics Express, 2019, 27(5): 6892-6909.

[10] CAO Y, ZHAO Y, YU X, et al. Multi-tenant provisioning over software defined networking enabled metropolitan area quantum key distribution networks[J]. Journal of the Optical Society of America B, 2019, 36(3): B31-B40.

[11] MAEDA W, TANAKA A, TAKAHASHI S, et al. Technologies for quantum key distribution networks integrated with optical communication networks[J]. IEEE Journal of Selected Topics in Quantum Electronics, 2009, 15(6): 1591-1601.

[12] CAO Y, ZHAO Y, COLMAN-MEIXNER C, et al. Key on demand (KoD) for software-defined optical networks secured by quantum key distribution (QKD)[J]. Optics Express, 2017, 25(22): 26453-26467.

[13] CAO Y, ZHAO Y, YU X, et al. Resource assignment strategy in optical networks integrated with

quantum key distribution[J]. Journal of Optical Communications and Networking, 2017, 9(11): 995-1004.

[14] TAJIMA A, KONDOH T, OCHI T, et al. Quantum key distribution network for multiple applications[J]. Quantum Science and Technology, 2017, 2(3): 034003.

[15] ZHAO Y, CAO Y, WANG W, et al. Resource allocation in optical networks secured by quantum key distribution[J]. IEEE Communications Magazine, 2018, 56(8): 130-137.

[16] CAO Y, ZHAO Y, WANG J, et al. KaaS: key as a service over quantum key distribution integrated optical networks[J]. IEEE Communications Magazine, 2019, 57(5): 152-159.

[17] 曹原, 赵永利. 量子通信网络研究进展[J]. 激光杂志, 2019, 40(9): 1-7.

[18] CHEN Y A, ZHANG Q, CHEN T Y, et al. An integrated space-to-ground quantum communication network over 4 600 kilometres[J]. Nature, 2021, 589(7841): 214-219.

[19] International Telecommunication Union. Overview on networks supporting quantum key distribution[S]. [S.l.:s.n.], 2019.

[20] CHEN W, HAN Z F, ZHANG T, et al. Field experiment on a "star type" metropolitan quantum key distribution network[J]. IEEE Photonics Technology Letters, 2009, 21(9): 575-577.

[21] ZHANG T, MO X F, HAN Z F, et al. Extensible router for a quantum key distribution network[J]. Physics Letters A, 2008, 372(22): 3957-3962.

[22] 中国通信标准化协会. 量子保密通信网络管理技术研究[R]. 北京: 中国通信标准化协会, 2019.

[23] LEVI D, MEYER P, STEWART B. Simple network management protocol (SNMP) applications[S]. [S.l.:s.n.], 2002.

[24] HARRINGTON D, SCHOENWAELDER J. Transport subsystem for the simple network management protocol (SNMP)[S]. [S.l.:s.n.], 2009.

[25] MCKEOWN N, ANDERSON T, BALAKRISHNAN H, et al. OpenFlow: enabling innovation in campus networks[J]. ACM SIGCOMM Computer Communication Review, 2008, 38(2): 69-74.

[26] ENNS R, BJORKLUND M, SCHOENWAELDER J, et al. Network configuration protocol (NETCONF)[S]. [S.l.:s.n.], 2011.

第4章
量子密钥分发网络资源调控技术

资源调控是实现异构资源高效调度和按需分配的量子密钥分发网络关键技术。随着量子密钥分发技术的不断发展和光纤量子密钥分发系统的逐渐成熟，光纤量子密钥分发网络将成为国家网络信息安全的重要支撑与保障。由于铺设新光纤或采用暗光纤作为量子密钥分发链路的网络部署成本和难度较高，在现有光网络上实现量子密钥分发的部署可以大幅度降低量子密钥分发链路的成本及铺设难度。同时，随着网络虚拟化与智能化的不断演进，光网络面临的信息安全风险种类不断增多、范围不断扩大且层次不断深入。因此，合理的资源调控有利于推动量子密钥分发网络的实用化部署并促进光网络安全性能的提升。

🔍 4.1 量子密钥分发网络资源调控需求

资源调控在很大程度上影响了量子密钥分发网络异构资源（如波长、时隙和密钥资源）的利用效率。量子密钥分发技术提供的密钥资源可以有效保障光网络的安全性，同时作为信息通信关键基础设施的光网络反过来可以为量子密钥分发提供可靠的通信管道资源。弹性的资源调控策略有利于解决量子密钥分发网络异构资源调度低效、分配僵化等问题。

4.1.1 量子密钥分发网络资源调控技术背景

作为提供高速、大容量数据传输的重要通信基础设施，光网络已在全球范围内广泛部署，并承载着全球通信网络 90% 以上的数据流量，包含来自军事、政务、金融、公安等重要领域的大量机密与敏感信息。这些信息在光网络上汇聚成庞大的网络流量。然而，数据的大量汇集意味着攻击者更容易找到攻击对象，海量用户信息资源和敏感数据被窃取将会造成难以估量的损失。目前，各种网络攻击（如窃听、干扰和拦截[1]）在光网络中层出不穷，这些网络攻击会造成大量的数据丢失，并威胁光网络的数据完整性。随着光网络的不断演进，其承载的各种业务所面临的信息安全风险种类不断增多、范围不断扩大且层次不断深入。

数据加密是降低网络攻击负面影响、提高光网络安全性的有效途径。在加密密钥未知的情况下，窃听者即使窃取了密文也很难获取真实数据。为了适配承载高速数据传输的光网络，已有多项研究开发了实现光层加密功能的系统架构[1]。然而，传统的加密系统依赖于某些数学函数的计算复杂度，容易受到未来不断进步的计算能力和攻击算法的影响，无法确保密钥分发的安全性。例如，量子计算机基于 Shor 量子算法将使传统的公钥密码算法不再安全。如何安全地分发密钥成为提升光网络安全性面临的重要挑战。

量子密钥分发技术可以应对上述挑战，它基于量子物理学基本原理确保密钥分发的信息论安全性，并且能够快速检测出任何试图获取密钥的潜在窃听者。光纤具有低衰减和高抗干扰的性能，可以作为量子信号传输的优秀载体，已被广泛用于各种实用化的量子密钥分发系统，并且基于光纤的量子密钥分发网络已在现网部署应用。传统的量子密钥分发网络利用低噪声的专用光纤或暗光纤，使量子信号在网络中可以实现相对稳定的传输。然而，为量子密钥分发铺设专用光纤或采用暗光纤价格昂贵，且在许多发达地区难以实现。通过借助现有的光网络基础设施，并结合波分复用技术实现量子密钥分发与经典光通信系统的共纤传输，可以大幅度降低量子密钥分发网络的实际部署难度和成本。

因此，量子密钥分发提供的密钥资源可以进一步提升光网络业务安全性，同时光网络可以为量子密钥分发提供丰富的光纤链路资源。异构资源的融合使资源调控变得十分重要，实现异构资源的高效调度和按需分配有利于促进量子密钥分发与光网络的融合互补。

4.1.2　量子密钥分发网络资源调控发展现状

传统的量子密钥分发网络资源调控研究主要集中在量子密钥分发与经典光通信系统共纤传输过程中的物理层信道资源调控。1997 年，Townsend[2]首次实现了基于波分复用技术在单模光纤中复用量子与经典信道的共纤传输实验。随后，在量子与经典信道共纤传输方面的理论研究、系统实验和现场测试不断涌现。除了采用传统的波分复用技术实现共纤传输，还可以结合时分复用[3-4]、空分复用[5]等多种技术。

波分复用技术是目前商用光网络中应用最广泛的复用技术，有利于减少传输线路中的光纤数量。因此，基于波分复用技术在现有光网络上部署量子密钥分发有利于促进量子密钥分发网络的实用化。图 4-1 所示为基于波分复用技术在单模光纤中复用量子与经典（含数据）信道。量子信道与量子密钥分发的经典信道（包含同步信道和协商信道）以及光网络的高速数据信道在同一根单模光纤中共存。

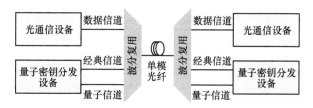

图 4-1　基于波分复用技术在单模光纤中复用量子与经典（含数据）信道

共纤传输过程不可避免地会产生各种物理层噪声，如拉曼散射、四波混频、放大器自发辐射噪声[6]等，从而影响量子密钥分发的性能。量子与经典信道共纤传输方面的理论研究主要分析和缓解各种物理层噪声对量子密钥分发和光通信系统性能产生的影响。例如，分析自发拉曼散射对一个量子信道与一个经典信道或者多个经典信道共纤传输的影响[7-8]，提出降低拉曼噪声和四波混频噪声的方法[9-11]等。光纤的 C 波段（1 530～1 565 nm）和 O 波段（1 260～1 360 nm）具有低损耗特性，均可用于传输量子和经典信号。量子与经典信道共纤传输方面的系统实验主要是搭建量子密钥分发与经典光通信共纤传输系统，测试不同场景下（包括量子与经典信道不同波段、不同经典信道数量、不同数据信道传输速率等）可实现的量子密钥分发距离和密钥生成率，并设计提升量子密钥分发系统性能的方案。

量子与经典信道共纤传输方面的现场测试是推动量子密钥分发网络实用化的重要基础。表 4-1 按时间顺序总结了量子与经典信道共纤传输的现场测试进展。2008 年，Tanaka 等[12]实现了 1 550 nm 量子信号与 L 波段（1 565～1 625 nm）时钟信号在 97 km 单模光纤上共纤传输的现场测试。2014 年，Choi 等[13]演示了一个量子信道与 4 个 10 Gbit/s 经典数据信道复用在 26 km 光纤中共同传输的现场试验。2016 年，Huang 等[14]搭建了 4 节点连续变量量子密钥分发网络，其中，一个 1 550.12 nm 的量子信道和 L 波段的 3 个经典信道通过同一根光纤进行传输，且在该网络中 2.08 km 光纤链路上可以实现 10 kbit/s 的最大密钥生成率。2018 年，Mao 等[15]在 66 km 商用光纤中实现了量子密钥分发信道与 3.6 Tbit/s 商用光网络经典数据信道共纤传输的现场试验，测试并对比了量子与经典信号在光纤中同向传输和背向传输的性能。2019 年，Dynes 等[16]在现实部署的量子密钥分发城域网中实现了量子信道与 200 Gbit/s 经典数据信道在同一根光纤的 C 波段内共存，且在 10.6 km 光纤链路上实现了 2.58 Mbit/s 的最大密钥生成率。2019 年，Aguado 等[17]在量子密钥分发城域网现场试验的 3.9 km 光纤链路上演示了一个量子信道与 17 个经典信道共纤传输，实现了 70 kbit/s 的最大密钥生成率。Tessinari 等[18]完成了 4 节点量子密钥分发城域网的现场演示，在 1.9 km 光纤 C 波段上实现了量子信号与 400 Gbit/s 经典数据信号的共纤传输。2019 年，Wonfor 等[19]开展了 1 310 nm 量子信号与 C 波段 500 Gbit/s 经典数据信号共纤传输的现场试验，在 14.2 km 光纤链路上实现了 1.95 kbit/s 的最大密钥生成率。

表 4-1　量子与经典信道共纤传输的现场测试进展

年份	量子信道波段	经典信道波段	经典信道数量/个	所有信道的总数据传输速率	可实现距离/km	最大密钥生成率	协议类型
2008 年	C 波段	L 波段	1	N/A	97	820 bit/s	离散变量
2014 年	C 波段	C 波段	4	40 Gbit/s	26	160 kbit/s	离散变量
2016 年	C 波段	L 波段	3	1 Gbit/s	2.08	10 kbit/s	连续变量
2018 年	C 波段	C 波段	20	3.6 Tbit/s	66	5.1 kbit/s	离散变量
2019 年	C 波段	C 波段	2	200 Gbit/s	10.6	2.58 Mbit/s	离散变量
2019 年	C 波段	C 波段	17	N/A	3.9	70 kbit/s	连续变量
2019 年	C 波段	C 波段	4	400 Gbit/s	1.9	1.28 kbit/s	离散变量
2019 年	O 波段	C 波段	5	500 Gbit/s	14.2	1.95 kbit/s	离散变量

　　量子密钥分发与经典光通信系统共纤传输的研究成果体现了量子密钥分发在现有光网络上部署的可行性和实用性。基于物理层共纤传输和信道资源调控技术，量子密钥分发网络资源调控在网络层方面同样面临许多挑战。从网络层资源调度的角度来看，需要高效调度光层波长等资源在量子密钥分发层部署密钥资源；从网络层资源分配的角度来看，需要将量子密钥分发层部署的密钥资源按需分配给光层或上层业务从而保障业务安全。本章重点关注网络层资源调控问题，下文将具体介绍量子密钥分发网络资源调控涉及的两种关键技术，即时间调度量子密钥池构建技术和密钥资源按需分配技术。

🔍 4.2　量子密钥分发网络时间调度量子密钥池构建技术

　　量子密钥池（Quantum Key Pool，QKP）的构建关系到网络资源的优化利用和网络业务的安全保障。构建量子密钥池可以及时响应密钥分配请求，减小密钥协商时延，实现与网络业务的有效适配。量子密钥分发网络中构建量子密钥池可以实现密钥资源的高效部署，进一步结合时间调度机制可以在提供密钥保障业务安全的同时实现光网络资源的高效调度。与上文提到的波分、时分和空分复用技术不同的是，本节讨论的时间调度技术侧重于网络层资源切片，而非物理层信道扩容手段。

4.2.1　量子密钥池基本概念

　　目前，量子密钥分发系统的密钥生成率仍然很低，例如，在 50.5 km 光纤链路上密钥生成率为 1.2 Mbit/s[20]，在 405 km 光纤链路上密钥生成率为 6.5 bit/s[21]。密钥是量子密钥分发网络的核心资源，需要对其进行有效管理，从而实现密钥资源的高效分配和调度。密钥管理涉及在密钥的整个生命周期内管理其交换、存储、分配和销毁等。近年来，量子密钥池的概念已被提出，它指存在于两个量子密钥分发节点之间，用于存储对称密钥的存储空间[22-23]。量子密钥池能够以成对的方式管理节点对之间生成的对称密钥，从而提升密钥管理效率。密钥在任意一对量子密钥分发节点之间进行交换和存储。量子密钥池可以监控实时的密钥生成率和密钥量信息，并以成对的方式管理对应量子密钥分发节点之间的密钥交换、存储、分配和销毁等。需要注意的是，量子密钥池中存储的是其相同物理位置处的密钥资源，但其无法知晓全网密钥资源，因此量子密钥池通常应以分布式的方式构建在网络中。根据量子密钥池访问权限以及其与网络业务关系的不同，一对节点之间量子密钥池的数量可能是一个或多个。例如，当量子密钥池与网络业务具有一对一的关系时，量子密钥池与网络业务紧密关联，每个业务都需要访问独立的量子密钥池，这种情况下一对节点之间即存在多个量子密钥池，本节讨论的技术也是基于这种情况。

图 4-2 所示为量子密钥池示例。通过量子密钥分发链路直接相连的一对量子密钥分发节点可以构建点到点量子密钥池，如 QKP_{AB} 和 QKP_{BC}；两个不直接相连的量子密钥分发节点可以借助中间具有可信中继功能的节点构建端到端量子密钥池，如 QKP_{AC}。下面以 QKP_{AC} 为例说明密钥生命周期的 4 个阶段。

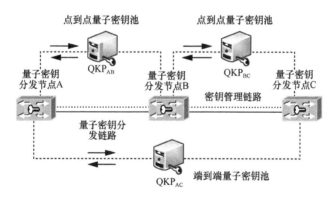

图 4-2　量子密钥池示例

① 密钥交换：量子密钥分发节点 A 与 B、B 与 C 之间各自生成密钥。基于具有可信中继功能的量子密钥分发节点 B，量子密钥分发节点 A 与 C 之间实现密钥交换。

② 密钥存储：量子密钥分发节点 A 与 C 之间共享的密钥存储在对应的量子密钥池中。

③ 密钥分配：密钥可以分配给分别与量子密钥分发节点 A 和 C 位置相同的两个用户，以保障两个用户间数据安全传输。

④ 密钥销毁：密钥被分配用于两个用户间数据安全传输后，将其销毁。

4.2.2 量子密钥分发网络时间调度量子密钥池构建架构

量子密钥分发网络时间调度量子密钥池构建架构如图4-3所示,该架构由两个逻辑层组成,自上而下依次为量子密钥分发层和光层。在量子密钥分发层上,量子密钥分发节点通过量子密钥分发链路及密钥管理链路相互连接,其中,量子密钥分发链路包含量子信道和经典信道,密钥管理链路是经典信道。为了确保密钥的安全性,量子密钥池以分布式的方式构建,即一个量子密钥池构建在任意两个量子密钥分发节点之间。图 4-3 中量子密钥池上标记的字母表示节点对,与量子密钥池连接的虚线表示量子密钥池与量子密钥分发节点的对应关系。量子密钥池可由集中式的网络操作系统进行管理,它们可以根据网络操作系统的指令及时进行密钥调度。在光层上,光节点通过光通信链路相互连接,其中,光通信链路是经典信道。每个光节点与其在量子密钥分发层上对应的量子密钥分发节点基于特定的短距接口进行通信。通过该接口,光节点可以获取密钥保障数据业务的通信安全。基于波分复用技术,量子信道和经典信道可以在同一根光纤中共存。该架构有利于将密钥资源管理从底层量子密钥分发基础设施解耦,从而提升密钥管理的效率和密钥调度的灵活性。

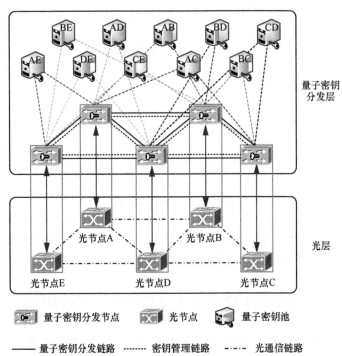

图 4-3 量子密钥分发网络时间调度量子密钥池构建架构

4.2.3　量子密钥分发网络时间调度量子密钥池构建机制

现有波分复用光网络中波长资源是有限的，并且为构建量子密钥池而建立量子密钥分发链路的成本较高。为了通过量子密钥分发提供充足的密钥，同时保持波分复用光网络中波长资源的使用量较少，本节描述量子密钥分发网络时间调度量子密钥池构建机制，目标是在光网络上实现高效的量子密钥池构建。

在时间调度量子密钥池构建机制中，通过将一个较长的时间段（也可以称为一个周期）分割成多个时隙，可以将这个时间段（周期）内生成的密钥分成多个部分，从而构建多个量子密钥池。在一个周期内不同量子密钥池的密钥需求可能不同，因此需要为每个具有特定密钥需求的量子密钥池构建请求进行时隙分配。由于量子密钥池对应的密钥会不断地被多个加密应用所消耗，并且密钥不能重复使用，需要定期为量子密钥池补充密钥，以补偿密钥消耗。在静态场景中，每条量子密钥分发链路上的密钥消耗可以是固定的，但不同量子密钥分发链路上的密钥消耗可能有所不同，因此需要为每个具有特定密钥消耗的量子密钥池构建请求进行波长分配。此外，在两个端节点之间可能存在多条量子密钥分发路径，并且每条量子密钥分发路径上的时隙资源占用情况可能不同。因此，量子密钥池构建还需要解决量子密钥分发路由问题和量子密钥分发路径上的时隙连续性问题。

综上所述，为了在光网络上实现高效的量子密钥池构建，需要解决时间调度机制中路由、波长与时隙分配（Routing, Wavelength and Time-slot Allocation, RWTA）问题。如图 4-4 所示，RWTA 涉及的 3 个子问题说明如下。

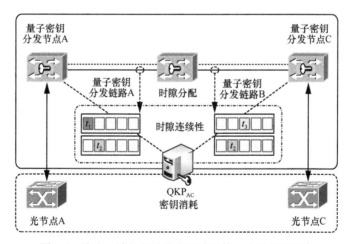

图 4-4　路由、波长与时隙分配涉及的 3 个子问题示意

- 密钥消耗：QKP_{AC} 对应节点的密钥不断被光节点 A 与 C 之间的数据业务

所消耗。基于多种数据业务的安全需求，不同量子密钥池对应的密钥消耗可能相同或不同，因此应考虑固定或灵活密钥消耗问题。

- 时隙分配：在量子密钥分发链路 A 和 B 上的一个时隙 t_2 内生成的密钥可以分配用于量子密钥分发节点 A 与 C 之间的 QKP_{AC} 构建。基于量子密钥池构建的密钥需求，分配给不同量子密钥池的时隙数量可能相同或不同，因此应考虑均匀或非均匀时隙分配问题。

- 时隙连续性：构建 QKP_{AC} 可能会占用量子密钥分发链路 A 和 B 上的连续时隙 t_2 或离散时隙 $[t_1, t_3]$。构建在两个端节点之间的量子密钥池在其量子密钥分发路径的每条链路上占用的时隙可能相同或不同，因此应考虑时隙连续或时隙离散量子密钥池构建问题。

（1）固定/灵活密钥消耗问题

密钥应定期向量子密钥池进行补充，以补偿每条量子密钥分发链路上固定或灵活的密钥消耗。固定/灵活密钥消耗示意如图 4-5 所示，密钥补充周期可以配置为固定参数（T），即图 4-5（a）；也可以配置为灵活参数（$T_1, T_2, \cdots, T_w$），即图 4-5（b），其中 w 表示平行量子密钥分发链路的数量。每条量子密钥分发链路上的密钥补充周期可以被分割成多个时隙。在光网络上构建量子密钥池时，链路长度以及散射和损耗等各种噪声都会影响密钥生成率。不过，可以预先确定一个较大的时间间隔，并将其定义为时隙粒度。于是，在稳定的环境下，两个直接相连的量子密钥分发节点在一个时隙粒度内能够生成固定的密钥量（N）。

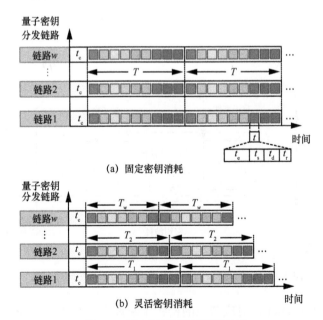

图 4-5　固定/灵活密钥消耗示意

量子密钥分发节点通过相应的链路实现静态互连，需要预留每个量子密钥分发系统稳定运行之前的信道估计和校准时间（t_c）。此外，每个时隙中应包括节点进行密钥中继时的密钥处理和通信时延。如图 4-5 所示，一个时隙粒度用 t 表示，它包含量子态交换（t_e）、密钥筛选（t_s）、密钥蒸馏（t_d）和密钥中继（t_r）的时间。基于现有技术 t_c 大约需要占用数分钟[24]。t 是根据所需密钥量 N 预先确定的，并且在量子密钥分发系统稳定运行后可以获得平均密钥生成率，它可以根据不同的密钥需求占用几秒或几分钟。因此，一个时隙 t 中 t_e、t_s、t_d 和 t_r 的数量级都随着 N 的变化而变化，可以根据时隙 t 和密钥补充周期 T 之间的关系来确定量子密钥分发链路的容量（即 T/t）。时隙资源成为在光网络上进行时间调度量子密钥池构建的重要资源维度。

（2）均匀/非均匀时隙分配问题

构建多个量子密钥池需要考虑节点之间的距离约束。基于现有技术，当两个不直接相连的量子密钥分发节点之间的距离超过点到点量子密钥分发有效距离时，需要借助中间具有可信中继功能的节点实现端到端量子密钥分发。于是，当量子密钥池构建在两个不直接相连的量子密钥分发节点之间时，通常会依赖两个节点之间路径上的每条链路的量子密钥池构建。因此，两个端节点之间量子密钥池构建的量子密钥分发路径应根据不同的跳数进行选择。

图 4-6 所示为不同量子密钥池构建分配均匀或非均匀时隙的示例，其中将 T 固定为 $5t$。在图 4-6（a）中，构建量子密钥池 QKP_{AB}、QKP_{AC} 和 QKP_{BC} 都遵循相同的密钥量需求 N，因此为构建每个量子密钥池都分配均匀的时隙（即一个时隙 t）。而在图 4-6（b）中，构建量子密钥池 QKP_{AB}、QKP_{AC} 和 QKP_{BC} 的密钥量需求分别为 $2N$、$3N$ 和 $2N$，于是为构建这 3 个量子密钥池分配的非均匀时隙分别为 $2t$、$3t$ 和 $2t$。

（3）时隙连续/离散量子密钥池构建问题

基于量子密钥分发节点具有的不同功能，可以进行时隙连续或时隙离散量子密钥池构建。时隙连续量子密钥池构建需要遵循时隙连续性约束，即任意一对不直接相连节点之间路径的每条链路上需要分配相同的时隙用于量子密钥池构建。例如，在图 4-6（a）中，构建时隙连续量子密钥池 QKP_{AC} 可以依赖相同时隙 t_2 内 QKP_{AB} 和 QKP_{BC} 的构建。而对于时隙离散量子密钥池构建来说，节点之间路径的多条链路上的时隙是相互独立的，不需遵循时隙连续性约束。例如，在图 4-6（b）中，构建时隙离散量子密钥池 QKP_{AC} 可以依赖时隙 $[t_3, t_4, t_5]$ 内 QKP_{AB} 的构建和时隙 $[t_1, t_3, t_5]$ 内 QKP_{BC} 的构建。此外，非连续时隙以及不同链路上的时隙可以一起分配用于构建具有不同密钥需求的量子密钥池。

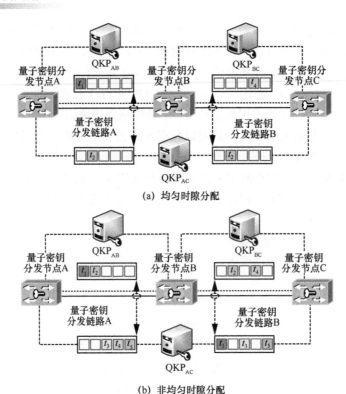

(a) 均匀时隙分配

(b) 非均匀时隙分配

图 4-6　不同量子密钥池构建分配均匀或非均匀时隙的示例

4.2.4　量子密钥分发网络时间调度量子密钥池构建策略

基于时间调度量子密钥池构建机制，可以在光网络上高效构建具有特定密钥消耗和密钥需求的量子密钥池，量子密钥池构建策略包括整数线性规划（Integer Linear Programming，ILP）模型和启发式算法。在量子密钥池构建策略中使用的数学符号定义如下。

- $G(V,E)$：网络拓扑，V 和 E 分别是节点和链路集合，节点 $m,n \in V$，链路 $(m,n) \in E$。
- B：每条链路上为量子信道配置的总波长数量。
- W_k：每条链路上为密钥补充周期$|T_k|$配置的波长集合，波长 $w \in W_k$。
- T_k：每个量子信道上一个密钥补充周期内的时隙集合。
- t：一个时隙，时隙 $t \in T_k$。
- N：一个时隙内生成的密钥量。
- R_{ck}：具有密钥补充周期$|T_k|$的时隙连续量子密钥池构建请求集合。
- R_{dk}：具有密钥补充周期$|T_k|$的时隙离散量子密钥池构建请求集合。

- $r(s_r, d_r, N_r, |T_k|)$：一个时隙连续（$r \in R_{ck}$）或时隙离散（$r \in R_{dk}$）量子密钥池构建请求。
- s_r：量子密钥池构建请求 r 的源节点。
- d_r：量子密钥池构建请求 r 的宿节点。
- N_r：量子密钥池构建请求 r 的密钥量需求。
- K：密钥补充周期索引集合。
- k：密钥补充周期索引，索引 $k \in K$。
- $z^r_{(m,n),w,t}$：布尔变量，如果链路 (m,n) 上的波长 w 和时隙 t 被分配给时隙连续量子密钥池构建请求，则该变量等于 1，否则等于 0。
- $x^r_{(m,n),w,t}$：布尔变量，如果链路 (m,n) 上的波长 w 和时隙 t 被分配给时隙离散量子密钥池构建请求，则该变量等于 1，否则等于 0。
- S：成功分配到所需时隙的时隙连续和时隙离散量子密钥池构建请求总数。
- S_c：成功分配到所需时隙的时隙连续量子密钥池构建请求数量。
- S_d：成功分配到所需时隙的时隙离散量子密钥池构建请求数量。
- F：时隙连续和时隙离散量子密钥池构建请求占用的总时隙数。
- F_c：时隙连续量子密钥池构建请求占用的时隙数量。
- F_d：时隙离散量子密钥池构建请求占用的时隙数量。

（1）ILP 模型

目标：

$$\text{Min} \sum_{(m,n) \in E} \sum_{k \in K} \sum_{r \in R_{ck}} \sum_{w \in W_k} \sum_{t \in T_k} z^r_{(m,n),w,t} + \sum_{(m,n) \in E} \sum_{k \in K} \sum_{r \in R_{dk}} \sum_{w \in W_k} \sum_{t \in T_k} x^r_{(m,n),w,t} \quad (4\text{-}1)$$

式（4-1）中第一项和第二项分别为时隙连续和时隙离散量子密钥池构建请求占用的总时隙数。目标是最小化光网络中分配给量子密钥池构建请求的平行量子密钥分发链路上的总时隙数，这有利于尽可能多地容纳量子密钥池构建请求。由于密钥会周期性地补充给对应的量子密钥池，在计算总时隙数时只需要考虑每个量子信道上一个密钥补充周期内的时隙数量。

约束条件：

$$\sum_{n \in V} \sum_{w \in W_k} \sum_{t \in T_k} z^r_{(m,n),w,t} - \sum_{n \in V} \sum_{w \in W_k} \sum_{t \in T_k} z^r_{(n,m),w,t} = \begin{cases} N_r/N & m = s_r \\ -N_r/N & m = d_r \quad \forall r \in R_{ck}, k \in K \\ 0 & \text{其他} \end{cases} \quad (4\text{-}2)$$

$$\sum_{n \in V} \sum_{w \in W_k} \sum_{t \in T_k} x^r_{(m,n),w,t} - \sum_{n \in V} \sum_{w \in W_k} \sum_{t \in T_k} x^r_{(n,m),w,t} = \begin{cases} N_r/N & m = s_r \\ -N_r/N & m = d_r \quad \forall r \in R_{dk}, k \in K \\ 0 & \text{其他} \end{cases} \quad (4\text{-}3)$$

$$\sum_{r \in R_{ck}} \sum_{w \in W_k} \sum_{t \in T_k} z^r_{(m,n),w,t} + \sum_{r \in R_{dk}} \sum_{w \in W_k} \sum_{t \in T_k} x^r_{(m,n),w,t} \leqslant |W_k||T_k| \quad \forall (m,n) \in E, k \in K \tag{4-4}$$

$$\sum_{r \in R_{ck}} z^r_{(m,n),w,t} + \sum_{r \in R_{dk}} x^r_{(m,n),w,t} \leqslant 1 \quad \forall (m,n) \in E, w \in W_k, t \in T_k, k \in K \tag{4-5}$$

$$\sum_{n \in V} z^r_{(m,n),w,t} = \sum_{n \in V} z^r_{(n,m),w,t} \quad \forall r \in R_{ck}, m \in V, m \neq s_r, m \neq d_r, w \in W_k, t \in T_k, k \in K \tag{4-6}$$

式（4-2）和式（4-3）表示流守恒约束，确保了在时隙连续或时隙离散量子密钥池构建请求的源宿节点之间有且只有一条路径。同时，确保了每个时隙连续或时隙离散量子密钥池构建请求可以分配到所需时隙，所需时隙的数量是根据每个量子密钥池构建请求的密钥量需求计算的。式（4-4）表示时隙容量约束，确保了所有时隙连续和时隙离散量子密钥池构建请求占用的总时隙数与网络实际具有的时隙数量一致。式（4-5）表示时隙唯一性约束，确保了每条平行量子密钥分发链路上的任何一个时隙都只能被时隙连续和时隙离散量子密钥池构建请求占用一次。式（4-6）表示时隙连续性约束，确保了每个时隙连续量子密钥池构建请求在其源宿节点间路径的每条链路上占用相同的时隙。

（2）启发式算法

ILP 模型有利于为量子密钥池构建实现最优的 RWTA 结果。但是，利用 ILP 模型解决大规模问题的时间复杂度过高，导致其在面临大型网络拓扑或大量量子密钥池构建请求时效率较低。通过设计并采用启发式算法可以提升效率并降低时间复杂度。

表 4-2 给出了为提升 RWTA 效率而设计的一种基于联合路径与链路的路由、波长和时隙分配（Joint Path-and-Link-based RWTA，JPL-RWTA）算法。首先，基于迪杰斯特拉（Dijkstra）算法计算并选择每个量子密钥池构建请求源宿节点间的最短路径，这有利于减少用于密钥中继的量子密钥分发链路数量。然后，针对时隙连续和时隙离散量子密钥池构建请求分别运行不同的波长与时隙分配算法。基于路径的波长与时隙分配算法详见表 4-3，它为时隙连续量子密钥池构建请求分配最短路径上的时隙；基于链路的波长与时隙分配算法详见表 4-4，它为时隙离散量子密钥池构建请求分配沿着最短路径每条链路上的时隙。因此，基于路径的波长与时隙分配算法需要保证时隙连续性。这两种波长与时隙分配算法都采用首次命中算法进行时隙分配，这是因为首次命中算法具有复杂度低、计算开销小等优点。在首次命中算法中，将所有可用时隙进行编号，按照编号由小到大的顺序选择时隙进行分配。

表 4-2　基于联合路径与链路的路由、波长和时隙分配算法

输入	$G(V,E)$, K, W_k, T_k, R_{ck}, R_{dk}, t, N
输出	S, F, S_c, F_c, S_d, F_d、时隙连续/离散量子密钥池构建请求的 RWTA 方案
1	初始化变量 $S_c \leftarrow 0$, $F_c \leftarrow 0$, $S_d \leftarrow 0$, $F_d \leftarrow 0$;
2	**for** 每个量子密钥池构建请求 r **do**
3	基于 Dijkstra 算法计算并选择量子密钥池构建请求源宿节点间的最短路径 P_r ;
4	计算沿着最短路径 P_r 的链路数量 η_r ;
5	计算最短路径 P_r 上的时隙需求 $D_r \leftarrow N_r / N$;
6	**if** $r \in R_{ck}$ **then**
7	调用基于路径的波长与时隙分配算法;
8	**end if**
9	**if** $r \in R_{dk}$ **then**
10	调用基于链路的波长与时隙分配算法;
11	**end if**
12	**end for**
13	**return** $S \leftarrow S_c + S_d$, $F \leftarrow F_c + F_d$

表 4-3　基于路径的波长与时隙分配算法

1	查找最短路径 P_r 上的波长集合 W_k ;
2	**if** $W_k \neq \varnothing$ **then**
3	查找波长集合 W_k 中每个波长上时隙集合 T_k 中的可用时隙;
4	将可用时隙添加在时隙集合 $T(P_r)$ 中;
5	**if** $T(P_r) \neq \varnothing$ **then**
6	**if** $D_r \leqslant |T(P_r)|$ **then**
7	基于首次命中算法选择 D_r 个时隙;
8	$S_c \leftarrow S_c + 1$;
9	$F_c \leftarrow F_c + \eta_r D_r$;
10	更新时隙资源状态;
11	**end if**
12	**end if**
13	**end if**

表 4-4　基于链路的波长与时隙分配算法

1	查找沿着最短路径 P_r 每条链路 δ 上的波长集合 W_k ;
2	**if** 每条链路 δ 上 $W_k \neq \varnothing$ **then**
3	**for** 沿着最短路径 P_r 的每条链路 δ **do**
4	查找波长集合 W_k 中每个波长上时隙集合 T_k 中的可用时隙;
5	将可用时隙添加在时隙集合 $T(\delta)$ 中;
6	**if** $T(\delta) \neq \varnothing$ **then**

（续表）

7	**if** $D_r \leqslant |T(\delta_r)|$ **then**
8	基于首次命中算法选择 D_r 个时隙；
9	标记 L 值为成功；
10	更新时隙资源状态；
11	**else**
12	标记 L 值为失败；
13	**end if**
14	**else**
15	标记 L 值为失败；
16	**end if**
17	**end for**
18	**if** L 值为成功 **then**
19	$S_d \leftarrow S_d + 1$ ；
20	$F_d \leftarrow F_d + \eta_r D_r$ ；
21	**end if**
22	**end if**

在上述两种量子密钥池构建策略中，量子密钥分发网络时间调度量子密钥池构建成功率可以通过式（4-7）计算。

$$量子密钥池构建成功率 = \frac{S}{\sum_{k \in K}(|R_{ck}| + |R_{dk}|)} \tag{4-7}$$

同时，量子密钥分发网络时间调度量子密钥池构建资源利用率可以用式（4-8）表示。

$$量子密钥池构建资源利用率 = \frac{F}{|E|\sum_{k \in K}(|W_k \| T_k|)} \tag{4-8}$$

4.2.5　量子密钥分发网络时间调度量子密钥池构建案例

为了评估两种量子密钥池构建策略的不同性能，本节采用两种经典的网络拓扑进行仿真分析，分别是 NSFNET 拓扑（14 个节点）和 USNET 拓扑（24 个节点），如图 4-7 所示。量子密钥池构建请求在所有节点对中随机生成，每个量子密钥池构建请求都具有特定的密钥消耗和密钥需求，且在静态场景下量子密钥池构建请求没有到达和离去时间。ILP 模型和 JPL-RWTA 算法的仿真分析软件分别使用 ILOG CPLEX V12.2 和 IntelliJ IDEA 2017。通过取 100 次独立仿真结果的平均值来保证数据统计准确性。

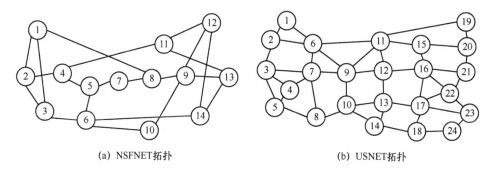

(a) NSFNET拓扑　　　　　　　　　　(b) USNET拓扑

图 4-7　仿真采用的网络拓扑

　　在案例分析中，分别讨论 RWTA 涉及的 3 个子问题对量子密钥池构建性能的不同影响，包括固定/灵活密钥消耗（子问题 A）、均匀/非均匀时隙分配（子问题 B）和时隙连续/离散量子密钥池构建（子问题 C），仿真参数详见表 4-5。同时，针对每个子问题都对比了 6 个案例的仿真参数，详见表 4-6。将量子密钥池构建成功率和资源利用率作为量子密钥分发网络时间调度量子密钥池构建性能指标，在下文具体比较每个子问题不同案例中 ILP 模型和 JPL-RWTA 算法的性能。ILP 模型难以适用大规模问题，因此只在 NSFNET 拓扑上对 ILP 模型和 JPL-RWTA 算法进行比较。

表 4-5　RWTA 3 个子问题的仿真参数

参数	子问题 A	子问题 B	子问题 C
B	5	5	5
$\lvert K \rvert$	变量	1	1
$\lvert W_k \rvert$	变量	5	5
$\lvert T_k \rvert$	变量	10	10
N_r	$2N$	变量	$2N$
$\lvert R_{ck} \rvert : \lvert R_{dk} \rvert$	1 : 1	1 : 1	变量

表 4-6　RWTA 每个子问题不同案例的仿真参数

案例	子问题 A			子问题 B	子问题 C
	$\lvert K \rvert$	$\lvert W_k \rvert$	$\lvert T_k \rvert$	N_r	$\lvert R_{ck} \rvert : \lvert R_{dk} \rvert$
1	1	5	8	N	3 : 1
2	1	5	10	$N, 2N$	2 : 1
3	1	5	12	$N, 2N, 3N$	1 : 1
4	3	2, 1, 2	8, 10, 12	$N, 3N$	1 : 2
5	3	2, 1, 2	6, 10, 14	$2N$	1 : 3
6	5	1, 1, 1, 1, 1	6, 8, 10, 12, 14	$3N$	1 : 4

（1）固定/灵活密钥消耗案例分析

图4-8和图4-9分别所示为两种量子密钥池构建策略在不同网络拓扑以及子问题A各种案例下的量子密钥池构建资源利用率和构建成功率。从图4-8和图4-9中可以看出，随着量子密钥池构建请求数量的增多，量子密钥池构建资源利用率逐渐提升、构建成功率逐渐降低，这是由密钥/时隙需求增加造成的。如图4-8（a）和图4-9（a）所示，JPL-RWTA算法的量子密钥池构建资源利用率和构建成功率在子问题A不同案例下都低于ILP模型。其原因在于，JPL-RWTA算法中采用Dijkstra算法为每个量子密钥池构建请求选择最短路径，而不选择其他可用路径，并且JPL-RWTA算法相比ILP模型无法协调全网资源的使用情况。不过，Dijkstra算法的使用有利于为量子密钥池构建规划最短距离，从而节省在光网络上构建量子密钥池的密钥/时隙资源。

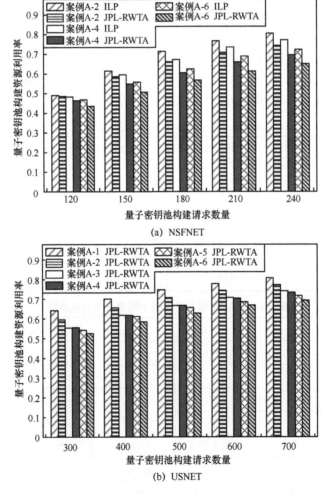

(a) NSFNET

(b) USNET

图4-8　不同网络拓扑以及子问题A不同案例下量子密钥池构建资源利用率

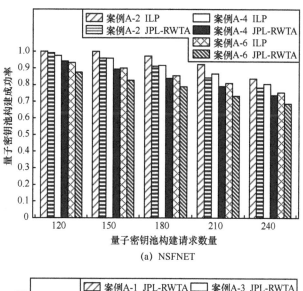

(a) NSFNET

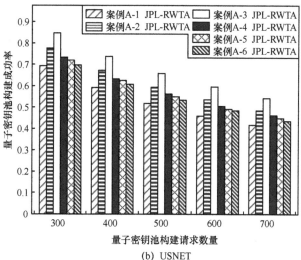

(b) USNET

图 4-9　不同网络拓扑以及子问题 A 不同案例下量子密钥池构建成功率

当密钥消耗固定时，由图 4-8（b）和图 4-9（b）可以看出，随着 $|T_k|$ 增加，量子密钥池构建资源利用率逐渐下降、构建成功率逐渐上升，这是因为光网络中可用的总时隙数增加。而当密钥消耗变得灵活时，量子密钥池构建资源利用率和构建成功率都略微降低。其原因在于，相比灵活的密钥消耗，固定的密钥消耗可以在整个网络拓扑上为具有密钥补充周期 $|T_k|$ 的量子密钥池构建请求提供更多的可用时隙。

（2）均匀/非均匀时隙分配案例分析

图 4-10 和图 4-11 分别所示为两种量子密钥池构建策略在不同网络拓扑以及子问题 B 不同案例下的量子密钥池构建资源利用率和构建成功率。从图 4-10 和

图 4-11 中可以观察到一些与子问题 A 中案例相同的现象。例如：随着量子密钥池构建请求数量的增多，量子密钥池构建资源利用率逐渐上升、构建成功率逐渐下降；当量子密钥池构建请求数量较多时，JPL-RWTA 算法的量子密钥池构建资源利用率和构建成功率都相比 ILP 模型低。造成这些现象的原因已在上文讨论。不过，如图 4-10（a）和图 4-11（a）所示，当量子密钥池构建成功率为 1.0 时，JPL-RWTA 算法的量子密钥池构建资源利用率与 ILP 模型相同，这是因为 JPL-RWTA 算法中采用 Dijkstra 算法计算和选择源宿节点间的最短路径，从而使此时的量子密钥池构建资源利用率达到最优。而且，当量子密钥池构建请求数量较少时，所有的量子密钥池构建请求都可以成功分配到所需的密钥/时隙资源，此时 JPL-RWTA 算法的全网资源使用情况与 ILP 模型相同。

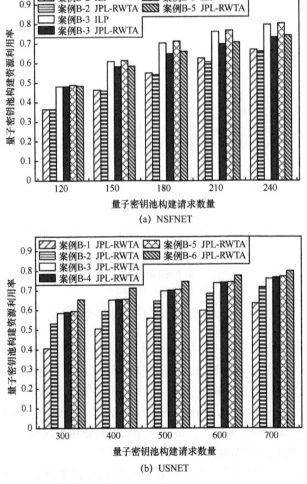

(a) NSFNET

(b) USNET

图 4-10　不同网络拓扑以及子问题 B 不同案例下量子密钥池构建资源利用率

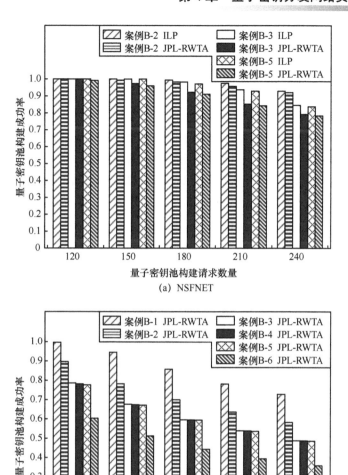

(a) NSFNET

(b) USNET

图 4-11 不同网络拓扑以及子问题 B 不同案例下量子密钥池构建成功率

当时隙分配均匀时，由图 4-10（b）和图 4-11（b）可以看出，N_r 的增加将导致量子密钥池构建资源利用率的提升和构建成功率的降低，这是由全网总密钥/时隙需求增加造成的。而针对非均匀密钥/时隙需求，更多不同 N_r 值的使用将略微降低量子密钥池构建资源利用率和提升量子密钥池构建成功率。其原因在于，与均匀时隙分配相比，采用非均匀时隙分配可以提升具有较小 N_r 值的量子密钥池成功构建的概率，且具有较小 N_r 值的量子密钥池占用的资源量低于具有较大 N_r 值的量子密钥池。

（3）时隙连续/离散量子密钥池构建案例分析

图 4-12 和图 4-13 分别所示为两种量子密钥池构建策略在不同网络拓扑以及子问题 C 不同案例下的量子密钥池构建资源利用率和构建成功率。从图 4-12 和图 4-13 中也可以发现一些与子问题 B 中案例相同的现象。例如，如图 4-12（a）和图 4-13（a）所示，随着量子密钥池构建请求数量的增多，量子密钥池构建资源利用率逐渐提升、构建成功率逐渐降低；当所有量子密钥池构建请求都成功分配到所需的密钥/时隙资源时，JPL-RWTA 算法的量子密钥池构建资源利用率和成功率与 ILP 模型相同；当量子密钥池构建请求数量较多时，JPL-RWTA 算法的量子密钥池构建资源利用率和构建成功率低于 ILP 模型。上文已经讨论了产生这些现象的原因。

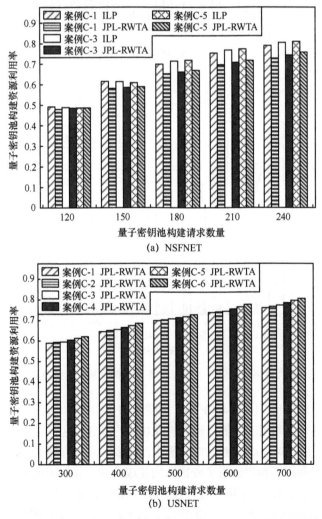

图 4-12　不同网络拓扑以及子问题 C 不同案例下量子密钥池构建资源利用率

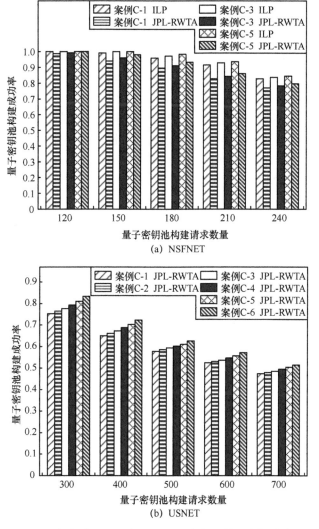

图 4-13　不同网络拓扑以及子问题 C 不同案例下量子密钥池构建成功率

　　而且，量子密钥池构建资源利用率和构建成功率随着时隙连续与时隙离散量子密钥池构建请求的比例变化而变化。当量子密钥池构建请求数较少时（如请求数量为 120 和 150），ILP 模型的量子密钥池构建资源利用率随着时隙连续与时隙离散量子密钥池构建请求的比例减小而降低；而当量子密钥池构建请求数量较多时（如请求数为 180、210 和 240），ILP 模型的量子密钥池构建资源利用率随着比例减小而提升。其原因在于，当量子密钥池构建请求数量较少时，大多数量子密钥池构建请求可以成功分配到所需的密钥/时隙资源，且时隙连续量子密钥池构建请求占用的资源量可能大于时隙离散量子密钥池构建请求；当量子密钥池构建请求数量增多时，部分量子密钥池构建请求会发生阻塞导致失败。此外，JPL-RWTA 算法的量子密钥池构建资源利用率和构建成功率随着时隙连续与时隙离散量子密钥池构建请求比例的减小而提升。其原因在于，时隙离散量子密钥池构建请求不需要考虑时隙连续性约束，当时隙连续与时隙离散量子密钥池构建请求的比例减小时，时隙离散量子密钥池构建请求的数量也会增加。

量子密钥分发网络时间调度量子密钥池构建案例总结如下。

- ILP 模型在量子密钥池构建成功率方面比 JPL-RWTA 算法性能优越，但它需要更多的运算时间和资源来解决大规模问题。
- JPL-RWTA 算法中使用的 Dijkstra 算法对于选择最短量子密钥分发路径很有意义，它以降低量子密钥池构建成功率为代价节省密钥/时隙资源。
- 量子密钥池构建成功率和密钥消耗的灵活性之间存在着权衡关系，可以通过降低密钥消耗的灵活性来提升量子密钥池构建成功率。
- 量子密钥池构建成功率和时隙分配的均匀性之间存在着权衡关系，可以通过降低时隙分配的均匀性来提升量子密钥池构建成功率。
- 量子密钥池构建成功率和时隙连续与时隙离散量子密钥池构建请求的比例之间存在着权衡关系，可以通过减小时隙连续与时隙离散量子密钥池构建请求的比例来提升量子密钥池构建成功率。

🔍 4.3　量子密钥分发网络密钥资源按需分配技术

软件定义光网络基于 SDN 技术增加了光层的可编程性和灵活性，是光网络的重要发展趋势。SDN 技术可以在动态多样的网络场景中保持全局视角，有利于实现高效的光网络控制管理以及灵活的资源分配。传统光网络的数据信道面临窃听、干扰和拦截[1]等网络攻击问题。而伴随着 SDN 架构的使用，还出现了一些针对控制信道的网络攻击，如异常和入侵[25]等。因此，在软件定义光网络中，用于传输业务的数据信道和用于传输信令消息的控制信道都需要安全保障。本节针对典型的软件定义光网络场景介绍量子密钥分发网络密钥资源按需分配技术。量子密钥分发网络可以保障软件定义光网络架构的安全，用于加密业务和信令消息的密钥可以通过量子密钥分发获取，结合密钥资源按需分配技术进行密钥分配和更新可以实现密钥资源的高效利用。

4.3.1　量子密钥分发网络密钥资源按需分配架构

密钥按需分配被定义为依赖量子密钥池为安全请求及时按需分配密钥的技术，可以在量子密钥分发网络密钥资源按需分配架构上实现。量子密钥分发网络密钥资源按需分配架构如图 4-14 所示，该架构从上到下由 4 个逻辑层组成，即应用层、控制层、量子密钥分发层和光层。通过在量子密钥分发层构建量子密钥池，实现了量子密钥分发层与光层在逻辑层面的解耦。为了保障控制信道信令消息和数据信道业务的安全，在量子密钥分发层构建了两类量子密钥池，即 SDN 控制器与各节点之间的控制信道量子密钥池，以及任意两个节点之间的数据信道量子密钥池。SDN 控制器可以放置在任意一个节点处，也可以部署在独立的物理位置。量子密钥分发层和光层的元件由控制层的 SDN 控制器采用南向接口协议（如 OpenFlow 和 NETCONF 协议）进行控制，本节介绍的架构以 OpenFlow 协议为例实现南向接口。SDN 控制器具有可编程、灵活的集中式网络控制方式，可以作为控制层的有效实现技术。

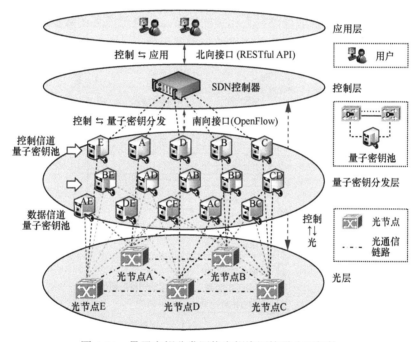

图 4-14　量子密钥分发网络密钥资源按需分配架构

　　量子密钥分发层和光层基于波分复用技术共享光网络的光纤资源。其中，量子密钥分发层配置所需波长资源实现量子密钥分发节点的相互连接，通过构建量子密钥池保障控制信道和数据信道的安全；光层具有光节点，并配置剩余波长资源实现业务加密传输。SDN 控制器负责全网的控制和管理，基于 OpenFlow 协议量子密钥池和光节点根据 SDN 控制器的指令进行不同的操作。具有不同安全需求的各种业务请求由应用层触发，并通过 RESTful API 与控制层交互，其中 RESTful API 用于实现北向接口。控制信道和数据信道根据其安全需求的不同可能需要不同的密钥量。该架构可以控制和管理量子密钥池对应的全网密钥资源，实现密钥按需分配策略，并能够适应动态、多样化的安全需求。

在量子密钥分发网络密钥资源按需分配架构中，4 个逻辑层间的跨层交互流程如图 4-15 所示，可以总结为以下 5 个步骤。

① SDN 控制器收到应用层用户发出的业务请求后，首先计算和选择业务请求源宿节点间的路径，并与所选路径上相关的量子密钥池和光节点进行 OpenFlow 握手。

② SDN 控制器配置控制信道量子密钥池，为 SDN 控制器与业务路径上每个节点之间控制信道传输的信令消息分配密钥。

③ SDN 控制器配置数据信道量子密钥池，为业务请求源宿光节点之间数据信道传输的业务分配密钥。

④ SDN 控制器配置业务路径上相关的光节点，进行业务的数据加密和传输。

⑤ SDN 控制器响应发出业务请求的应用层用户。

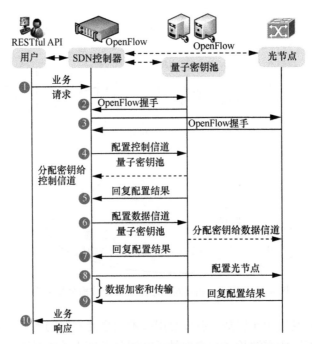

图 4-15　量子密钥分发网络密钥资源按需分配架构的跨层交互流程

4.3.2　量子密钥分发网络密钥资源按需分配机制

量子密钥分发网络密钥资源按需分配机制需要考虑适用于控制信道和数据信道的数据加密和密钥分配算法。在数据加密方面，OTP 算法具有信息论安全性，但是其要求密钥长度至少和明文等长。因此，OTP 算法在处理大量密钥和数据加密时需要消耗较长的执行时间和存储时间，导致其不适用于软件定义光网络中高速数据加密，尤其会影响数据信道的数据传输效率。针对高速数据加密比较切实可行的解决方案是采用 AES 算法，该算法能够以快速的执行时间和较少的密钥量完成海量数据加密，并且可以通过增加密钥长度实现抗量子计算攻击。AES 算法与量子密钥分发结合用于高速数据加密的可行性和高效性已在许多商用系统和网络中得到验证。AES 算法的输入和输出各由 128 bit 的序列组成，这些序列通常也被称为 "块"。AES 算法可以采用 128 bit、192 bit 或 256 bit 的密钥来对 128 bit 的数据块进行加密和解密。通过在光节点中嵌入数据加密/解密模块和密钥接收模块，可以实现密钥处理和通信。

针对 AES 算法，攻击者可能会窃听一定数量的密文来试图破解密钥，数据传输时间和数据量是影响攻击者破解密钥的两个重要因素。通过密钥更新可以降低密钥被破解的概率，其中，密钥更新周期表示密钥需要在双方之间进行更换的周期。因此，在利用 AES 算法进行控制信道和数据信道的数据加密时，密钥更新对于提升安全级别非常有效。而且，应当考虑攻击的时间复杂度（即密钥的最长可用时间）和数据复杂度（即密钥可加密的最大数据量）进行密钥更新。随着密钥长度的增加或密钥更新周期的减小，安全级别相应也会增加，根据密钥长度和密钥更新周期可以定性评估安全级别。

由于量子密钥池对应光节点中密钥资源是有限且宝贵的，在实现密钥按需分配时需要解决控制信道和数据信道的密钥分配问题。在软件定义光网络中，控制信道信令消息的数据传输速率量级通常是 kbit/s 或 Mbit/s，一般低于攻击的数据复杂度。因此，为了提升控制信道的安全性，对 SDN 控制器与业务光路上每个光节点之间的信令消息都进行密钥分配和密钥更新。沿着业务光路的每个光节点都应该由 SDN 控制器进行配置，信令消息将通过控制信道发送到每个光节点。根据控制信道的安全需求，控制信道量子密钥池可以为 SDN 控制器与光节点分配所需的密钥量，以保障控制信道信令消息的安全。于是，可以为 SDN 控制器与不同业务光路上每个光节点之间的控制信道分配不同的密钥量（表示为 $K_{x\text{-}y}$，其中 x 表示光节点编号、y 表示业务编号）。例如，面向控制信道信令消息的密钥分配和密钥更新示例如图 4-16 所示，$K_{A\text{-}1}$ 和 $K_{B\text{-}1}$ 分别分配给 SDN 控制器与业务 1 光路经过的光节点 A 和 B 之间的控制信道；$K_{A\text{-}2}$、$K_{B\text{-}2}$ 和 $K_{C\text{-}2}$ 分别分配给 SDN 控制器与业务 2 光路经过的光节点 A、B 和 C 之间的控制信道。

针对数据信道传输的业务，其所需密钥量与密钥长度和密钥更新周期有关。根据数据信道的安全需求，数据信道量子密钥池可以为业务源宿节点分配所需的密钥量，从而保障数据信道业务的安全。例如，图 4-17 所示为具有不同安全需求（包括密钥长度和密钥更新周期）的 3 个业务（分别表示为 r_1、r_2 和 r_3）示例。图 4-17（a）

和图 4-17（b）分别针对密钥更新考虑了攻击的时间复杂度（即密钥的最长可用时间，表示为 T_y）和数据复杂度（即密钥可加密的最大数据量，表示为 D_y），其中 y 为业务编号。3 个业务所需的密钥长度分别为 128 bit、192 bit 和 256 bit；所需的密钥更新周期分别为图 4-17（a）中 T_1、T_2 和 T_3（$T_1 < T_2 < T_3$），或图 4-17（b）中 D_1、D_2 和 D_3（$D_1 < D_2 < D_3$）。由图 4-17 可以看出，密钥长度较长和密钥更新周期较短的业务安全级别较高，需要为其分配更多的密钥进行数据加密。

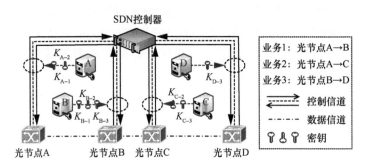

图 4-16　面向控制信道信令消息的密钥分配和密钥更新示例

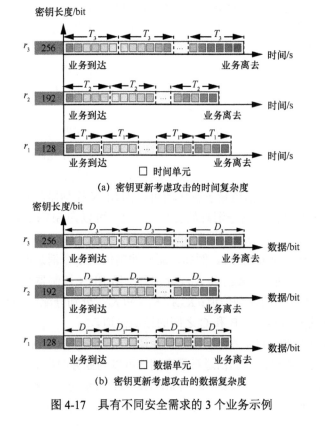

图 4-17　具有不同安全需求的 3 个业务示例

4.3.3　量子密钥分发网络密钥资源按需分配策略

量子密钥分发网络密钥资源按需分配机制可以基于密钥按需分配策略实现，在密钥按需分配策略中使用的数学符号定义如下。

- $G(V,E,W,Q_c,Q_d)$：网络拓扑，V 和 E 分别是节点和链路集合，节点 $v_n \in V$；W 是每条链路上为数据信道配置的波长集合；Q_c 和 Q_d 分别是控制信道和数据信道量子密钥池集合。
- N_c：控制信道量子密钥池对应 SDN 控制器与每个节点之间初始密钥存储量。
- $N_c^{v_n}$：控制信道量子密钥池对应 SDN 控制器与节点 v_n 之间实时密钥剩余量。
- N_d：数据信道量子密钥池对应两个节点之间初始密钥存储量。
- N_{sd}：数据信道量子密钥池对应节点 s 与 d 之间实时密钥剩余量。
- R：业务请求集合。
- $r(s_r,d_r,b_r,t_r,u_{l_i,T_k})$：一个业务请求（密钥更新考虑攻击的时间复杂度）。
- $r(s_r,d_r,b_r,t_r,u_{l_i,D_k})$：一个业务请求（密钥更新考虑攻击的数据复杂度）。
- s_r：业务请求 r 的源节点。
- d_r：业务请求 r 的宿节点。
- b_r：业务请求 r 的带宽需求。
- t_r：业务请求 r 的持续时间。
- h_r：业务请求 r 的路径跳数。
- u_{l_i,T_k}：业务请求 r 的安全需求（密钥更新考虑攻击的时间复杂度）。
- u_{l_i,D_k}：业务请求 r 的安全需求（密钥更新考虑攻击的数据复杂度）。
- l_i：3 种可选密钥长度（l_1、l_2 和 l_3 分别为 128 bit、192 bit 和 256 bit）。
- T_k：业务请求 r 的密钥更新周期（密钥更新考虑攻击的时间复杂度）。
- D_k：业务请求 r 的密钥更新周期（密钥更新考虑攻击的数据复杂度）。
- k：密钥更新周期类型（结合密钥长度安全级别类型可以表示为 $3k$）。
- ΔT：相邻密钥更新周期间隔（密钥更新考虑攻击的时间复杂度）。
- ΔD：相邻密钥更新周期间隔（密钥更新考虑攻击的数据复杂度）。

本节讨论的策略基于量子密钥池与网络业务具有一对多的关系，即一对节点之间只存在一个量子密钥池。因此，数据信道量子密钥池构建在每一对节点之间，而控制信道量子密钥池构建在每个节点与 SDN 控制器之间。数据信道和控制信道量子密钥池的数量都与网络节点数量有关，分别可以表示为 $|V|(|V|-1)/2$ 和 $|V|$。

通过数据信道传输的不同业务可能需要不同的密钥长度和密钥更新周期，因此，针对密钥更新考虑攻击的时间复杂度和数据复杂度的安全需求矩阵可以分别通过式（4-9）和式（4-10）表示。

$$\mathbf{SL}_T = \begin{bmatrix} u_{l_1,T_1} & u_{l_1,T_2} & \cdots & u_{l_1,T_k} \\ u_{l_2,T_1} & u_{l_2,T_2} & \cdots & u_{l_2,T_k} \\ u_{l_3,T_1} & u_{l_3,T_2} & \cdots & u_{l_3,T_k} \end{bmatrix} \tag{4-9}$$

$$\mathbf{SL}_D = \begin{bmatrix} u_{l_1,D_1} & u_{l_1,D_2} & \cdots & u_{l_1,D_k} \\ u_{l_2,D_1} & u_{l_2,D_2} & \cdots & u_{l_2,D_k} \\ u_{l_3,D_1} & u_{l_3,D_2} & \cdots & u_{l_3,D_k} \end{bmatrix} \tag{4-10}$$

对于控制信道传输的信令消息，密钥分配和密钥更新是面向 SDN 控制器与业务光路上每个节点之间的信令消息进行的。为保障业务请求 r 通过控制信道传输的信令消息的安全，该业务控制信道所需的密钥量可以表示为

$$N_{rc} = l_i(h_r + 1) \tag{4-11}$$

基于 AES 算法保障数据信道业务的安全，针对密钥更新考虑攻击的时间复杂度和数据复杂度，业务请求 r 数据信道所需的密钥量可以分别表示为

$$N_{rt} = \frac{l_i t_r}{T_k} \tag{4-12}$$

$$N_{rd} = \frac{l_i b_r t_r}{D_k} \tag{4-13}$$

为了实现面向控制信道和数据信道的密钥按需分配策略，需要设计路由、波长与密钥分配（Routing, Wavelength and Key Assignment，RWKA）算法。表 4-7 给出了该算法的具体流程，主要分为 3 个阶段：面向数据信道业务的路由和波长分配、面向控制信道的密钥分配（详见表 4-8）、面向数据信道的密钥分配（详见表 4-9）。其中，控制信道的信令消息通常采用 IP 路由的方式逐跳转发，控制信道会占用 IP 信道而非光信道，因此不需为其进行路由和波长分配。在面向数据信道业务的密钥分配中，针对两种情况进行密钥更新，即攻击的时间复杂度和数据复杂度。同时，在路由和波长分配阶段中，路由计算采用 K 条最短路径算法，并且基于首次命中算法将为数据信道配置的波长分配给业务，以便业务使用分配到的波长建立光路。业务的安全需求可以由式（4-9）和式（4-10）中定义的密钥长度和密钥更新周期来表示。每个业务对应的控制信道和数据信道所需的密钥量可以

根据式（4-11）～式（4-13）计算。为了满足业务的安全需求，针对成功完成路由和波长分配的业务分别进行控制信道和数据信道的密钥分配，基于首次命中算法为相应的控制信道和数据信道分配密钥。密钥以比特（bit）为单位存储在量子密钥池对应节点中，且不能重复使用，因此首次命中算法可以提供良好的密钥分配性能。

表 4-7　路由、波长与密钥分配算法

输入	$G(V,E,W,Q_c,Q_d)$, R, N_c, N_d, $\mathbf{SL}_T$, $\mathbf{SL}_D$
输出	每个业务路由和波长分配方案、每个业务控制信道和数据信道密钥分配方案
1	**for** 每个业务请求 r　**do**
2	基于 K 条最短路径算法计算业务请求源宿节点间的 K 条备选路径；
3	**for** 每条计算出的备选路径 P_r　**do**
4	查找路径上数据信道的可用波长资源集合 $W(P_r)$；
5	**if** $W(P_r) \neq \varnothing$　**then**
6	基于首次命中算法选择可用波长资源；
7	更新链路波长资源状态；
8	**break**；
9	**else**
10	**continue**；
11	**end if**
12	**end for**
13	**if** 计算出的 K 条备选路径都没有数据信道可用的波长资源　**then**
14	业务请求阻塞；
15	**end if**
16	调用面向控制信道的密钥分配算法；
17	调用面向数据信道的密钥分配算法；
18	**end for**

表 4-8　面向控制信道的密钥分配算法

1	**for** 业务路径上的每个节点 v_n　**do**
2	**if** $l_i \leqslant N_c^{v_n}$（可以满足安全需求）　**then**
3	基于首次命中算法从控制信道量子密钥池对应节点选择 l_i bit 密钥；
4	更新控制信道量子密钥池对应节点剩余密钥量 $N_c^{v_n}$；
5	**else**
6	无法满足业务安全需求导致该业务的控制信道不安全；
7	**break**；
8	**end if**
9	**end for**

表 4-9　面向数据信道的密钥分配算法

1	**if** $u_{l_i,T_k} \in \mathbf{SL}_T$ 且 $u_{l_i,D_k} = \mathrm{NULL}$　**then**
2	计算该业务数据信道所需密钥量 N_{rt} ;
3	**if** $N_{\mathrm{rt}} \leqslant N_{\mathrm{sd}}$ （可以满足安全需求）　**then**
4	基于首次命中算法从数据信道量子密钥池对应节点选择 N_{rt} bit 密钥;
5	更新数据信道量子密钥池对应节点剩余密钥量 N_{sd} ;
6	**else**
7	无法满足业务安全需求导致该业务的数据信道不安全;
8	**end if**
9	**end if**
10	**if** $u_{l_i,D_k} \in \mathbf{SL}_D$ 且 $u_{l_i,T_k} = \mathrm{NULL}$　**then**
11	计算该业务数据信道所需密钥量 N_{rd} ;
12	**if** $N_{\mathrm{rd}} \leqslant N_{\mathrm{sd}}$ （可以满足安全需求）　**then**
13	基于首次命中算法从数据信道量子密钥池对应节点选择 N_{rd} bit 密钥;
14	更新数据信道量子密钥池对应节点剩余密钥量 N_{sd} ;
15	**else**
16	无法满足业务安全需求导致该业务的数据信道不安全;
17	**end if**
18	**end if**

除了网络仿真常用的阻塞率（表示为 BP）指标以外，本节还定义了两个安全率指标来评估控制信道和数据信道的安全增益，包括控制信道安全率和数据信道安全率。控制信道安全率定义如下。

$$\mathrm{SP_c} = \frac{S_c}{B_u} \tag{4-14}$$

其中，S_c 和 B_u 分别表示成功分配到安全控制信道的业务数和未阻塞业务总数。数据信道安全率定义如下。

$$\mathrm{SP_d} = \frac{S_d}{S_c} \tag{4-15}$$

其中，S_d 表示成功分配到安全数据信道的业务数。根据式（4-14）和式（4-15），控制信道安全率和数据信道安全率都容易受到阻塞率的影响。

4.3.4　量子密钥分发网络密钥资源按需分配案例

为了评估 RWKA 算法在量子密钥分发网络密钥资源按需分配方面的性能，本节的案例分析选择了图 4-7（a）所示的 NSFNET 拓扑。该拓扑具有 14 个节点和

21 条链路，在每条链路上配置 40 个波长。当为量子密钥分发配置的波长数增加时，软件定义光网络自身的运行效率会降低。其原因在于，单根光纤中波长资源是有限的，软件定义光网络中大部分波长需要用来承载大量具有不同安全需求的业务。因此，软件定义光网络中只能配置有限的波长资源用于量子密钥分发。在下文的案例中，配置两个波长分别用作量子密钥分发的量子信道和同步信道，量子密钥分发的协商信道与业务的数据信道共享剩余波长资源。控制信道和数据信道量子密钥池基于时间调度机制完成构建。在 NSFNET 拓扑中，控制信道和数据信道量子密钥池的数量分别为 14 和(14−1)×14/2=91。假设每个控制信道量子密钥池对应节点的初始密钥存储量相同，每个数据信道量子密钥池对应节点的初始密钥存储量也相同。在案例分析中，50 000 个具有不同安全需求的业务请求服从泊松分布动态到达，每个业务请求的带宽需求均匀分布在 1 Gbit/s 与 100 Gbit/s 之间。同时，为 SDN 控制器与业务光路上每个节点之间的信令消息进行 256 bit 的密钥分配和密钥更新。在 K 条最短路径算法中设置 K 值为 3，从而可以为每个业务提供 3 条备选光路。为了简化分析，设置密钥的单位为 128 bit。例如，当密钥量表示为 1 000 时，量子密钥池对应节点存储的实际密钥量为 128 000 bit。

（1）控制信道安全率分析

图 4-18（a）所示为在未阻塞场景下，控制信道量子密钥池对应节点提供不同的初始密钥存储量时，控制信道安全率的变化情况。当负载增大时，控制信道安全率保持不变，这是因为 S_c 和 B_u 没有发生改变。但是，控制信道安全率会随着 N_c 的增加而提升。其原因在于，为控制信道提供更多的密钥量将会增加成功分配到安全控制信道的业务数 S_c，不过也造成了控制信道量子密钥池构建时延的增加。当 N_c 的值为 2 500 时，所有业务都可以成功分配到安全控制信道。

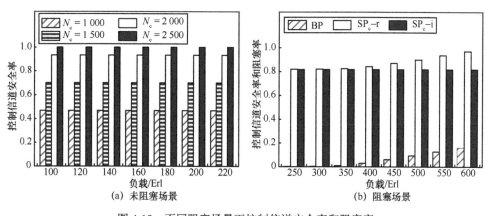

图 4-18　不同阻塞场景下控制信道安全率和阻塞率

图 4-18（b）比较了在阻塞场景下，N_c 值为 1 750 时的实控制信道安全率和虚控

制信道安全率。其中，实控制信道安全率用 SP_c-r 表示，代表真实阻塞情况下的控制信道安全率；虚控制信道安全率用 SP_c-i 表示，代表阻塞率保持为 0 时的控制信道安全率。由图 4-18（b）可以看出，实控制信道安全率随着阻塞率的增加而提升，这是由 B_u 减小造成的。因此，面向控制信道的密钥分配算法可以实现控制信道的密钥按需分配。为了提升控制信道安全率，并满足所有业务控制信道的安全需求，应为控制信道提供更多的密钥量并保持较低的阻塞率。

（2）数据信道安全率分析

从不同初始密钥存储量 N_d 的角度，图 4-19（a）和图 4-19（b）分别所示为在控制信道安全及未阻塞场景下，数据信道安全率变化情况的两个案例。案例 A 和 B 中针对密钥更新分别考虑了攻击的时间复杂度和数据复杂度，其中，案例 A 中 ΔT 和 k 分别固定为 50 s 和 10；案例 B 中 ΔD 和 k 分别固定为 1.5 Tbit 和 10。从图 4-19 中可以看出，数据信道安全率随着负载的增大或 N_d 的减小而降低。其原因在于，负载的增大会提升业务请求的到达率或降低业务请求的离去率，这将造成全网密钥需求的增加。同时，为数据信道提供更少的密钥量将会减少成功分配到安全数据信道的业务数 S_d。不过，增加 N_d 容易造成数据信道量子密钥池构建时延的增加。为了不牺牲时延而增加密钥量，可以部署更多的量子密钥分发元件，但是会增加数据信道量子密钥池的构建成本。当负载为 100～140 Erl（厄兰）时，在案例 A 中 N_d 为 1 200 以及案例 B 中 N_d 为 1 600 的情况下，所有业务的安全性都可以得到保障。因此，为了提升数据信道安全率，可以为数据信道提供更多的密钥量或降低负载，以满足所有业务数据信道的安全需求。

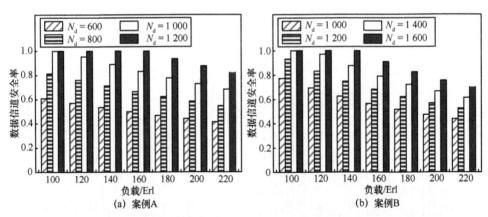

图 4-19　在控制信道安全及未阻塞场景下，数据信道安全率变化情况的两个案例

从不同密钥更新周期间隔 ΔT 或 ΔD 的角度，图 4-20（a）和图 4-20（b）分别所示为在控制信道安全及未阻塞场景下，数据信道安全率变化情况的两个案例。案例 C 和 D 中针对密钥更新分别考虑了攻击的时间复杂度和数据复杂度，其中，

案例 C 中 N_d 和 k 分别固定为 900 和 10; 案例 D 中 N_d 和 k 分别固定为 1 200 和 10。当负载为 100～140 Erl 时, 在案例 C 中 ΔT 为 100 s 以及案例 D 中 ΔD 为 2.5 Tbit 的情况下, 所有业务的安全性都可以得到保障。由图 4-20 可以看出, 当密钥更新周期间隔变小时, 数据信道安全率随之降低, 这是因为业务将需要更多的密钥进行密钥更新。于是, 当 N_d 不变时, 缩短密钥更新周期的代价是数据信道安全率降低, 为了补偿数据信道安全率的降低可以为数据信道提供更多的密钥量。同时, 业务的安全级别随着密钥更新周期间隔变小而提升, 这是由密钥更换频率增加造成的。因此, 在数据信道安全率与业务安全级别之间存在着权衡关系, 可以通过降低业务安全级别为代价提升数据信道安全率, 但需要满足数据信道业务的安全需求。

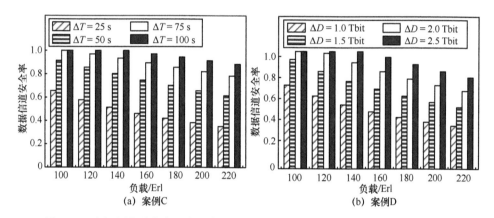

图 4-20　在控制信道安全及未阻塞场景下, 数据信道安全率变化情况的两个案例

从不同密钥更新周期类型 k 的角度, 图 4-21 (a) 和图 4-21 (b) 分别所示为在控制信道安全及未阻塞场景下, 数据信道安全率变化情况的两个案例。案例 E 和 F 中针对密钥更新分别考虑了攻击的时间复杂度和数据复杂度, 其中, 案例 E 中 N_d 和 ΔT 分别固定为 900 和 50 s; 案例 F 中 N_d 和 ΔD 分别固定为 1 200 和 1.5 Tbit。例如, 当 k 为 4 时, 案例 E 和 F 中密钥更新周期集合分别是 {200, 250, 300, 350} s 和 {6.0, 7.5, 9.0, 10.5} Tbit; 而当 k 为 10 时, 案例 E 和 F 中密钥更新周期集合分别是 {50, 100, 150, 200, 250, 300, 350, 400, 450, 500} s 和 {1.5, 3.0, 4.5, 6.0, 7.5, 9.0, 10.5, 12.0, 13.5, 15.0} Tbit, 保证了案例 E 和 F 中平均密钥更新周期分别固定为 275 s 和 8.25 Tbit。当负载为 100～120 Erl 时, 在 k 为 4～6 的情况下, 所有业务的安全性都可以得到保障。k 的增加可以导致数据信道安全率的降低, 这说明当密钥更新周期类型增加时需要补充更多的密钥。因此, 在数据信道安全率与密钥更新周期类型之间存在着权衡关系, 可以通过减少密钥更新周期类型为代价提升数据信道安全率。

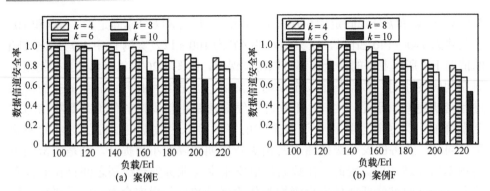

图 4-21　在控制信道安全及未阻塞场景下，数据信道安全率变化情况的两个案例

（3）数据信道和控制信道安全率综合分析

根据数据信道安全率的定义，它可能会受到阻塞率和控制信道安全率的影响。为了评估数据信道安全率受影响的程度，图 4-22～图 4-24 分别所示为不同阻塞率和控制信道安全率情况下数据信道安全率的结果。案例 G 和案例 H 中针对密钥更新分别考虑了攻击的时间复杂度和数据复杂度，其中，案例 G 中 N_c、N_d、ΔT 和 k 分别固定为 1 750、900、50 s 和 10；案例 H 中 N_c、N_d、ΔD 和 k 分别固定为 1 750、1 200、1.5 Tbit 和 10。

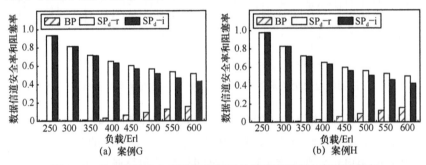

图 4-22　控制信道安全及阻塞场景下的数据信道安全率和阻塞率

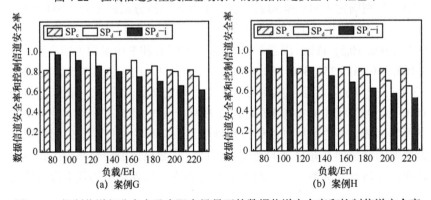

图 4-23　控制信道部分安全及未阻塞场景下的数据信道安全率和控制信道安全率

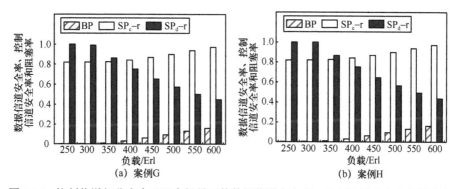

图 4-24　控制信道部分安全及阻塞场景下的数据信道安全率、控制信道安全率和阻塞率

图 4-22（a）和图 4-22（b）分别所示为控制信道安全及阻塞场景下的数据信道安全率和阻塞率。其中，实数据信道安全率用 SP_d–r 表示，代表真实阻塞情况下的数据信道安全率；虚数据信道安全率用 SP_d–i 表示，代表阻塞率保持为 0 时的数据信道安全率。实数据信道安全率随着阻塞率的增加而提升，这是由 B_u 减小造成的。

图 4-23（a）和图 4-23（b）分别所示为控制信道部分安全及未阻塞场景下的数据信道安全率和控制信道安全率。其中，实数据信道安全率 SP_d–r 代表真实控制信道安全率情况下的数据信道安全率；虚数据信道安全率 SP_d–i 代表控制信道安全率保持为 1 时的数据信道安全率。随着控制信道安全率的降低，实数据信道安全率逐渐提升，这是由 S_c 减小造成的。

图 4-24（a）和图 4-24（b）分别所示为控制信道部分安全及阻塞场景下的数据信道安全率、控制信道安全率和阻塞率。从图 4-24 中可以看出，数据信道安全率容易受阻塞率和控制信道安全率的影响。其原因在于，阻塞率可以影响未阻塞的业务数 B_u，而控制信道安全率可以影响成功分配到安全控制信道的业务数 S_c。因此，为了保障软件定义光网络中所有业务数据信道的安全，面向数据信道的密钥分配算法可以实现数据信道的密钥按需分配。由图 4-24 还可以看出，案例 G 和案例 H 中数据信道安全率在一些情况下结果大致相同，所以通过调整不同密钥更新方法（如考虑攻击的时间复杂度和数据复杂度）的参数可以实现相似的安全性能。

量子密钥分发网络密钥资源按需分配案例总结如下。

- RWKA 算法可以实现高效的密钥资源按需分配，有利于获得业务密钥需求和网络密钥资源之间的均衡。
- 通过为控制信道或数据信道提供更多的密钥量，可以提升控制信道或数据信道安全率，代价是增加了控制信道或数据信道量子密钥池的构建时延和成本。

- 数据信道安全率分别与业务安全级别、密钥更新周期类型和负载之间存在着权衡关系，可以通过降低业务安全级别、减少密钥更新周期类型或减小负载来提升数据信道安全率。
- 控制信道安全率容易受阻塞率的影响，而数据信道安全率容易受阻塞率和控制信道安全率的影响。
- 通过调整不同密钥更新方法的参数可以实现相似的安全性能。

🔍 4.4　本章小结

本章对量子密钥分发网络资源调控技术进行了具体介绍，首先从量子密钥分发网络资源调控需求出发，分析了量子密钥分发网络资源调控的技术背景和发展现状。量子密钥分发网络物理层共纤传输和信道资源调控技术的发展是推动量子密钥分发网络实用化的重要基础，同时也使量子密钥分发网络资源调控在网络层面临诸多挑战。本章从网络层资源调控角度出发重点讨论了量子密钥分发网络时间调度量子密钥池构建技术和密钥资源按需分配技术。在网络层资源调度方面，高效的时间调度量子密钥池构建技术可以节省密钥/时隙资源和提升量子密钥池构建成功率；在网络层资源分配方面，动态的密钥资源按需分配技术可以获得业务密钥需求和网络密钥资源之间的均衡。同时，量子密钥分发网络资源调控技术仍需要进一步的研究，如考虑混合信道、跨层密钥池、密钥资源虚拟化等因素探索量子密钥分发网络资源调控的新方案。

参 考 文 献

[1] SKORIN-KAPOV N, FURDEK M, ZSIGMOND S, et al. Physical-layer security in evolving optical networks[J]. IEEE Communications Magazine, 2016, 54(8): 110-117.

[2] TOWNSEND P D. Simultaneous quantum cryptographic key distribution and conventional data transmission over installed fibre using wavelength-division multiplexing[J]. Electronics Letters, 1997, 33(3): 188-190.

[3] CHOI I, YOUNG R J, TOWNSEND P D. Quantum information to the home[J]. New Journal of Physics, 2011, 13(6).

[4] YU N, DONG Z, WANG J, et al. Impact of spontaneous Raman scattering on quantum channel wavelength-multiplexed with classical channel in time domain[J]. Chinese Optics Letters, 2014, 12(10): 102703.

[5]　XAVIER G B, LIMA G. Quantum information processing with space-division multiplexing optical fibres[J]. Communications Physics, 2020, 3: 9.

[6]　BAHRAMI A, LORD A, SPILLER T. Quantum key distribution integration with optical dense wavelength division multiplexing: a review[J]. IET Quantum Communication, 2020, 1(1): 9-15.

[7]　KAWAHARA H, MEDHIPOUR A, INOUE K. Effect of spontaneous Raman scattering on quantum channel wavelength-multiplexed with classical channel[J]. Optics Communications, 2011, 284(2): 691-696.

[8]　SILVA T F D, XAVIER G B, TEMPORÃO G P, et al. Impact of Raman scattered noise from multiple telecom channels on fiber-optic quantum key distribution systems[J]. Journal of Lightwave Technology, 2014, 32(13): 2332-2339.

[9]　FRÖHLICH B, DYNES J F, LUCAMARINI M, et al. Quantum secured gigabit optical access networks[J]. Scientific Reports, 2015, 5.

[10] SUN Y, LU Y, NIU J, et al. Reduction of FWM noise in WDM-based QKD systems using interleaved and unequally spaced channels[J]. Chinese Optics Letters, 2016, 14(6).

[11] NIU J N, SUN Y M, CAI C, et al. Optimized channel allocation scheme for jointly reducing four-wave mixing and Raman scattering in the DWDM-QKD system[J]. Applied Optics, 2018, 57(27): 7987-7996.

[12] TANAKA A, FUJIWARA M, NAM S W, et al. Ultra fast quantum key distribution over a 97 km installed telecom fiber with wavelength division multiplexing clock synchronization[J]. Optics Express, 2008, 16(15): 11354-11360.

[13] CHOI I, ZHOU Y R, DYNES J F, et al. Field trial of a quantum secured 10 Gbit/s DWDM transmission system over a single installed fiber[J]. Optics Express, 2014, 22(19): 23121-23128.

[14] HUANG D, HUANG P, LI H, et al. Field demonstration of a continuous-variable quantum key distribution network[J]. Optics Letters, 2016, 41(15): 3511-3514.

[15] MAO Y, WANG B X, ZHAO C, et al. Integrating quantum key distribution with classical communications in backbone fiber network[J]. Optics Express, 2018, 26(5): 6010-6020.

[16] DYNES J F, WONFOR A, TAM W W S, et al. Cambridge quantum network[J]. npj Quantum Information, 2019, 5: 101.

[17] AGUADO A, LÓPEZ V, LÓPEZ D, et al. The engineering of software-defined quantum key distribution networks[J]. IEEE Communications Magazine, 2019, 57(7): 20-26.

[18] TESSINARI R S, BRAVALHERI A, HUGUES-SALAS E, et al. Field trial of dynamic DV-QKD networking in the SDN-controlled fully-meshed optical metro network of the Bristol city 5GUK test network[C]//45th European Conference on Optical Communication. Piscataway: IEEE Press, 2019.

[19] WONFOR A, WHITE C, BAHRAMI A, et al. Field trial of multi-node, coherent-one-way quantum key distribution with encrypted 5x100G DWDM transmission system[C]//45th European Conference on Optical Communication. Piscataway: IEEE Press, 2019.

[20] DYNES J F, TAM W W S, PLEWS A, et al. Ultra-high bandwidth quantum secured data transmission[J]. Scientific Reports, 2016, 6: 35149.

[21] BOARON A, BOSO G, RUSCA D, et al. Secure quantum key distribution over 421 km of optical fiber[J]. Physical Review Letters, 2018, 121(19).

[22] CAO Y, ZHAO Y, COLMAN-MEIXNER C, et al. Key on demand (KoD) for software-defined optical networks secured by quantum key distribution (QKD)[J]. Optics Express, 2017, 25(22): 26453-26467.

[23] CAO Y, ZHAO Y, WU Y, et al. Time-scheduled quantum key distribution (QKD) over WDM networks[J]. Journal of Lightwave Technology, 2018, 36(16): 3382-3395.

[24] HUGUES-SALAS E, NTAVOU F, GKOUNIS D, et al. Monitoring and physical-layer attack mitigation in SDN-controlled quantum key distribution networks[J]. Journal of Optical Communications and Networking, 2019, 11(2): A209-A218.

[25] SCOTT-HAYWARD S, O'CALLAGHAN G, SEZER S. SDN security: a survey[C]//IEEE SDN for Future Networks and Services. Piscataway: IEEE Press, 2013.

第5章
量子密钥分发网络中继部署技术

中继部署是影响实际建网性能和成本的量子密钥分发网络关键技术。量子密钥分发网络的实现涉及基于光交换、可信中继、不可信中继和量子中继 4 种方式。光交换技术利用经典光学功能实现量子信道的切换,但由于量子信号的衰减导致其可实现的量子密钥分发距离有限,只适用于接入网和小型城域网等小规模网络。量子态的不可克隆特性导致量子信号不能被放大,因此需要借助中继来实现节点间的长距离量子密钥分发。中继的不同类型、数量、位置以及中继包含的不同物理设备等都会对量子密钥分发实际建网性能和成本产生影响。

🔍 5.1 量子密钥分发网络中继部署需求

中继部署情况在很大程度上决定了量子密钥分发网络的性能和成本,现有量子密钥分发网络主要采用堆叠部署的方式来满足量子密钥分发节点间的密钥生成率需求。高效的中继部署机制有利于使量子密钥分发节点间密钥生成率达到最优水平,同时降低中继部署的难度和成本,解决现有量子密钥分发网络中继部署成本高、效率低等问题。

5.1.1 量子密钥分发网络中继部署技术背景

在现有光网络基础设施上实现量子密钥分发组网可以大幅度降低量子密钥分发链路的成本及铺设难度。尽管如此,中继部署的难度和成本仍被视为大规模量子密钥分发网络部署的主要障碍。量子密钥分发网络应当部署若干个对应用户端点的量子密钥分发节点,同时由于量子信号不能被放大,需要部署中继来延长量子密钥分发距离。量子密钥分发节点和中继共同组成了量子密钥分发链。量子密钥分发节点之间会根据量子密钥分发链请求以一定的密钥生成率共享密钥,因此量子密钥分发节点一般都应当是可信节点。中继包括可信中继、不可信中继和量子中继 3 种类型。其中，可实用化的量子中继尚未实现，导致量子中继目前仍然无法在现网部署。

在实际应用中，长距离量子密钥分发可以基于可信中继技术实现[1-2]。其中，可信中继放置在两个量子密钥分发节点之间，通过连接多条量子密钥分发链路组成一维可信中继链。本地密钥存储在可信中继中，并以逐跳方式转发，从而在量子密钥分发节点之间建立全局密钥。需要注意的是，基于可信中继的量子密钥分发网络的所有中继节点都假定是可信的。因此，可信中继构成了现实中量子密钥分发网络的安全薄弱点。同时，安全薄弱点也成为量子密钥分发网络需要重点采取安全防御措施的节点。由于可信中继技术不受量子密钥分发距离和协议的限制，已在现实部署的量子密钥分发网络中得到了广泛应用。

另一种具有实际应用前景的中继技术是不可信中继技术。基于不可信中继的量子密钥分发网络需要采用特定的量子密钥分发协议，如 MDI 协议[3]。MDI 协议基于不可信中继可以有效延长量子密钥分发距离，同时弥补量子密钥分发系统接收端漏洞。不可信中继比可信中继具有更高的安全性，因为它不依赖于任何安全性假设，甚至允许窃听者访问中继而不会对量子密钥分发的安全性造成影响。目前，新型 MDI 协议（如 TF 协议[4]和 PM 协议[5]）已经实现了超过 500 km 的长距离量子密钥分发[6-7]，且 MDI 量子密钥分发城域网已完成现场测试与验证[8]。不过，不可信中继无法像可信中继一样将量子密钥分发扩展到任意距离，其可用距离和协议均受到限制。因此，在进行大规模光纤量子密钥分发网络部署时，通常需要将不可信中继与可信中继协同部署，这种结合可信中继与不可信中继组成的量子密钥分发网络称为基于混合中继的量子密钥分发网络。与基于可信中继的量子密钥分发网络相比，由于减少了可信中继的数量，在实际应用中基于混合中继的量子密钥分发网络可以具有更高的安全级别。

基于不同中继的量子密钥分发网络可能具有不同的结构，且中继的不同类型、数量和位置等都会导致不同的量子密钥分发网络性能和成本。因此，在满足全网量子密钥分发节点间密钥生成率性能要求的同时，实现最优的中继部署有利于降低量子密钥分发组网成本和提高量子密钥分发组网效率。

5.1.2 量子密钥分发网络中继技术发展现状

1998 年，Briegel 等[9]首先提出了量子中继的概念，它可以在不直接测量量子态的条件下实现量子信息的有效恢复。2015 年以前，研究人员普遍认为量子中继的实现需要苛刻的物质量子存储器[10]或物质量子比特[11]。然而，在 2015 年，这一观点随着全光量子中继[12]的提出而被打破，这是因为全光量子中继仅用光学器件就可以实现中继功能。近年来，随着量子密钥分发网络和量子通信技术的发展，量子中继吸引了越来越多的关注，并得到了广泛研究。Kimble[13]和 Sangouard 等[14]分别对量子中继的技术发展进行了详细阐述。尽管如此，量子中继网络技术仍处于基础研究水平，且能够在量子密钥分发网络中部署的实用化量子中继尚未实现。

在量子中继尚未实用化的背景下，为了提高量子密钥分发系统密钥生成率并延长距离，我们可以发明无量子中继方案来突破量子密钥分发的基本速率–距离极限。该极限定义了量子密钥分发在给定距离下可实现的最大密钥生成率，可以由量子信道的安全密钥容量来量化[15]。2018 年，Lucamarini 等[4]首次提出了 TF 协议，在不使用量子中继的条件下，突破了量子信道的点到点安全密钥容量。随后，Minder 等[16]通过实验演示了 TF 协议在高信道损耗场景下的应用，为突破无量子中继的安全密钥容量提供了实验依据。除了 TF 协议，Ma 等[5]提出了一种超越线性速率–传输边界（即密钥生成率随着信道传输效率的下降而线性减小）的 PM 协议。TF 协议和 PM 协议都是新型 MDI 协议，需要借助不可信中继延长量子密钥分发的距离。截至 2020 年，PM 协议和 TF 协议可实现的最远量子密钥分发距离分别为 502 km[6]和 509 km[7]。其中，509 km 也是当时光纤量子密钥分发系统实验可实现的最远距离。基于不可信中继的特定量子密钥分发协议无法将量子密钥分发扩展到任意距离，因此大规模量子密钥分发组网仍会受到一定限制。

不使用量子中继，允许任意扩展量子密钥分发距离的方案是采用可信中继，可信中继技术广泛应用于现实部署的量子密钥分发网络。例如，目前光纤量子密钥分发骨干/广域网（如京沪干线量子密钥分发网络[1]）大多是基于可信中继的量子密钥分发网络。基于可信中继技术有利于推动大规模量子密钥分发组网的实用化，ITU-T Y.3803 标准"量子密钥分发网络密钥管理"具体讨论了基于可信中继的一些密钥中继可选方案。可信中继技术的优点是降低了长距离量子密钥分发组网的难度和复杂性，而其存在的不足之处则是任意一个可信中继都必须是可信赖的，因此需要重点针对可信中继采取物理隔离和安全防御等措施。

为了改进可信中继，2015 年，Stacey 等[17]提出了一种简化的可信中继方案，并对其安全性进行了具体分析。这种可信中继可以简化中继过程中的计算和通信开销，但代价是降低了密钥生成率。参考文献[18]借鉴网络编码的思想，提出了量子密钥分发网络弱可信中继的概念，从而减轻了对可信中继的依赖。2020 年，Zou 等[19]将 MDI 协议与可信中继技术相结合，描述了一种基于部分可信中继的量子密钥分发组网方案，并研究了该网络方案的协作路由技术。此外，基于纠缠的量子密钥分发技术具有建立免信任量子密钥分发链路的潜力[20]，但它仍然不够成熟，难以用于实际的量子密钥分发网络中。

随着量子密钥分发网络规模的扩大，中继部署问题成为量子密钥分发网络基础设施层面临的现实问题。从降低量子密钥分发网络部署成本和提高量子密钥分发组网效率出发，下文将具体介绍量子密钥分发实用化组网涉及的两种中继部署技术，即可信中继部署技术和混合中继部署技术。

5.2 量子密钥分发网络可信中继部署技术

可信中继具有可扩展性强和兼容性高的优点,可以与任意的量子密钥分发协议结合使用。尤其是可信中继的实用化难度和复杂度较低,其已在现实部署的量子密钥分发网络中广泛应用。通过在量子密钥分发节点之间部署多个可信中继,可以组成基于可信中继的量子密钥分发链,从而无限制地延长量子密钥分发距离。通过优化可信中继部署的数量、位置和不同物理设备等,有利于使量子密钥分发节点间密钥生成率达到最优水平,同时降低基于可信中继的量子密钥分发组网成本。

5.2.1 量子密钥分发网络可信中继基本结构

量子密钥分发网络的可信中继基本结构示例如图 5-1 所示。在量子密钥分发节点 A 与 D 之间通过放置两个可信中继(即可信中继 B 和 C)建立基于可信中继的量子密钥分发链。量子密钥分发发送端通过量子密钥分发链与量子密钥分发接收端连接,在量子密钥分发节点 A 与可信中继 B、可信中继 B 与 C、可信中继 C 与量子密钥分发节点 D 之间分别共享了安全密钥 K_A、K_B、K_C。其中,K_A、K_B 和 K_C 的密钥长度相同。

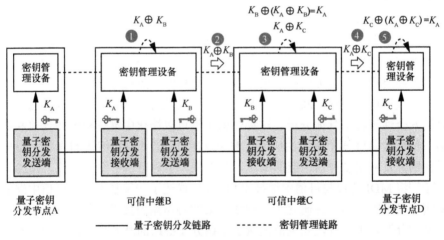

图 5-1 量子密钥分发网络的可信中继基本结构示例

为了实现量子密钥分发节点 A 与 D 之间的长距离量子密钥分发,可以进行以下 5 个步骤。

① 可信中继 B 利用密钥 K_B 对密钥 K_A 进行加密,得到密文 $K_A \oplus K_B$。

② 可信中继 B 将密文 $K_A \oplus K_B$ 发送给可信中继 C。

③ 可信中继 C 利用密钥 K_B 对密文 $K_A \oplus K_B$ 进行解密：$K_B \oplus (K_A \oplus K_B) = K_A$，得到密钥 K_A，然后可信中继 C 利用密钥 K_C 对密钥 K_A 进行加密，得到密文 $K_A \oplus K_C$。

④ 可信中继 C 将密文 $K_A \oplus K_C$ 发送给量子密钥分发节点 D。

⑤ 量子密钥分发节点 D 利用密钥 K_C 对密文 $K_A \oplus K_C$ 进行解密：$K_C \oplus (K_A \oplus K_C) = K_A$，得到密钥 K_A。

基于以上 5 个步骤，密钥 K_A 可以在量子密钥分发节点 A 与 D 之间共享。密钥加密和解密的过程采用 OTP 算法进行异或（$\oplus$）运算，从而保障了密钥中继过程中的信息论安全性。需要注意的是，基于可信中继的密钥中继具体实现过程不局限于上述步骤。例如，量子密钥分发节点 A 可以生成密钥 K_X，并将其与密钥 K_A 进行 OTP 加密后发送给可信中继 B；可信中继 B 利用密钥 K_A 解密出密钥 K_X，并将其与密钥 K_B 进行 OTP 加密后发送给可信中继 C；可信中继 C 利用密钥 K_B 解密出密钥 K_X，并将其与密钥 K_C 进行 OTP 加密后发送给量子密钥分发节点 D；最终，量子密钥分发节点 D 利用密钥 K_C 解密出密钥 K_X，使密钥 K_X 可以在量子密钥分发节点 A 与 D 之间共享。因此，两个量子密钥分发节点之间的长距离量子密钥分发可以通过放置若干个可信中继来实现。所有可信中继都必须是可信赖的，因为它们都得到了真正的安全密钥，例如，图 5-1 中可信中继 B 和 C 都得到了密钥 K_A。

利用现有光纤骨干网基础设施的光纤资源，可以降低量子密钥分发网络的部署难度和成本，促进量子密钥分发的实用化及大规模组网。图 5-2 所示为光纤骨干网上量子密钥分发可信中继部署的体系架构。该架构由两层组成，其中量子密钥分发层在光层之上实现基于可信中继的量子密钥分发链部署。

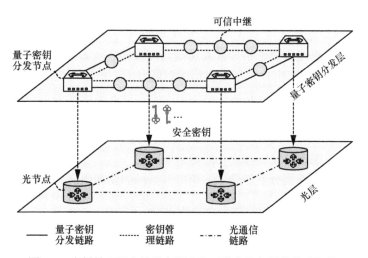

图 5-2 光纤骨干网上量子密钥分发可信中继部署的体系架构

光层上的光节点通过光通信链路相互连接。光纤放大器部署在光通信链路上，使光信号能够长距离传输。量子密钥分发层上的量子密钥分发节点通过量子密钥分发和密钥管理链路相互连接。可信中继部署在量子密钥分发和密钥管理链路上，从而实现长距离量子密钥分发。对于来自多个量子密钥分发用户之间的量子密钥分发链请求，每个量子密钥分发节点作为一个终端节点，而每个可信中继作为终端节点间的一个中继节点。量子密钥分发层上的每个量子密钥分发节点都与光层上对应的一个光节点位于相同位置，量子密钥分发节点通过短距接口连接其对应的光节点，短距接口用于在节点安全范围内进行密钥传递。通过将量子密钥分发节点间共享的密钥传递给光节点，可以增强光层安全性[21-22]。量子与经典信道共享光纤波长资源，借助波分复用器和解复用器进行量子密钥分发链路波长与密钥管理链路波长以及光通信链路波长的复用和解复用。同时，量子与经典信号共纤传输经过光纤放大器时可以采用光纤放大器旁路方案[23]。该方案允许量子信号借助特殊的复用器和解复用器绕过光纤放大器进行传输，有利于抑制光纤放大器的自发辐射噪声。

5.2.2 基于可信中继的量子密钥分发网络部署模型

可信中继的部署关系到量子密钥分发网络的部署成本。通过对量子密钥分发网络及其部署成本进行建模，可以规划可信中继部署的数量、位置和不同物理设备等。因此，本节描述了基于可信中继的量子密钥分发网络部署模型，该模型具体涉及网络模型和成本模型，其中使用的数学符号定义如下。

- $G(V,E)$：量子密钥分发网络/光纤骨干网拓扑，V 和 E 分别是节点集合和光纤链路集合，节点 $m,n \in V$，光纤链路 $(m,n) \in E$。
- $L_{m,n}$：节点 m 与 n 之间光纤链路的物理长度。
- W_{U}：每条光纤链路上为量子信道配置的波长集合。
- D：一对相连量子密钥分发发送端与接收端之间的物理距离。
- k：单条量子密钥分发链路上物理距离 D 对应的密钥生成率。
- R：全网量子密钥分发用户间的量子密钥分发链请求集合。
- $r(s_r,d_r,v_r)$：一个量子密钥分发链请求。
- s_r：量子密钥分发链请求 r 的源节点。
- d_r：量子密钥分发链请求 r 的宿节点。
- L_{s_r,d_r}：量子密钥分发链请求 r 源宿节点间的物理距离。
- v_r：量子密钥分发链请求 r 的密钥生成率需求。
- N_{U}^r：量子密钥分发链请求 r 所需的量子密钥分发收发端数量。
- N_{T}^r：量子密钥分发链请求 r 所需的可信中继数量。

- L_{Ch}^{r}：量子密钥分发链请求 r 所需量子和同步信道的总物理长度。
- N_{U}^{R}：量子密钥分发网络部署所需的量子密钥分发收发端总数。
- N_{T}^{R}：量子密钥分发网络部署所需的可信中继总数。
- L_{Ch}^{R}：量子密钥分发网络部署所需量子和同步信道的总物理长度。
- C_{U}：一对量子密钥分发发送端和接收端（量子密钥分发收发端）的成本。
- C_{B}：一个量子密钥分发节点的辅助设备成本。
- C_{T}：一个可信中继的辅助设备成本。
- C_{Ch}：光纤链路上每千米单波长信道的成本。
- C_{Total}^{R}：量子密钥分发网络的总部署成本。
- $Z_{(m,n),\lambda}^{r}$：布尔变量，如果量子密钥分发链请求 r 占用光纤链路 (m,n) 上的波长 λ，则该变量等于 1，否则等于 0。

（1）网络模型

根据光纤骨干网拓扑，将量子密钥分发网络建模为 $G(V, E)$，其中 V 和 E 分别表示节点集合和光纤链路集合。在一个节点的物理位置处，一个量子密钥分发节点对应一个光节点。每条光纤链路上为量子信道配置的波长集合表示为 W_{U}。为了降低实施光纤放大器旁路和可信中继部署的难度，本节将可信中继部署在与光纤放大器相同的物理位置处，从而能够避免使用特殊的复用器和解复用器来实施复杂的光纤放大器旁路方案。光纤骨干网的光纤链路上大约每隔 80 km 需要放置光纤放大器，因此一对相连量子密钥分发发送端与接收端之间的物理距离大致是固定的，可以表示为 D（约为 80 km）。根据量子密钥分发系统中密钥生成率与光纤链路长度的关系曲线[24]，可以得到单条量子密钥分发链路上物理距离 D 对应的密钥生成率（表示为 k）。

量子密钥分发网络部署应满足全网量子密钥分发用户间的网络性能需求，本节考虑的网络性能需求是密钥生成率需求。因此，将两个量子密钥分发用户之间的一个量子密钥分发链请求建模为 $r(s_r, d_r, v_r)$，其中，s_r 和 d_r 分别表示该量子密钥分发链请求的源宿节点，v_r 表示该量子密钥分发链请求的密钥生成率需求。全网量子密钥分发用户间的量子密钥分发链请求集合用 R 表示。当一个量子密钥分发链请求的密钥生成率需求 v_r 大于单条量子密钥分发链路上密钥生成率 k 时，需要部署多条平行的量子密钥分发链路来满足密钥生成率需求。

（2）成本模型

量子密钥分发网络的部署成本主要源于以下 3 个方面。

① 量子密钥分发发送端和接收端的成本：量子密钥分发发送端和接收端部署在量子密钥分发节点和可信中继中。一对量子密钥分发发送端和接收端（也可以称为量子密钥分发收发端）的成本用 C_{U} 表示。对于具有特定密钥生成率需求的量

子密钥分发链请求 r ，其所需的量子密钥分发收发端数量可以表示为

$$N_{\mathrm{U}}^{r} = \frac{v_r}{k} \left\lceil \frac{L_{s_r,d_r}}{D} \right\rceil \tag{5-1}$$

其中， L_{s_r,d_r} 是量子密钥分发链请求 r 源宿节点间的物理距离。于是，全网量子密钥分发用户间的所有量子密钥分发链请求所需的量子密钥分发收发端总数可以表示为

$$N_{\mathrm{U}}^{R} = \sum_{r \in R} N_{\mathrm{U}}^{r} \tag{5-2}$$

② 量子密钥分发节点和可信中继的辅助设备成本：本节考虑的量子密钥分发网络辅助设备包括密钥管理设备、复用器/解复用器以及安全基础设施等。其中，安全基础设施为量子密钥分发节点和可信中继提供有效的物理隔离和安全防御措施，保障量子密钥分发节点和可信中继的安全，使它们在面临入侵或攻击的情况下仍然能够可靠运行。量子密钥分发节点和可信中继的辅助设备是由多种网络元件组成的，假设每个量子密钥分发节点的辅助设备成本相同、每个可信中继的辅助设备成本也相同，可以将量子密钥分发节点和可信中继的辅助设备成本分别表示为 C_{B} 和 C_{T} 。结合网络模型，量子密钥分发网络中量子密钥分发节点总数为 $|V|$ 。并且，量子密钥分发链请求 r 所需的可信中继数量可以表示为

$$N_{\mathrm{T}}^{r} = \left\lceil \frac{L_{s_r,d_r}}{D} - 1 \right\rceil \tag{5-3}$$

于是，全网量子密钥分发用户间的所有量子密钥分发链请求所需的可信中继总数可以表示为

$$N_{\mathrm{T}}^{R} = \sum_{r \in R} N_{\mathrm{T}}^{r} \tag{5-4}$$

③ 量子密钥分发链路成本：量子密钥分发网络中需要使用量子密钥分发链路和密钥管理链路连接量子密钥分发节点，其中量子密钥分发链路包含量子信道、同步信道和协商信道。本节假设量子密钥分发链路的协商信道和密钥管理链路不需占用特定的波长信道，可以由光纤骨干网的数据信道实现。因此，量子密钥分发链路协商信道和密钥管理链路的成本不在本节考虑范围内。光纤链路上每千米单波长信道的成本用 C_{Ch} 表示。对于量子密钥分发链请求 r ，其所需的量子和同步信道的总物理长度可以表示为

$$L_{\mathrm{Ch}}^{r} = 2 \frac{v_r}{k} L_{s_r,d_r} \tag{5-5}$$

其中，系数 2 表示量子信道和同步信道具有一对一的关系，每个量子信道或同步信道都将占用光纤链路上一个特定的波长信道。于是，全网量子密钥分发用户间的所有量子密钥分发链请求所需量子和同步信道的总物理长度可以表示为

$$L_{\text{Ch}}^R = \sum_{r \in R} L_{\text{Ch}}^r \tag{5-6}$$

根据以上分析，为了满足全网量子密钥分发用户间的密钥生成率需求，基于可信中继的量子密钥分发网络成本模型可以表示为

$$C_{\text{Total}}^R = C_{\text{U}} N_{\text{U}}^R + C_{\text{B}} |V| + C_{\text{T}} N_{\text{T}}^R + C_{\text{Ch}} L_{\text{Ch}}^R \tag{5-7}$$

其中，量子密钥分发网络的总部署成本由 4 部分组成，包括所有量子密钥分发节点和可信中继的量子密钥分发收发端总成本、所有量子密钥分发节点的辅助设备总成本、所有可信中继的辅助设备总成本以及所有量子密钥分发链路的总成本。

5.2.3　基于可信中继的量子密钥分发网络部署策略

在网络模型和成本模型的基础上，通过设计基于可信中继的量子密钥分发网络部署策略，我们可以为可信中继选择最佳的部署路径并实现其最优部署，从而降低量子密钥分发网络部署成本。由于量子信道和同步信道具有一对一的关系，下面将不再具体讨论同步信道。基于可信中继的量子密钥分发网络部署策略包括 ILP 模型和启发式算法。

（1）ILP 模型

目标：

$$\text{Min} \sum_{r \in R} \sum_{(m,n) \in E} \sum_{\lambda \in W_{\text{U}}} C_{\text{U}} Z_{(m,n),\lambda}^r \left\lceil \frac{L_{m,n}}{D} \right\rceil + \sum_{r \in R} \sum_{(m,n) \in E} \sum_{\lambda \in W_{\text{U}}} C_{\text{T}} Z_{(m,n),\lambda}^r \frac{k}{v_r} \left\lceil \frac{L_{m,n}}{D} - 1 \right\rceil +$$

$$\sum_{r \in R} \sum_{(m,n) \in E} \sum_{\lambda \in W_{\text{U}}} 2 C_{\text{Ch}} Z_{(m,n),\lambda}^r L_{m,n} + C_{\text{B}} |V| \tag{5-8}$$

式（5-8）旨在最小化量子密钥分发网络部署成本，同时满足全网量子密钥分发用户间的密钥生成率需求，有利于实现最优的可信中继部署。其中，第一项计算所有量子密钥分发节点和可信中继的量子密钥分发收发端总成本；第二项计算所有可信中继的辅助设备总成本；第三项计算所有量子密钥分发链路的总成本；第四项计算所有量子密钥分发节点的辅助设备总成本。

约束条件为

$$\sum_{n\in V}\sum_{\lambda\in W_U}Z^r_{(m,n),\lambda}-\sum_{n\in V}\sum_{\lambda\in W_U}Z^r_{(n,m),\lambda}=\begin{cases}v_r/k & m=s_r \\ -v_r/k & m=d_r \quad \forall r\in R \\ 0 & 其他\end{cases} \tag{5-9}$$

$$\sum_{r\in R}\sum_{\lambda\in W_U}Z^r_{(m,n),\lambda}\leqslant|W_U| \quad \forall(m,n)\in E \tag{5-10}$$

$$\sum_{r\in R}Z^r_{(m,n),\lambda}\leqslant 1 \quad \forall(m,n)\in E,\lambda\in W_U \tag{5-11}$$

$$\sum_{n\in V}Z^r_{(m,n),\lambda}=\sum_{n\in V}Z^r_{(n,m),\lambda} \quad \forall r\in R,m\in V,m\neq s_r,m\neq d_r,\lambda\in W_U \tag{5-12}$$

式（5-9）表示流守恒约束，确保了一个量子密钥分发链请求的源宿节点之间有且只有一条量子密钥分发路径，该路径也是可信中继的部署路径。同时，这也确保了在每条光纤链路上可以部署多条平行的量子密钥分发链路，用来满足每个量子密钥分发链请求的密钥生成率需求。式（5-10）表示波长容量约束，确保了所有量子密钥分发链请求所需量子信道占用的总波长数与每条光纤链路上为量子信道配置的波长总数一致。式（5-11）表示波长唯一性约束，确保了每条光纤链路上为量子信道配置的任意一个波长只能被量子密钥分发链请求占用一次。式（5-12）表示波长连续性约束，确保了每个量子密钥分发链请求的量子信道在量子密钥分发路径对应的每条光纤链路上占用相同的波长。

（2）启发式算法

ILP 模型可以获得量子密钥分发网络部署的成本最小化方案，从而实现最优的可信中继部署。然而，利用 ILP 模型解决大规模问题（如大型网络拓扑或大量量子密钥分发链请求）的时间复杂度较高，且不具有可扩展性。通过设计高效的启发式算法可以快速解决大规模量子密钥分发网络部署的成本优化问题，有可能实现近似最优的可信中继部署。

表 5-1 给出了为优化可信中继部署而设计的一种基于可信中继的量子密钥分发网络部署（Trusted-Relay-based Quantum-key-distribution Network Deployment，TR-QND）算法。对于每个量子密钥分发链请求，首先通过 Dijkstra 算法计算和选择该请求源宿节点间的量子密钥分发路径（可信中继部署路径），有利于最大限度地减小该请求所需的量子密钥分发收发端和可信中继的数量以及所需的量子密钥分发链路的物理长度。在路由计算和选择完成后，计算出为满足每个量子密钥分发链请求的密钥生成率需求而需要平行复用的量子信道数量，并采用首次命中算法为每个量子密钥分发链请求分配波长。首次命中算法具有复杂度低、计算开销小等优点，用于波长分配简单且有效。首次命中算法将量子信道的所有可用波长进行编号，按照编号由小到大的顺序选择波长进行分配。在进行波长分配时还需

要考虑量子密钥分发路径上波长的连续性。

表 5-1　基于可信中继的量子密钥分发网络部署算法

输入	$G(V,E), W_{\mathrm{U}}, D, k, R, L_{m,n}, C_{\mathrm{U}}, C_{\mathrm{B}}, C_{\mathrm{T}}, C_{\mathrm{Ch}}$
输出	$C_{\mathrm{Total}}^{R}, N_{\mathrm{U}}^{R}, N_{\mathrm{T}}^{R}, L_{\mathrm{Ch}}^{R}$，面向量子密钥分发链请求的可信中继部署方案
1	初始化变量 $C_{\mathrm{Total}}^{R} \leftarrow 0, N_{\mathrm{U}}^{R} \leftarrow 0, N_{\mathrm{T}}^{R} \leftarrow 0, L_{\mathrm{Ch}}^{R} \leftarrow 0$;
2	**for** 每个量子密钥分发链请求 r **do**
3	基于 Dijkstra 算法计算并选择量子密钥分发链请求源宿节点间的最短路径 P_r ;
4	计算沿着最短路径 P_r 的量子密钥分发链请求源宿节点间物理距离 L_{s_r,d_r} ;
5	计算量子密钥分发链请求所需的量子信道数量 $W_r \leftarrow v_r/k$;
6	查找最短路径 P_r 上为量子信道配置的波长集合 W_{U} ;
7	**if** $W_{\mathrm{U}} \neq \varnothing$ **then**
8	将 W_{U} 中的可用波长添加在波长集合 $W(P_r)$ 中;
9	**if** $|W(P_r)| \geqslant W_r$ **then**
10	基于首次命中算法选择 W_r 个波长;
11	$N_{\mathrm{U}}^{r} \leftarrow v_r \lceil L_{s_r,d_r}/D \rceil / k$;
12	$N_{\mathrm{T}}^{r} \leftarrow \lceil L_{s_r,d_r}/D - 1 \rceil$;
13	$L_{\mathrm{Ch}}^{r} \leftarrow 2v_r L_{s_r,d_r}/k$;
14	$N_{\mathrm{U}}^{R} \leftarrow N_{\mathrm{U}}^{R} + N_{\mathrm{U}}^{r}$;
15	$N_{\mathrm{T}}^{R} \leftarrow N_{\mathrm{T}}^{R} + N_{\mathrm{T}}^{r}$;
16	$L_{\mathrm{Ch}}^{R} \leftarrow L_{\mathrm{Ch}}^{R} + L_{\mathrm{Ch}}^{r}$;
17	更新波长资源状态;
18	**else**
19	无法满足量子密钥分发链请求的密钥生成率需求;
20	**end if**
21	**else**
22	无法满足量子密钥分发链请求的密钥生成率需求;
23	**end if**
24	**end for**
25	$C_{\mathrm{Total}}^{R} \leftarrow C_{\mathrm{U}} N_{\mathrm{U}}^{R} + C_{\mathrm{B}}|V| + C_{\mathrm{T}} N_{\mathrm{T}}^{R} + C_{\mathrm{Ch}} L_{\mathrm{Ch}}^{R}$;
26	**return** $C_{\mathrm{Total}}^{R}, N_{\mathrm{U}}^{R}, N_{\mathrm{T}}^{R}, L_{\mathrm{Ch}}^{R}$

　　TR-QND 算法对于每个量子密钥分发链请求所需的量子密钥分发收发端数量和可信中继数量可以分别由式（5-1）和式（5-3）计算，所需的量子和同步信道的总物理长度可以由式（5-5）计算。对于全网量子密钥分发用户间的所有量子密钥分发链请求，所需的量子密钥分发收发端总数、可信中继总数以及量子和同步信道的总物理长度可以分别由式（5-2）、式（5-4）和式（5-6）计算。

5.2.4 基于可信中继的量子密钥分发网络部署案例

为了评估 ILP 模型和 TR-QND 算法在中继部署及成本优化等方面的性能，本节采用两种经典的网络拓扑进行仿真分析，分别是 NSFNET 拓扑（14 个节点，21 条链路）和 USNET 拓扑（24 个节点，43 条链路），如图 5-3 所示。这两个网络拓扑上都标记了每条链路的物理长度（单位为 km）。仿真分析不限制每条链路上的光纤数量。将可信中继部署在与光纤放大器相同物理位置处，于是，一对相连量子密钥分发发送端与接收端之间的物理距离约为 80 km。

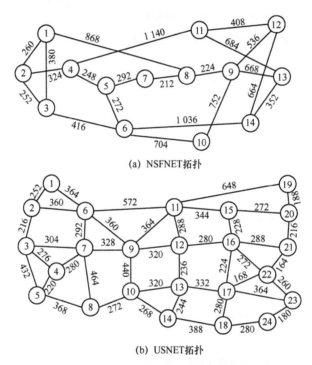

(a) NSFNET拓扑

(b) USNET拓扑

图 5-3　仿真采用的网络拓扑

全网量子密钥分发用户间的量子密钥分发链请求在所有节点对中随机生成，每个量子密钥分发链请求都具有特定的密钥生成率需求，且在静态场景下量子密钥分发链请求没有到达和离去时间。每个量子密钥分发链请求的密钥生成率需求可以均匀分布在一定范围内，如分布在 $\{k\}$、$\{k, 2k\}$ 或 $\{k, 2k, 3k\}$ 范围内。如果全网任意两个量子密钥分发用户之间都有一个量子密钥分发链请求，那么可以通过 $|V|(|V|-1)/2$ 计算量子密钥分发链请求数，例如，NSFNET 和 USNET 拓扑上量子密钥分发链请求数分别为 91（$|V|=14$）和 276（$|V|=24$）。在大规模网络部署的过程中，量子密钥分发链请求将逐渐增多，因此两个量子密钥分发用户之间

可能具有不止一个量子密钥分发链请求。设定 NSFNET 和 USNET 拓扑上量子密钥分发链请求数分别分布在[10, 110]和[30, 280]范围内。

本节使用一个简单的基准算法与 ILP 模型和 TR-QND 算法的性能进行对比，在基准算法中采用随机路由和随机命中算法为每个量子密钥分发链请求进行路由和波长分配。其中，随机路由算法从所有可能的路径中随机选择一条路径作为量子密钥分发路径，随机命中算法从所有可用波长中随机选择波长分配给量子信道。ILP 模型的仿真软件使用 ILOG CPLEX V12.2，TR-QND 算法和基准算法的仿真软件使用 IntelliJ IDEA 2017。通过 100 次重复仿真并取结果的平均值来保证数据统计准确性。

表 5-2 列出了可信中继部署不同案例的成本值。这些成本值是根据当前厂商和运营商提供的数据进行的定价假设。考虑到价格随技术发展的不确定性和对销量的依赖性，定价假设需要在较大的范围内进行参数化。因此，考虑以下 3 种案例分析部署成本。

① 悲观案例：量子密钥分发网络的各种元件保持分立生产，每种元件的成本值固定且较高。

② 优化案例：利用光子集成技术和公共合作开发等方式进行元件的集成化生产，每种元件的成本值固定且较低。

③ 动态案例：每种元件的成本值根据量子密钥分发收发端总数进行动态调整，首先随着量子密钥分发收发端总数的增加而降低，然后在量子密钥分发收发端总数增加到一定程度后保持不变。

表 5-2　可信中继部署不同案例的成本值

案例	N_U^R	C_U (US\$)	C_B (US\$)	C_T (US\$)	C_{Ch} (US\$)
悲观案例	≥1	40 000	30 000	20 000	8
优化案例	≥1	10 000	10 000	5 000	5
动态案例	1	40 000	30 000	20 000	8
	2~2 000	$-15\,N_U^R + 40\,000$	$-10\,N_U^R + 30\,000$	$-7.5\,N_U^R + 20\,000$	$-0.001\,5\,N_U^R + 8$
	>2 000	10 000	10 000	5 000	5

案例分析首先分析量子密钥分发网络部署所需的波长数量以及量子密钥分发收发端和可信中继数量，这些都会对量子密钥分发网络部署成本造成影响。然后，采用表 5-2 不同案例中的成本值分析量子密钥分发网络的部署成本。鉴于 ILP 模型难以适用于大型网络拓扑，只在 NSFNET 拓扑上运行 ILP 模型。此外，在动态案例中成本值根据量子密钥分发收发端总数动态变化，此时基于可信中继的量子密钥分发网络部署成本模型是非线性的，导致 ILP 模型无法在动态案例中使用。

（1）波长数量分析

图 5-4 给出了不同网络拓扑下量子密钥分发网络部署所需的量子信道总波长

数。同步信道的结果与量子信道相同，这里不作具体讨论。随着量子密钥分发链请求数的增多或密钥生成率需求范围的扩大，量子信道总波长数逐渐增加，这是由整体密钥生成率需求增加造成的。由图 5-4 可以看出，ILP 模型和 TR-QND 算法得到的量子信道总波长数远低于基准算法，验证了它们在优化量子密钥分发网络部署成本方面的有效性。另外，ILP 模型和 TR-QND 算法相对于基准算法的量子信道总波长数节省百分比与量子密钥分发链请求数基本无关，这是因为量子密钥分发链请求在所有节点对中随机生成。

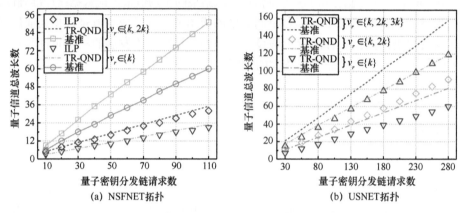

图 5-4　不同网络拓扑下量子信道总波长数

同时，TR-QND 算法的结果与 ILP 模型非常接近，这反映了 TR-QND 算法的有效性和近似最优特性。通过对比图 5-4（a）和图 5-4（b）中的结果，可以观察到 TR-QND 算法相对于基准算法的量子信道总波长数节省百分比随着网络规模的增大而减小，这是由基准算法得到的量子信道总波长数减少导致的，说明基准算法在网络规模增大时可以提供更多的机会来容纳量子密钥分发链请求。因此，ILP 模型和 TR-QND 算法可以有效地节省量子密钥分发网络部署所需的量子信道总波长数，其中 TR-QND 算法在较小的网络拓扑上可以表现出更好的波长节省效果。

（2）量子密钥分发收发端和可信中继数量分析

图 5-5 和图 5-6 分别给出了不同网络拓扑下量子密钥分发网络部署所需的量子密钥分发收发端平均数量和可信中继平均数量。其中，平均数量是指量子密钥分发网络部署过程中平均每个量子密钥分发链请求所需的量子密钥分发收发端数量和可信中继数量。随着密钥生成率需求范围的扩大，量子密钥分发收发端平均数量逐渐增加，但可信中继平均数量基本保持稳定。其原因在于，根据式（5-1），量子密钥分发收发端数量与密钥生成率需求及量子密钥分发路径的物理长度有关；而根据式（5-3），可信中继数量只与量子密钥分发路径的物理长度有关。随着量子密钥分发链请求数的增加，量子密钥分发收发端平均数量和可信中继平均

数量都近似稳定，这是因为量子密钥分发链请求是在所有节点对中随机生成的。

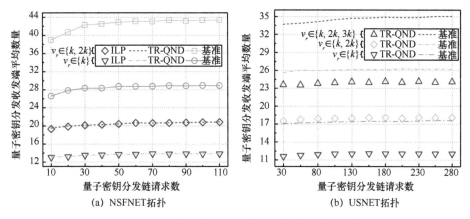

图 5-5　不同网络拓扑下量子密钥分发收发端平均数量

如图 5-5（a）和图 5-6（a）所示，通过 ILP 模型和 TR-QND 算法得到的量子密钥分发收发端平均数量和可信中继平均数量都比通过基准算法得到的结果低得多，这也验证了 ILP 模型和 TR-QND 算法的有效性。如图 5-5（b）和图 5-6（b）所示，当网络规模变大时，TR-QND 算法相对于基准算法的量子密钥分发收发端平均数量和可信中继平均数量节省百分比都相应减小。这种现象主要是由基准算法得到的量子密钥分发收发端平均数量和可信中继平均数量减少造成的。同时，USNET 拓扑上量子密钥分发路径的平均物理长度比 NSFNET 拓扑上的短。因此，ILP 模型和 TR-QND 算法可以显著减少量子密钥分发网络部署所需的量子密钥分发收发端数量和可信中继数量，其中 TR-QND 算法在较小的网络拓扑上可以实现更好的量子密钥分发收发端和可信中继节省效果。

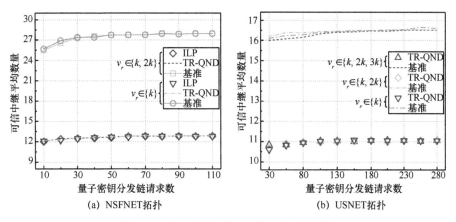

图 5-6　不同网络拓扑下可信中继平均数量

（3）基于可信中继的量子密钥分发网络部署成本分析

图 5-7 和图 5-8 所示分别为不同网络拓扑下悲观案例和优化案例的量子密钥分发网络部署成本。从图中可以看出，TR-QND 算法得到的量子密钥分发网络部署成本与 ILP 模型非常接近，显示了 TR-QND 算法在成本优化方面的有效性。当量子密钥分发链请求数增加或密钥生成率需求范围变大时，量子密钥分发网络部署成本随之增加。其原因在于，在悲观案例和优化案例中，量子密钥分发网络的各种元件成本值是固定的，而对这些元件的需求量不断增加。如图 5-7 和图 5-8 所示，由于量子密钥分发链请求在所有节点对中随机生成，且各种元件的成本值固定，量子密钥分发网络部署成本随着量子密钥分发链请求数的增加而线性增长。

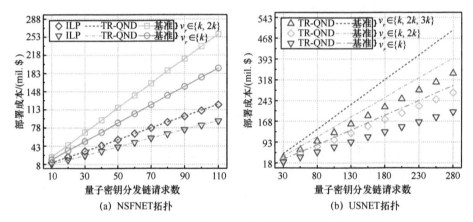

图 5-7　不同网络拓扑下悲观案例的量子密钥分发网络部署成本

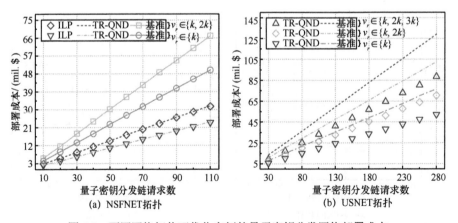

图 5-8　不同网络拓扑下优化案例的量子密钥分发网络部署成本

而且，ILP 模型或 TR-QND 算法得到的量子密钥分发网络部署成本远低于基准算法。在悲观案例或优化案例中，ILP 模型和 TR-QND 算法相对于基准算法的成本节省百分比随着量子密钥分发链请求数的变化而保持稳定，这是因为量子密钥分发网络部署成本与量子密钥分发链请求数之间存在近似线性的关系。同时，USNET 拓扑上 TR-QND 算法相对于基准算法的成本节省百分比低于 NSFNET 拓扑。该现象由上文得出的 TR-QND 算法在较小的网络拓扑上可以实现更好的波长、量子密钥分发收发端和可信中继节省效果来解释。

图 5-9 给出了不种网络拓扑下动态案例的量子密钥分发网络部署成本。动态案例不考虑 ILP 模型，因为此时基于可信中继的量子密钥分发网络部署成本模型是非线性的。如图 5-9 所示，随着量子密钥分发链请求数的增多，量子密钥分发网络部署成本呈现出不规则的变化趋势，这种趋势在量子密钥分发链请求数相对较少时尤为明显。其原因在于，动态案例中量子密钥分发网络各种元件的成本值是根据量子密钥分发收发端总数动态变化的。在表 5-2 的动态案例中，每种元件的成本值随着量子密钥分发收发端总数的增加而降低，但当量子密钥分发收发端总数为 2 000 时，成本值将达到最低下限。因此，当量子密钥分发收发端总数超过 2 000 时，量子密钥分发网络各种元件的成本值是固定的。例如，在 NSFNET 拓扑上密钥生成率需求范围为 $\{k, 2k\}$ 的情况下，基准算法得到的量子密钥分发网络部署成本在量子密钥分发链请求数范围为[10, 30]时逐渐增加，并在量子密钥分发链请求数范围为[30, 50]时逐渐降低。而当量子密钥分发链请求数大于 50 时，基准算法得到的量子密钥分发网络部署成本再次上升，且与图 5-8（a）中同等情况下的结果相同。这一现象反映了当量子密钥分发链请求数大于 50 时，使用基准算法部署量子密钥分发网络所需的量子密钥分发收发端总数超过 2 000 个。

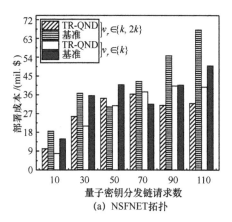
(a) NSFNET拓扑

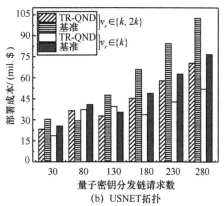
(b) USNET拓扑

图 5-9　不同网络拓扑下动态案例的量子密钥分发网络部署成本

基于可信中继的量子密钥分发网络部署案例总结如下。

① ILP 模型和 TR-QND 算法可以大幅度节省量子密钥分发网络部署所需的波长、量子密钥分发收发端和可信中继的数量。

② 在悲观案例和优化案例中，ILP 模型和 TR-QND 算法可以有效降低量子密钥分发网络部署成本，且 TR-QND 算法可以获得与 ILP 模型相似的结果，展示了 TR-QND 算法的近似最优特性。

③ 在悲观案例和优化案例中，TR-QND 算法在量子密钥分发网络部署成本方面低于基准算法。这说明 TR-QND 算法采用的 Dijkstra 和首次命中算法可以获得比随机路由和随机命中算法更优的结果。其中，Dijkstra 算法缩短了量子密钥分发路径平均物理长度，首次命中算法减少了资源使用量。

④ 在动态案例中，TR-QND 算法和基准算法得到的量子密钥分发网络部署成本都随着量子密钥分发链请求数的增加呈现不规则的变化趋势，这与量子密钥分发网络各种元件的定价假设有关。通过设置特定的量子密钥分发链请求数和灵活的元件成本值，可以在一定程度上优化 TR-QND 算法和基准算法。

🔍 5.3　量子密钥分发网络混合中继部署技术

混合中继由可信中继与不可信中继组成，具有安全级别高的优点，但需要与特定的量子密钥分发协议（如 MDI 协议）结合使用。由于起步较晚，现阶段 MDI 协议相比传统点到点量子密钥分发协议（如 BB84 协议和 GG02 协议）实用化程度较低且成本较高，尚未在量子密钥分发网络中实现大规模部署。但是，随着新型 MDI 协议在速率−距离极限方面的突破以及基于 MDI 协议的量子密钥分发系统的不断成熟，基于混合中继的量子密钥分发网络有望实现比基于可信中继的量子密钥分发网络更低的部署成本和更高的安全级别。基于混合中继的量子密钥分发网络可以使用单一的 MDI 协议，也可以将 MDI 协议与传统点到点量子密钥分发协议结合使用，本节基于前者进行介绍。

5.3.1　量子密钥分发网络混合中继基本结构

量子密钥分发网络的混合中继基本结构示例如图 5-10 所示。在量子密钥分发节点 A 与 E 之间通过放置两个不可信中继（即不可信中继 B 与 D）和一个可信中继（即可信中继 C）建立基于混合中继的量子密钥分发链。一对位置对称的 MDI 量子密钥分发发送端通过量子密钥分发链路向其连接的接收端发送量子信号，MDI 量子密钥分发接收端执行贝尔态测量，并公开测量结果以在其连接的一对发送端之间关联密钥信息,从而使安全密钥在一对 MDI 量子密钥分发发送端之间共享,并存储在相应的密钥管理设备中。不可信中继由 MDI 量子密钥分发接收端组成,接收端不会得到安全密钥,因此即使窃听者能够访问不可信中继也不会对密钥的安全性造成影响。不可信中继的使用可以在一定程度上延长量子密钥分发的距离。MDI 协议对量子密钥分发发送端和接收端位置的特殊要求使得不可信中继和可信中继需要交错放置,例如,两个不可信中继之间需要放置一个可信中继。

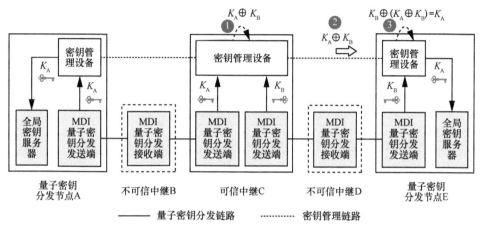

图 5-10　量子密钥分发网络的混合中继基本结构示例

量子密钥分发节点 A 与可信中继 C、可信中继 C 与量子密钥分发节点 E 之间分别共享安全密钥 K_A、K_B。其中,K_A 和 K_B 的密钥长度相同。为了实现量子密钥分发节点 A 与 E 之间的长距离量子密钥分发,可以进行以下 3 个步骤。

① 可信中继 C 利用密钥 K_B 对密钥 K_A 进行加密,得到密文 $K_A \oplus K_B$。

② 可信中继 C 将密文 $K_A \oplus K_B$ 发送给量子密钥分发节点 E。

③ 量子密钥分发节点 E 利用密钥 K_B 对密文 $K_A \oplus K_B$ 进行解密:$K_B \oplus (K_A \oplus K_B)=K_A$,得到密钥 K_A。

根据以上 3 个步骤,密钥 K_A 可以在量子密钥分发节点 A 与 E 之间共享。将一对量子密钥分发发送端之间共享的安全密钥称为本地密钥,而在一对量子密钥分发节点之间共享的安全密钥称为全局密钥(如密钥 K_A)。本地密钥由密钥管理设备进行管理,并基于 OTP 算法通过密钥管理链路进行密钥中继,从而生成全局密钥并将其传递到全局密钥服务器中。因此,两个量子密钥分发节点之间的长距离量子密钥分发可以通过交错放置若干个不可信中继和可信中继来实现。可信中继必须是可信赖的,而不可信中继对安全性没有要求。

利用现有光纤骨干网基础设施的光纤资源,可以降低量子密钥分发网络的部署难度和成本,促进量子密钥分发的实用化及大规模组网。图 5-11 所示为光纤骨干网上量子密钥分发混合中继部署的体系架构。该架构由两层组成，其中量子密钥分发层在光层之上实现基于混合中继的量子密钥分发链部署。

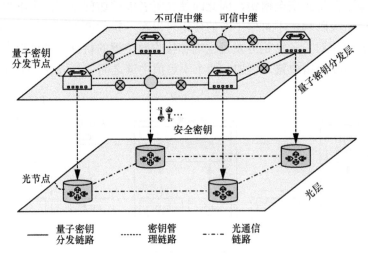

图 5-11　光纤骨干网上量子密钥分发混合中继部署的体系架构

　　量子密钥分发层需要部署 3 类节点：量子密钥分发节点、可信中继和不可信中继。量子密钥分发节点作为终端节点，向其相同物理位置处的光节点提供安全密钥。可信中继和不可信中继都作为终端节点间的中继节点。不可信中继包含一个或多个 MDI 量子密钥分发接收端。可信中继包含两个或多个 MDI 量子密钥分发发送端、密钥管理设备和安全基础设施。一对相连 MDI 量子密钥分发发送端之间可以共享本地密钥，需要在它们中间放置一个 MDI 量子密钥分发接收端。密钥管理设备接收并存储来自其连接的 MDI 量子密钥分发发送端的本地密钥，并采用 OTP 算法进行密钥中继，从而在一对量子密钥分发节点之间生成全局密钥。安全基础设施用于对可信中继进行物理隔离和安全防御，密钥管理设备及其连接的 MDI 量子密钥分发发送端都应被安全基础设施保护在安全范围内。MDI 量子密钥分发发送端与接收端通过量子密钥分发链路相互连接，而密钥管理设备通过密钥管理链路相互连接。

　　一个量子密钥分发节点包含一个全局密钥服务器和可信/不可信中继的各种设备，因此量子密钥分发节点可以实现可信/不可信中继的功能。量子密钥分发节点一般应当是可信节点，所以也需要安全基础设施保障其安全稳定运行。全局密钥服务器存储全局密钥，并管理全局密钥从密钥管理设备生成到加密业务消耗的整个生命周期。此外，全局密钥服务器可以通过预存一部分全局密钥使网络具有可靠性和生存性。即使网络出现故障（如链路中断），仍有面向网络保护的可用密钥，使量子密钥分发网络可以在不增加设备/链路的情况下对故障具有恢复能力。

在光层上，光纤骨干网由一组通过光通信链路连接的光节点组成。通常情况下，光通信链路上每隔 80 km 都会放置光纤放大器对光信号进行放大，以实现长距离光通信。利用光纤放大器旁路方案[23]可以缓解光纤放大器的自发辐射噪声对量子信号的负面影响。一个量子密钥分发节点与一个光节点放置在同一物理位置，量子密钥分发节点间共享的全局密钥可以传递给光节点，从而满足光层业务的安全需求。基于波分复用技术，量子密钥分发链路、密钥管理链路和光通信链路可以通过复用器和解复用器在同一根光纤中共存。

5.3.2　基于混合中继的量子密钥分发网络部署模型

混合中继的部署不仅关系到量子密钥分发网络的部署成本，还会影响量子密钥分发网络的安全级别。本节描述了基于混合中继的量子密钥分发网络部署模型，该模型具体涉及网络模型、成本模型和安全模型，其中使用的数学符号定义如下。

- $G(N,L)$：量子密钥分发网络/光纤骨干网拓扑，N 和 L 分别是节点和光纤链路集合，相邻节点 $i,j \in N$，光纤链路 $(i,j) \in L$。
- $l_{(i,j)}$：相邻节点 i 与 j 之间光纤链路的物理长度。
- W_U：每条光纤链路上为量子密钥分发链路配置的波长集合。
- W_M：每条光纤链路上为密钥管理链路配置的波长集合。
- τ：相连 MDI 量子密钥分发发送端与接收端之间的距离。
- D：一对相连 MDI 量子密钥分发发送端之间的距离。
- K_D：一对相连 MDI 量子密钥分发发送端在距离 D 处可实现的密钥生成率。
- R：量子密钥分发链请求集合。
- $r(s_r,d_r,k_r)$：一个量子密钥分发链请求。
- s_r：量子密钥分发链请求 r 的源节点。
- d_r：量子密钥分发链请求 r 的宿节点。
- k_r：量子密钥分发链请求 r 的密钥生成率需求。
- η_r：满足密钥生成率需求 k_r 的平行量子密钥分发链路数量。
- L_r：量子密钥分发链请求 r 路径上的光纤链路集合。
- ρ：一个整数变量。
- α_{Tx}^r：量子密钥分发链请求 r 所需的 MDI 量子密钥分发发送端数量。
- α_{Rx}^r：量子密钥分发链请求 r 所需的 MDI 量子密钥分发接收端数量。
- α_{KM}^r：量子密钥分发链请求 r 所需的密钥管理设备数量。
- α_{TR}^r：量子密钥分发链请求 r 所需的可信中继数量。
- α_{MD}^r：量子密钥分发链请求 r 所需的复用器/解复用器数量。
- α_{TR}^R：所有量子密钥分发链请求所需的可信中继总数。

- l_{Ch}^r：量子密钥分发链请求 r 量子密钥分发和密钥管理链路的总物理长度。
- γ_{Tx}^r：量子密钥分发链请求 r 一个 MDI 量子密钥分发发送端的成本。
- γ_{Rx}^r：量子密钥分发链请求 r 一个 MDI 量子密钥分发接收端的成本。
- γ_{KM}^r：量子密钥分发链请求 r 一个密钥管理设备的成本。
- γ_{SI}^r：量子密钥分发链请求 r 一个可信中继安全基础设施的成本。
- γ_{MD}^r：量子密钥分发链请求 r 一对复用器和解复用器的成本。
- γ_{Ch}^r：量子密钥分发链请求 r 在光纤链路上每千米单波长信道的成本。
- C_{Tx}^R：所有量子密钥分发链请求的 MDI 量子密钥分发发送端总成本。
- C_{Rx}^R：所有量子密钥分发链请求的 MDI 量子密钥分发接收端总成本。
- C_{KM}^R：所有量子密钥分发链请求的密钥管理设备总成本。
- C_{SI}^R：所有量子密钥分发链请求的安全基础设施总成本。
- C_{MD}^R：所有量子密钥分发链请求的复用器和解复用器总成本。
- C_{Ch}^R：所有量子密钥分发链请求的链路总成本。
- C_{Total}^R：量子密钥分发网络的总部署成本。
- SL_R：量子密钥分发网络的安全级别。

（1）网络模型

光纤骨干网上量子密钥分发混合中继部署体系架构的每个量子密钥分发节点与一个光节点位于相同位置，不同链路的波长信道在同一根光纤中共存。因此，量子密钥分发层的网络拓扑与光层的网络拓扑相同。将光纤骨干网拓扑和量子密钥分发网络拓扑建模为 $G(N,L)$，其中 N 和 L 分别表示节点和光纤链路集合。每条光纤链路上为量子密钥分发链路和密钥管理链路配置的波长集合分别表示为 W_U 和 W_M。一个 MDI 量子密钥分发发送端与其连接的 MDI 量子密钥分发接收端之间的距离用 τ 表示，于是，一对相连 MDI 量子密钥分发发送端之间的距离可以定义为

$$D \approx 2\tau \tag{5-13}$$

其中，两个相连的 MDI 量子密钥分发发送端的位置一般是对称的。一对相连 MDI 量子密钥分发发送端在距离 D 处可实现的密钥生成率用 K_D 表示。K_D 的值与距离 D 之间存在负相关的联系，即 D 的增加将导致 K_D 的降低[6-7]。本节假设 D 的值是固定的，从而使任意两个相连的 MDI 量子密钥分发发送端之间 K_D 的值相同。

一对量子密钥分发节点之间建立基于混合中继的量子密钥分发链，可以用来满足相应两个光节点之间的业务安全需求。将一个量子密钥分发链请求建模为 $r(s_r, d_r, k_r)$，其中，s_r 和 d_r 分别表示该量子密钥分发链请求的源宿节点，k_r 表示该量子密钥分发链请求的密钥生成率需求。k_r 可以定义为

$$k_r = \eta_r K_D \tag{5-14}$$

其中，η_r 为满足密钥生成率需求 k_r 的平行量子密钥分发链路数量。通过在一根光纤中复用多条平行的量子密钥分发链路，可以满足比单条量子密钥分发链路上可实现的密钥生成率更高的密钥生成率需求[25]。η_r 是一个不小于 1 的正整数，且对于不同的量子密钥分发链请求可能具有不同的值。量子密钥分发网络部署阶段的量子密钥分发链请求集合用 R 表示。定义一个整数变量 ρ 为

$$\rho = \frac{|N|(|N|-1)}{2} \tag{5-15}$$

该变量表示在任意一对量子密钥分发节点之间都有一个量子密钥分发链请求时，量子密钥分发网络的量子密钥分发链请求总数。

（2）成本模型

量子密钥分发网络部署成本来源于需要部署的各种网络元件（包括设备和链路）成本，具体包括以下几个方面。

① MDI 量子密钥分发发送端和接收端的成本：本节基于混合中继的量子密钥分发网络中使用单一的 MDI 协议，因此只采用一种量子密钥分发收发端（即 MDI 量子密钥分发发送端和接收端）来实现全网的量子密钥分发，而其他基于传统点到点量子密钥分发协议（如 BB84 协议和 GG02 协议）的收发端不在考虑之列。MDI 量子密钥分发过程需要至少两个发送端和一个接收端，于是，量子密钥分发链请求 r 所需的 MDI 量子密钥分发发送端和接收端数量可以分别表示为

$$\alpha_{\text{Tx}}^r = \sum_{(i,j) \in L_r} 2\eta_r \left\lceil \frac{l_{(i,j)}}{D} \right\rceil \tag{5-16}$$

$$\alpha_{\text{Rx}}^r = \sum_{(i,j) \in L_r} \eta_r \left\lceil \frac{l_{(i,j)}}{D} \right\rceil \tag{5-17}$$

其中，$l_{(i,j)}$ 是相邻节点 i 与 j 之间光纤链路的物理长度，L_r 是量子密钥分发链请求 r 路径上的光纤链路集合。根据式（5-16）和式（5-17），所有量子密钥分发链请求的 MDI 量子密钥分发发送端和接收端总成本可以分别表示为

$$C_{\text{Tx}}^R = \sum_{r \in R} \gamma_{\text{Tx}}^r \alpha_{\text{Tx}}^r \tag{5-18}$$

$$C_{\text{Rx}}^R = \sum_{r \in R} \gamma_{\text{Rx}}^r \alpha_{\text{Rx}}^r \tag{5-19}$$

其中，γ_{Tx}^r 和 γ_{Rx}^r 分别表示量子密钥分发链请求 r 一个 MDI 量子密钥分发发送端和一个 MDI 量子密钥分发接收端的成本。

② 密钥管理设备的成本：对于每个量子密钥分发链，在可信中继和量子密钥分发节点中都需要一个密钥管理设备。因此，量子密钥分发链请求 r 所需的密钥管理设备数量可以表示为

$$\alpha_{\mathrm{KM}}^r = \sum_{(i,j)\in L_r}\left\lceil \frac{l_{(i,j)}}{D}+1 \right\rceil \tag{5-20}$$

根据式（5-20），所有量子密钥分发链请求的密钥管理设备总成本可以表示为

$$C_{\mathrm{KM}}^R = \sum_{r\in R}\gamma_{\mathrm{KM}}^r\alpha_{\mathrm{KM}}^r \tag{5-21}$$

其中，γ_{KM}^r 表示量子密钥分发链请求 r 一个密钥管理设备的成本。

③ 全局密钥服务器的成本：量子密钥分发网络部署阶段，只在每个量子密钥分发节点中需要一个全局密钥服务器，因此，所需的全局密钥服务器数量与量子密钥分发链请求数无关。全局密钥服务器的成本一般固定且相对较低，本节不考虑其成本。

④ 安全基础设施的成本：安全基础设施用来保护可信中继和量子密钥分发节点的安全可靠运行。其中，量子密钥分发链请求 r 所需的可信中继数量可以表示为

$$\alpha_{\mathrm{TR}}^r = \sum_{(i,j)\in L_r}\left\lceil \frac{l_{(i,j)}}{D}-1 \right\rceil \tag{5-22}$$

量子密钥分发节点通常在有人值守的情况下运行，其安全基础设施成本主要与网络运营成本有关，在部署阶段不考虑其成本。因此，所有量子密钥分发链请求的安全基础设施总成本可以表示为

$$C_{\mathrm{SI}}^R = \sum_{r\in R}\gamma_{\mathrm{SI}}^r\alpha_{\mathrm{TR}}^r \tag{5-23}$$

其中，γ_{SI}^r 表示量子密钥分发链请求 r 一个可信中继安全基础设施的成本。

⑤ 复用器和解复用器的成本：为了使量子密钥分发链路、密钥管理链路和光通信链路在同一根光纤中共存，每个量子密钥分发节点、可信中继和不可信中继的位置处都需要放置复用器和解复用器。同时，为了降低部署复用器和解复用器的成本，将每个可信中继或不可信中继与光纤放大器放置在相同的物理位置（即 $\tau\approx 80\ \mathrm{km}$）。于是，量子密钥分发网络部署阶段不需要为光纤放大器旁路方案提供额外的复用器和解复用器。此外，光节点中的复用器和解复用器可以被其相同物理位置处的量子密钥分发节点共享，并用于实现量子与经典信号共纤传输。因此，量子密钥分发链请求 r 所需的复用器/解复用器数量可以表示为

$$\alpha_{\text{MD}}^r = \sum_{(i,j)\in L_r} \left\lceil \frac{l_{(i,j)}}{D} \right\rceil + \sum_{(i,j)\in L_r} \left\lceil \frac{l_{(i,j)}}{D} - 1 \right\rceil \tag{5-24}$$

其中，第一项和第二项分别表示不可信中继和可信中继所需的复用器/解复用器数量。为了保证每个量子密钥分发链的稳定性和隔离度，本节假设不同的量子密钥分发链请求不能共享它们各自的复用器/解复用器。根据式（5-24），所有量子密钥分发链请求的复用器和解复用器总成本可以表示为

$$C_{\text{MD}}^R = \sum_{r\in R} \gamma_{\text{MD}}^r \alpha_{\text{MD}}^r \tag{5-25}$$

其中，γ_{MD}^r 表示量子密钥分发链请求 r 一对复用器和解复用器的成本。

⑥ 量子密钥分发链路和密钥管理链路的成本：量子密钥分发链路包括量子信道和经典信道，经典信道具体包含同步信道和协商信道。其中，量子信道由物理链路实现，可以占用一个波长传输量子信号；经典信道由逻辑链路实现，可以占用两个或多个波长实现同步和协商等[26]。密钥管理链路是由逻辑链路实现的经典信道，也可以占用一个波长[2]。因此，本节假设量子密钥分发链路占用 3 个波长（分别用于量子信道、同步信道和协商信道），密钥管理链路占用一个波长。光通信链路包含数据信道，通常在 C 波段（1 530～1 565 nm）占用一些波长。在共纤传输过程中，量子信道可以放置在 C 波段或 O 波段（1 260～1 360 nm）。为了达到更好的信道隔离效果，本节将量子信道放置在 O 波段，这种信道分配方案已经在现网试验中得到验证[2,27]。同时，假设不同的量子密钥分发链请求不能共用同一根光纤，以提高稳定性和隔离度。对于量子密钥分发链请求 r，量子密钥分发链路和密钥管理链路的总物理长度可以表示为

$$l_{\text{Ch}}^r = \sum_{(i,j)\in L_r} \left(3\eta_r l_{(i,j)} + l_{(i,j)}\right) \tag{5-26}$$

其中，第一项和第二项分别表示量子密钥分发链路和密钥管理链路的物理长度。根据式（5-26），所有量子密钥分发链请求的链路总成本可以表示为

$$C_{\text{Ch}}^R = \sum_{r\in R} \gamma_{\text{Ch}}^r l_{\text{Ch}}^r \tag{5-27}$$

其中，γ_{Ch}^r 表示量子密钥分发链请求 r 在光纤链路上每千米单波长信道的成本，同时假设每根光纤中不同波长信道的成本相同。

根据以上分析，基于混合中继的量子密钥分发网络成本模型可以表示为

$$C_{\text{Total}}^R = C_{\text{Tx}}^R + C_{\text{Rx}}^R + C_{\text{KM}}^R + C_{\text{SI}}^R + C_{\text{MD}}^R + C_{\text{Ch}}^R \tag{5-28}$$

其中，这 6 项可以分别根据式（5-18）、式（5-19）、式（5-21）、式（5-23）、式（5-25）和式（5-27）计算。量子密钥分发网络部署阶段可能还会安装一些必要的辅助设

备（如光开关和额外光纤），这类设备的成本在总部署成本中只占很小的一部分，因此在成本模型中忽略了这类设备的成本。

（3）安全模型

随着所有量子密钥分发链请求所需的可信中继总数增加，量子密钥分发网络的安全级别逐渐变低，这是因为可信中继构成了现实中量子密钥分发网络的安全薄弱点。安全级别可以用于了解不同类型量子密钥分发网络的安全性，不是本节重点考虑的目标。量子密钥分发网络的安全级别可以定义为

$$\text{SL}_R = \frac{1}{\alpha_{\text{TR}}^R / |R|} = \frac{|R|}{\alpha_{\text{TR}}^R} = \frac{|R|}{\sum_{r \in R} \alpha_{\text{TR}}^r} \tag{5-29}$$

其中，α_{TR}^R 表示所有量子密钥分发链请求所需的可信中继总数。

5.3.3 基于混合中继的量子密钥分发网络部署策略

本节将量子密钥分发网络部署成本作为优化目标，在网络模型和成本模型的基础上，通过设计基于混合中继的量子密钥分发网络部署策略，可以为可信中继和不可信中继的部署选择最佳路径，实现最优的混合中继部署，从而降低量子密钥分发网络部署成本。基于混合中继的量子密钥分发网络部署策略可以由启发式算法实现。

表 5-3 给出了为优化混合中继部署而设计的一种基于混合中继的量子密钥分发网络部署（Hybrid-Relay-based Quantum-key-distribution Network Deployment，HR-QND）算法。在该算法中，步骤 1 和 5 进行变量初始化。步骤 2～35 通过处理所有的量子密钥分发链请求来完成基于混合中继的量子密钥分发网络部署，其中步骤 3～34 对量子密钥分发链请求集合中每个量子密钥分发链请求进行处理。对于一个量子密钥分发链请求，采用 K 条最短路径算法（步骤 3）计算出其源宿节点之间的 K 条备选路径。K 条最短路径算法按顺序依次计算出源宿节点之间的 K 条最短路径，并将它们作为备选路径。

为了从备选路径中选择最优路径，步骤 4～30 针对量子密钥分发链请求的每条备选路径计算部署成本。其中，步骤 6 查找出备选路径上的所有光纤链路，步骤 7～10 检查备选路径上的可用波长是否能满足量子密钥分发链请求的波长需求。如果可以满足波长需求，则采用首次命中算法对量子密钥分发链路（步骤 11）和密钥管理链路（步骤 12）进行波长分配。首次命中算法将所有可用的波长信道进行编号，优先选择编号最小的可用波长信道。步骤 13～21 计算量子密钥分发链请求备选路径所需的各种设备数量以及链路长度。步骤 22～23 计算并记录量子密钥分发链请求备选路径的部署成本。步骤 31 选择部署成本最小的备选路径作为量

子密钥分发链请求的最优路径。步骤 32～33 进一步计算所有量子密钥分发链请求的总部署成本和可信中继总数。

表 5-3　基于混合中继的量子密钥分发网络部署算法

输入	$G(N,L)$, $l_{(i,j)}$, W_{U}, W_{M}, τ, K_D, R, γ^r_{Tx}, γ^r_{Rx}, γ^r_{KM}, γ^r_{SI}, γ^r_{MD}, γ^r_{Ch}
输出	α^R_{TR}, C^R_{Total}、面向量子密钥分发链请求的混合中继部署方案
1	初始化变量 $\alpha^R_{\mathrm{TR}} \leftarrow 0$, $C^R_{\mathrm{Total}} \leftarrow 0$;
2	**for** 每个量子密钥分发链请求 $r \in R$ **do**
3	基于 K 条最短路径算法计算量子密钥分发请求源宿节点间的 K 条备选路径;
4	**for** 每条备选路径 p_r **do**
5	初始化变量 α^r_{Tx}, α^r_{Rx}, α^r_{KM}, α^r_{TR}, α^r_{MD}, $l^r_{\mathrm{Ch}} \leftarrow 0$;
6	查找出路径 p_r 上的所有光纤链路并添加在链路集合 $L(p_r)$ 中;
7	查找出路径 p_r 上 W_{U} 中的可用波长并添加在波长集合 $W_{\mathrm{U}}(p_r)$ 中;
8	**if** $|W_{\mathrm{U}}(p_r)| \geqslant 3\eta_r$ **then**
9	查找出路径 p_r 上 W_{M} 中的可用波长并添加在波长集合 $W_{\mathrm{M}}(p_r)$ 中;
10	**if** $|W_{\mathrm{M}}(p_r)| \geqslant 1$ **then**
11	基于首次命中算法为量子密钥分发链路从 $W_{\mathrm{U}}(p_r)$ 中选择 $3\eta_r$ 个波长;
12	基于首次命中算法为密钥管理链路从 $W_{\mathrm{M}}(p_r)$ 中选择一个波长;
13	**for** 每条光纤链路 $e \in L(p_r)$ **do**
14	获取光纤链路 e 的物理长度 $l_{(i,j)}$;
15	$\alpha^r_{\mathrm{Tx}} \leftarrow \alpha^r_{\mathrm{Tx}} + 2\eta_r \lceil l_{(i,j)}/D \rceil$;
16	$\alpha^r_{\mathrm{Rx}} \leftarrow \alpha^r_{\mathrm{Rx}} + \eta_r \lceil l_{(i,j)}/D \rceil$;
17	$\alpha^r_{\mathrm{KM}} \leftarrow \alpha^r_{\mathrm{KM}} + \lceil l_{(i,j)}/D + 1 \rceil$;
18	$\alpha^r_{\mathrm{TR}} \leftarrow \alpha^r_{\mathrm{TR}} + \lceil l_{(i,j)}/D - 1 \rceil$;
19	$\alpha^r_{\mathrm{MD}} \leftarrow \alpha^r_{\mathrm{MD}} + \lceil l_{(i,j)}/D \rceil + \lceil l_{(i,j)}/D - 1 \rceil$;
20	$l^r_{\mathrm{Ch}} \leftarrow l^r_{\mathrm{Ch}} + 3\eta_r l_{(i,j)} + l_{(i,j)}$;
21	**end for**
22	$C^r_{\mathrm{Total}} \leftarrow \gamma^r_{\mathrm{Tx}} \alpha^r_{\mathrm{Tx}} + \gamma^r_{\mathrm{Rx}} \alpha^r_{\mathrm{Rx}} + \gamma^r_{\mathrm{KM}} \alpha^r_{\mathrm{KM}} + \gamma^r_{\mathrm{SI}} \alpha^r_{\mathrm{TR}} + \gamma^r_{\mathrm{MD}} \alpha^r_{\mathrm{MD}} + \gamma^r_{\mathrm{Ch}} l^r_{\mathrm{Ch}}$;
23	记录路径 p_r 的 C^r_{Total} 和 α^r_{TR};
24	**else**
25	**continue**;
26	**end if**
27	**else**
28	**continue**;
29	**end if**
30	**end for**

（续表）

31	选择 C^r_{Total} 最小的路径 p_r 作为量子密钥分发链请求 r 的最优路径；
32	$C^R_{\text{Total}} \leftarrow C^R_{\text{Total}} + C^r_{\text{Total}}$；
33	$\alpha^R_{\text{TR}} \leftarrow \alpha^R_{\text{TR}} + \alpha^r_{\text{TR}}$；
34	更新网络状态；
35	**end for**
36	**return** $\alpha^R_{\text{TR}}, C^R_{\text{Total}}$

5.3.4 基于混合中继的量子密钥分发网络部署案例

案例分析选择图 5-3 的 NSFNET 拓扑和 USNET 拓扑。假设每条光纤链路上的可用波长资源充足，使每个量子密钥分发链请求都能被容纳在现有光纤骨干网中。一个 MDI 量子密钥分发送端与其连接的接收端之间的距离固定为 80 km，保证了每个可信/不可信中继都放置在与光纤放大器相同的物理位置。每个量子密钥分发链请求在任意两个量子密钥分发节点间随机生成。我们将 K 条最短路径算法中的 K 配置为 3，即为每个量子密钥分发链请求提供 3 条备选路径。

本节使用一个简单的基准算法与 HR-QND 算法的性能进行对比，其中，基准算法为每个量子密钥分发链请求实现随机路由（即从源宿节点间所有可能的路径中随机选择路径）和随机信道分配。HR-QND 算法和基准算法的仿真软件使用 IntelliJ IDEA 2017。通过 100 次重复仿真并取结果的平均值来保证数据统计准确性。

量子密钥分发网络的总部署成本高度依赖于各种网络元件（包括设备和链路）的成本。未来技术的不断发展使各种设备的成本具有很大的不确定性。例如，量子密钥分发收发端未来可以利用芯片级光子集成器件来降低成本[28]。另一方面，光纤链路已经部署在现有的光纤骨干网基础设施中，因此链路成本可以在很长一段时间内保持相对稳定。

针对各种设备成本的不确定性，本节考虑以下 3 种案例进行分析。

① 静态案例：设备的成本值是固定的。

② 均匀案例：设备的成本值在一定范围内均匀分布。

③ 动态案例：设备的成本值取决于量子密钥分发链请求数，当量子密钥分发链请求数增加时，设备成本降低。

在上面 3 种案例中，成本值固定的静态案例主要适用于短期内部署的网络，其中设备成本相对稳定。此外，成本值灵活的均匀案例和动态案例可以用于中长期规划部署的网络，即随着时间的推移逐步开展网络部署。均匀案例和动态案例都考虑到设备成本会随着时间的推移而降低，这有助于评估 HR-QND 算法的长期效果。表 5-4 列出了用于案例分析的成本值，其中各种元件成本的单位设置为 unit，表示归一化的成本单元。

表 5-4　混合/可信中继部署不同案例的成本值

	案例	$|R|$	γ_{Tx}^r	γ_{Rx}^r	γ_{KM}^r	γ_{SI}^r	γ_{MD}^r	γ_{Ch}^r
混合中继	静态案例	>0	1 500	2 250	1 200	150	300	[1, 2]
	均匀案例	>0	[1 000, 1 500]	[1 500, 2 250]	[800, 1 200]	[100, 150]	[200, 300]	[1, 2]
	动态案例	$(0, 0.5\rho]$	1 500	2 250	1 200	150	300	[1, 2]
		$(0.5\rho, \rho]$	1 250	1 875	1 000	125	250	[1, 2]
		$>\rho$	1 000	1 500	800	100	200	[1, 2]
可信中继	静态案例	>0	1 500	2 250	1 200	150	300	[1, 2]

　　为了对比混合中继和可信中继方案，根据第 5.2 节描述的基于可信中继的量子密钥分发网络成本模型对 HR-QND 算法进行调整，使调整后的算法适用于可信中继方案。在基于可信中继的量子密钥分发网络成本模型中，γ_{Tx}^r 和 γ_{Rx}^r 分别表示基于传统点到点量子密钥分发协议（如 BB84 协议和 GG02 协议）的量子密钥分发发送端和接收端的成本。本节将从部署成本和安全级别两方面对混合中继和可信中继方案进行对比分析。

　　（1）部署成本分析

　　在部署成本分析中，我们设置 NSFNET 拓扑（$\rho = 91$）和 USNET 拓扑（$\rho = 276$）上的量子密钥分发链请求数分别分布在[15, 165]和[35, 385]范围内。将每个量子密钥分发链请求的 η_r 值固定为 1。

　　图 5-12 所示为不同网络拓扑下 3 种案例的量子密钥分发网络部署成本。其中，HR-QND 算法和基准算法的结果都对应 3 种案例下基于混合中继的量子密钥分发网络部署成本，图 5-12 中还添加了基于可信中继的量子密钥分发网络部署成本进行不同中继方案的对比。由图 5-12 可以看出，在不同网络拓扑下，静态/均匀案例的部署成本随着量子密钥分发链请求数的增加呈现线性增长的趋势。这种线性趋势源于量子密钥分发链请求是在任意两个量子密钥分发节点间随机生成的，而部署成本的增加是由量子密钥分发网络部署所需的网络元件增加造成的。此外，动态案例的部署成本一开始与静态案例相似，然后在量子密钥分发链请求数增加到一定程度后与均匀案例相似，最终随着量子密钥分发链请求数的增加而线性增长。其原因在于，动态案例中各种设备的成本值随着量子密钥分发链请求数的增加而动态变化，因此动态案例的结果绘制成了离散点。

　　如图 5-12（a）、（b）所示，在 NSFNET 和 USNET 拓扑上，HR-QND 算法在 3 种案例下的部署成本都远低于基准算法，展示了 HR-QND 算法对于不同网络拓扑的长期适用性。而且，静态案例采用混合中继方案的量子密钥分发网络部署成本低于可信中继方案。该现象可以通过分析部署阶段各种网络元件的成本分布来解释，将在图 5-13 详细介绍。目前，基于传统点到点量子密钥分发协议（如 BB84

协议和 GG02 协议）的量子密钥分发收发端相比 MDI 量子密钥分发收发端成本较低。图 5-12 中的对比结果显示：当 MDI 协议在技术上更加成熟，且其设备成本能够达到传统点到点量子密钥分发协议的水平时，量子密钥分发网络部署成本可以大幅度降低。

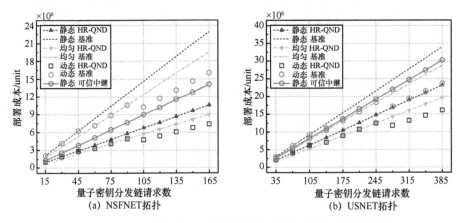

图 5-12　不同网络拓扑下 3 种案例的量子密钥分发网络部署成本

结合图 5-12，在 NSFNET 和 USNET 拓扑上，HR-QND 算法相对于基准算法或可信中继方案的成本节省百分比详见表 5-5。在 3 种案例下，随着量子密钥分发链请求数的变化，成本节省百分比基本保持稳定。例如，在 NSFNET 和 USNET 拓扑上，HR-QND 算法相对于基准算法的成本节省百分比分别可以达到 54% 和 32% 左右。这一现象反映出 HR-QND 算法相对于基准算法的成本节省百分比与网络拓扑密切相关。当网络拓扑的节点度较低时，HR-QND 算法中基于 K 条最短路径算法的路由策略可以显著优于基准算法中的随机路由策略，从而节省更多的成本。同时，在 NSFNET 和 USNET 拓扑上，基于 HR-QND 算法的混合中继方案相对于可信中继方案的成本节省百分比分别高达约 25% 和 23%。这两种中继方案中采用了相同的路由策略，因此混合中继方案相对于可信中继方案的成本节省百分比与网络拓扑关系不大。

表 5-5　HR-QND 算法相对于基准算法或可信中继方案的成本节省百分比

NSFNET 拓扑					USNET 拓扑			
$\lvert R \rvert$	基准 静态	基准 均匀	基准 动态	可信中继 静态	$\lvert R \rvert$	基准 静态	基准 均匀	基准 动态	可信中继 静态
15	53.4%	54.1%	54.2%	23.0%	35	32.5%	31.7%	31.4%	23.3%
45	53.6%	53.8%	54.5%	24.1%	105	31.3%	32.2%	31.9%	23.2%
75	53.9%	53.6%	53.6%	25.5%	175	31.9%	32.1%	31.8%	23.3%

（续表）

NSFNET 拓扑					USNET 拓扑			
$|R|$	基准静态	基准均匀	基准动态	可信中继静态	$|R|$	基准静态	基准均匀	基准动态	可信中继静态
105	53.7%	53.2%	53.6%	24.8%	245	31.7%	32.0%	31.8%	23.2%
135	54.0%	54.1%	53.7%	25.1%	315	31.6%	32.0%	32.2%	23.3%
165	53.8%	54.0%	54.0%	24.9%	385	31.7%	31.8%	31.9%	23.3%

　　根据图 5-12 中静态案例下 HR-QND 算法和可信中继方案的结果，图 5-13 给出了不同网络拓扑下混合中继与可信中继方案中各种网络元件的部署成本。从图 5-13 中可以看出，混合中继方案中量子密钥分发链路和密钥管理链路的部署成本与可信中继方案相似。其原因在于，在两种中继方案中，量子密钥分发链请求选择的中继部署路径相同。此外，混合中继方案中量子密钥分发接收端、密钥管理设备和安全基础设施的部署成本低于可信中继方案。其原因在于，可信中继方案需要更多的量子密钥分发接收端和可信中继来完成量子密钥分发网络部署。不过，混合中继方案中量子密钥分发发送端和复用器/解复用器的成本比可信中继方案高一些。其原因在于，混合中继方案中成对使用了量子密钥分发发送端（基于MDI 协议），而可信中继方案中成对使用了量子密钥分发发送端和接收端（基于传统点到点量子密钥分发协议）。对于某些具有特定链路长度（即最后一段中继距离小于 τ ）的量子密钥分发链请求，这种成对部署的方式导致混合中继方案的中继总数比可信中继方案略微多一些。

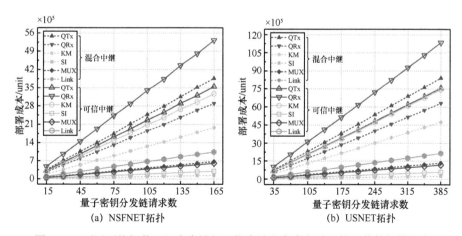

图 5-13　不同网络拓扑下混合中继与可信中继方案中各种网络元件的部署成本

注：QTx、QRx、KM、SI、MUX 和 Link 分别表示量子密钥分发发送端、量子密钥分发接收端、密钥管理设备、安全基础设施、复用器/解复用器和链路。

因此，按照成本分布由大到小的顺序，混合中继方案中各种网络元件的成本关系依次是：量子密钥分发发送端＞量子密钥分发接收端＞密钥管理设备＞链路＞复用器/解复用器＞安全基础设施；可信中继方案中各种网络元件的成本关系依次是：量子密钥分发接收端＞量子密钥分发发送端＞密钥管理设备＞链路＞复用器/解复用器＞安全基础设施。需要注意的是，上述成本关系与不同案例的成本值假设相关。

（2）安全级别分析

图 5-14 给出了不同网络拓扑下 3 种案例的量子密钥分发网络安全级别，其中每个量子密钥分发链请求的 η_r 值固定为 1。从图 5-14（a）、（b）中可以看出，随着量子密钥分发链请求数的增加，量子密钥分发网络安全级别呈现出近似恒定的结果，这是因为每个量子密钥分发链请求所需的可信中继平均数量是相同的。同时，量子密钥分发网络安全级别在不同案例下保持稳定。其原因在于，根据量子密钥分发网络安全模型，即式（5-29），安全级别与不同的成本值无关。

如图 5-14（a）、（b）所示，HR-QND 算法得到的安全级别高于基准算法。这反映了 HR-QND 算法有利于优化量子密钥分发网络混合中继的部署，减少每个量子密钥分发链请求所需的可信中继平均数量。通过对比不同网络拓扑下混合中继方案和可信中继方案的结果，可以发现：在 NSFNET 和 USNET 拓扑上，混合中继方案相对于可信中继方案的安全级别提升百分比分别高达 115% 和 136%。因此，量子密钥分发网络部署阶段考虑部署混合中继可以实现比部署可信中继更高的安全级别。

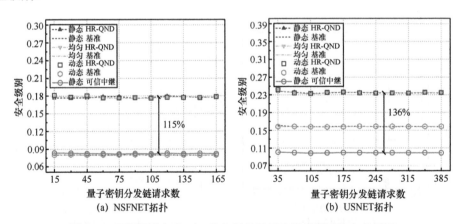

图 5-14　不同网络拓扑下 3 种案例的量子密钥分发网络安全级别

基于混合中继的量子密钥分发网络部署案例总结如下。

① HR-QND 算法对于不同量子密钥分发拓扑具有长期的适用性。

② 基于 HR-QND 算法的量子密钥分发网络混合中继方案相对于可信中继方案可以节省约 25%的部署成本，前提是 MDI 协议在技术上更加成熟，且其设备成本能够达到传统点到点量子密钥分发协议的水平。

③ 基于混合中继的量子密钥分发网络可以实现比基于可信中继的量子密钥分发网络更高的安全级别。

5.4　本章小结

本章对量子密钥分发网络中继部署技术进行了详细介绍，首先从量子密钥分发网络中继部署需求出发，分析了量子密钥分发网络中继部署的技术背景和中继技术的发展现状。量子密钥分发网络中继的不同类型使中继部署技术呈现出多样化的形态。本章从实用化角度出发重点讨论了量子密钥分发网络可信中继部署技术和混合中继部署技术。可信中继具有可扩展性和兼容性高的优点，可以与任意的量子密钥分发协议结合使用。混合中继由可信中继与不可信中继组成，具有安全级别高的优点，但需要与特定的量子密钥分发协议（如 MDI 协议）结合使用。随着未来 MDI 协议在技术上更加成熟，有望大幅度降低量子密钥分发网络的部署成本并提升其安全级别。同时，量子密钥分发网络中继部署技术仍需要进一步的研究，如考虑异构协议、生存性、位置灵活性等因素探索量子密钥分发网络中继部署的新方案。

参 考 文 献

[1]　ZHANG Q, XU F, CHEN Y A, et al. Large scale quantum key distribution: challenges and solutions [Invited][J]. Optics Express, 2018, 26(18): 24260-24273.

[2]　WONFOR A, WHITE C, BAHRAMI A, et al. Field trial of multi-node, coherent-one-way quantum key distribution with encrypted 5×100G DWDM transmission system[C]//45th European Conference on Optical Communication.[S.l.:s.n.], 2019.

[3]　LO H K, CURTY M, QI B. Measurement-device-independent quantum key distribution[J]. Physical Review Letters, 2012, 108(13): 130503.

[4]　LUCAMARINI M, YUAN Z L, DYNES J F, et al. Overcoming the rate-distance limit of quantum key distribution without quantum repeaters[J]. Nature, 2018, 557(7705): 400-403.

[5]　MA X, ZENG P, ZHOU H. Phase-matching quantum key distribution[J]. Physical Review X, 2018, 8(3): 031043.

[6]　FANG X T, ZENG P, LIU H, et al. Implementation of quantum key distribution surpassing the

linear rate-transmittance bound[J]. Nature Photonics, 2020, 14(7): 422-425.

[7] CHEN J P, ZHANG C, LIU Y, et al. Sending-or-not-sending with independent lasers: secure twin-field quantum key distribution over 509 km[J]. Physical Review Letters, 2020, 124(7): 070501.

[8] TANG Y L, YIN H L, ZHAO Q, et al. Measurement-device-independent quantum key distribution over untrustful metropolitan network[J]. Physical Review X, 2016, 6(1): 011024.

[9] BRIEGEL H J, DÜR W, CIRAC J I, et al. Quantum repeaters: the role of imperfect local operations in quantum communication[J]. Physical Review Letters, 1998, 81(26): 5932-5935.

[10] DUAN L M, LUKIN M D, CIRAC J I, et al. Long-distance quantum communication with atomic ensembles and linear optics[J]. Nature, 2001, 414(6862): 413-418.

[11] MUNRO W J, STEPHENS A M, DEVITT S J, et al. Quantum communication without the necessity of quantum memories[J]. Nature Photonics, 2012, 6(11): 777-781.

[12] AZUMA K, TAMAKI K, LO H K. All-photonic quantum repeaters[J]. Nature Communications, 2015, 6: 6787.

[13] KIMBLE H J. The quantum internet[J]. Nature, 2008, 453(7198): 1023-1030.

[14] SANGOUARD N, SIMON C, RIEDMATTEN H D, et al. Quantum repeaters based on atomic ensembles and linear optics[J]. Reviews of Modern Physics, 2011, 83(1): 33-80.

[15] PIRANDOLA S, LAURENZA R, OTTAVIANI C, et al. Fundamental limits of repeaterless quantum communications[J]. Nature Communications, 2017, 8: 15043.

[16] MINDER M, PITTALUGA M, ROBERTS G L, et al. Experimental quantum key distribution beyond the repeaterless secret key capacity[J]. Nature Photonics, 2019, 13(5): 334-338.

[17] STACEY W, ANNABESTANI R, MA X, et al. Security of quantum key distribution using a simplified trusted relay[J]. Physical Review A, 2015, 91(1): 012338.

[18] ELKOUSS D, MARTINEZ-MATEO J, CIURANA A, et al. Secure optical networks based on quantum key distribution and weakly trusted repeaters[J]. Journal of Optical Communications and Networking, 2013, 5(4): 316-328.

[19] ZOU X, YU X, ZHAO Y, et al. Collaborative routing in partially-trusted relay based quantum key distribution optical networks[C]//Optical Fiber Communication Conference. Piscataway: IEEE Press, 2020.

[20] PIPARO N L, RAZAVI M. Long-distance trust-free quantum key distribution[J]. IEEE Journal of Selected Topics in Quantum Electronics, 2015, 21(3): 6600508.

[21] CAO Y, ZHAO Y, COLMAN-MEIXNER C, et al. Key on demand (KoD) for software-defined optical networks secured by quantum key distribution (QKD)[J]. Optics Express, 2017, 25(22): 26453-26467.

[22] CAO Y, ZHAO Y, WANG J, et al. KaaS: key as a service over quantum key distribution integrated optical networks[J]. IEEE Communications Magazine, 2019, 57(5): 152-159.

[23] ALEKSIC S, HIPP F, WINKLER D, et al. Perspectives and limitations of QKD integration in metropolitan area networks[J]. Optics Express, 2015, 23(8): 10359-10373.

[24] LO H K, CURTY M, TAMAKI K. Secure quantum key distribution[J]. Nature Photonics, 2014,

8(8): 595-604.

[25] ERIKSSON T A, LUÍS R S, PUTTNAM B J, et al. Wavelength division multiplexing of 194 continuous variable quantum key distribution channels[J]. Journal of Lightwave Technology, 2020, 38(8): 2214-2218.

[26] Overview on networks supporting quantum key distribution[S]. Recommendation ITU-T Y.3800, 2019.

[27] MAO Y, WANG B X, ZHAO C, et al. Integrating quantum key distribution with classical communications in backbone fiber network[J]. Optics Express, 2018, 26(5): 6010-6020.

[28] SEMENENKO H, SIBSON P, HART A, et al. Chip-based measurement-device-independent quantum key distribution[J]. Optica, 2020, 7(3): 238-242.

第6章
量子密钥分发网络多租户提供技术

多租户提供是面向满足用户高安全需求和提升运营效率的量子密钥分发网络关键技术。由于当前部署量子密钥分发网络的成本高且难度较大，一些具有高安全需求的用户难以部署专有的量子密钥分发网络。利用多租户的思想可以实现量子密钥分发网络基础设施与高安全需求用户的彻底分离，使多个用户能够通过租用量子密钥分发网络的形式获得满足其安全需求的密钥资源，而不用关心底层量子密钥分发组网细节（如组网成本、难度等），大幅度提升了量子密钥分发网络的密钥资源利用率。

6.1 量子密钥分发网络多租户提供需求

多租户提供技术在很大程度上降低了量子密钥分发网络的运营成本。现有量子密钥分发网络中缺少高效的多租户提供方法，主要采用人工方式逐个完成多租户的提供与配置。灵活的多租户提供机制有利于实现量子密钥分发网络密钥资源与多租户密钥需求的高效适配和按需调度，解决现有量子密钥分发网络多租户提供不灵活、密钥资源利用效率低等问题。

6.1.1 量子密钥分发网络多租户提供技术背景

目前，许多网络场景都提出了多租户的概念，即多个逻辑上隔离的租户可以共存在同一个底层网络上共享该网络的资源，因此多租户也可以理解为多个租用网络资源的用户。相比于其他网络场景的各种资源维度（如光网络的波长资源和数据中心网络的计算资源），密钥资源是量子密钥分发网络中独一无二的资源维度。密钥资源的独特属性在于：安全密钥不断在量子密钥分发节点间生成且不断被多个租户消耗，同时安全密钥不能重复使用且使用一次以后即被销毁。因此，其他网络场景中的多租户提供方法无法直接用于量子密钥分发网络中具有密钥资源需求的多租户提供。

　　量子密钥分发网络基础设施可以源源不断地生成并存储密钥资源，多个租户（每个租户对应一个具有高安全需求的用户）可以租用同一个量子密钥分发网络，并从中获取所需的密钥资源保障其安全通信。量子密钥分发网络中每个租户请求由若干个具有高安全需求的用户端节点以及每对用户端节点间的密钥资源需求组成。每个用户端节点与一个量子密钥分发节点具有对应关系，多个租户对应的节点数量及密钥资源需求可以不同。图 6-1 所示为量子密钥分发网络多租户的示例，其中，租户 1 的密钥资源需求对应量子密钥分发节点 A、B 和 C，而租户 2 的密钥资源需求对应量子密钥分发节点 B、C、D 和 F。密钥资源需求主要体现为密钥量需求或密钥生成率需求。多租户包括离线多租户和在线多租户两种类型。离线多租户情况下，每个租户请求是静态且预先已知的；在线多租户情况下，每个租户请求会动态地到达与离去，且每个租户请求到达之前均是未知的。因此，与离线多租户提供技术相比，在线多租户提供技术不仅需要实现面向多租户的密钥分配，还需要解决多租户的调度问题。

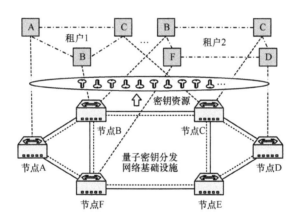

图 6-1　量子密钥分发网络多租户的示例

　　多租户的复杂性导致量子密钥分发网络多租户提供效率面临挑战，从而影响量子密钥分发网络的运营成本。如何实现量子密钥分发网络密钥资源与多租户密钥需求的高效供需匹配变得十分关键。通过设计高效的多租户提供方法，有利于提升量子密钥分发网络中多租户请求的成功率和密钥资源的利用率。

6.1.2　量子密钥分发网络多租户技术发展现状

　　量子密钥分发网络多租户技术是受多用户量子密钥分发技术的启发而提出的，目前仍处于起步阶段。广义上讲，量子密钥分发网络多用户技术包含多租户技术。多用户量子密钥分发技术为量子密钥分发网络应用提供了一条经济有效的途径。

自 1994 年 Townsend 等[1]首次利用无源光网络的特性实现了"一对多"量子密钥分发以来，众多的研究都将目光投向了基于接入网的多用户量子密钥分发技术。通过扩展"一对多"量子密钥分发方案，1995 年，Phoenix 等[2]实现了光网络上的"多对多"量子密钥分发。1997 年，Townsend[3]设计了一种实用的多用户量子密钥分发方案，并通过实验演示了其在无源光网络上运行的可行性。

针对不同的无源光网络技术，2005 年，Kumavor 等[4]比较了 4 种无源光网络拓扑（包括无源星形、光环形、波长路由形和波长寻址总线形）在实现多用户量子密钥分发方面的特点，演示了它们对于不同规模量子密钥分发网络的适用性。特别是针对波长寻址总线形结构，2006 年，Kumavor 等[5]进一步实现了一个 6 用户量子密钥分发网络，其中总线采用 30.9 km 的标准电信光纤。此外，文献[6]测试了点到点和点到多点无源光网络架构对于多用户量子密钥分发的适用性，并获得了两种架构下的理想性能。2013 年，文献[7]讨论了光接入网中多用户量子密钥分发的不同实现方案，涵盖了点到点以太网、以太无源光网络、吉比特无源光网络、波分复用无源光网络、混合波分复用/时分复用无源光网络等。而且，针对无源光网络上实现量子密钥分发的不同方面，如量子信息到户[8]、无缝集成[9-10]和安全性分析[11]等也已经开展了大量的研究。

2013 年，Fröhlich 等[12]首次提出了一种允许多个用户接入量子密钥分发网络的"量子接入网"，并对其进行了实验演示。量子接入网的提出为实现多用户量子密钥分发网络提供了可行的方案，并且使量子密钥分发更贴近实际应用。量子接入网涉及的一些重要问题，如波长分配[13]和有限密钥效应[14]等已经在一些研究中得到解决。2019 年，Cai 等[15]提出了一种支持光网络单元之间点对点多媒体业务的量子接入网，采用"N:N"分路器实现了量子与经典的光网络单元间直接通信。文献[16]针对基于纠缠的多用户量子密钥分发网络开展了一些理论研究。

上述面向多用户量子密钥分发网络的研究主要聚焦在接入网范围，在城域网和广域网范围内也有几种高效的运营模式。一方面，量子密钥分发即服务[17-18]的新概念已被提出，使多个用户可以通过申请专有的量子密钥分发服务，从同一个量子密钥分发网络基础设施中获取所需的密钥。另一方面，多租户技术可以作为一种经济有效的量子密钥分发网络运营模式。2019 年，Cao 等[19]将密钥生成率共享机制与启发式算法相结合，首次解决了量子密钥分发网络的离线多租户提供问题。同时，多租户技术的实用性也在量子密钥分发城域网中得到了验证[20]。2020 年，Cao 等[21]利用启发式算法和强化学习方法解决了量子密钥分发网络的在线多租户提供问题。

随着量子密钥分发网络规模的扩大，多租户提供问题成为量子密钥分发网络应用层面临的现实问题。从降低量子密钥分发网络运营成本和提高量子密钥分发网络密钥资源利用率出发，下文将具体介绍量子密钥分发网络应用涉及的两种多租户提供技术，即离线多租户提供技术和在线多租户提供技术。

6.2　量子密钥分发网络离线多租户提供技术

离线多租户场景中，每个租户请求是静态且已知的，没有到达和离去时间。离线多租户提供需要解决的关键问题是面向多租户的密钥分配问题。量子密钥分发网络使用密钥生成率共享机制可以实现密钥资源的高效利用，结合启发式算法可以完成高效的离线多租户密钥分配。同时，通过定义"匹配度"性能指标，可以反映出量子密钥分发网络密钥资源与离线多租户请求之间的平衡关系。

6.2.1　量子密钥分发网络离线多租户提供架构

图 6-2 所示为量子密钥分发网络离线多租户提供架构，该架构从上到下由 3 个逻辑层组成：应用层、控制层和量子密钥分发层。应用层与控制层之间采用北向接口协议（如 RESTful API）实现互通，控制层与量子密钥分发层之间则采用南向接口协议（如 OpenFlow 和 NETCONF）进行互通。

在量子密钥分发层上，量子密钥分发节点通过量子密钥分发链路及密钥管理链路相互连接，共同组成了量子密钥分发网络基础设施。在不同的量子密钥分发网络拓扑上，量子密钥分发节点和量子密钥分发链路及密钥管理链路的属性（如位置、数量等）可能不同。量子密钥分发节点连接用户端节点，量子密钥分发节点之间通过放置可信中继实现长距离的量子密钥分发。在每个量子密钥分发节点上都放置一个支持南向接口协议的代理，该代理利用短距接口与量子密钥分发节点进行通信。

在控制层上，为了实现高效的量子密钥分发网络控制和管理，放置了一个逻辑上集中式的 SDN 控制器。同时，在控制层上可以构建多个量子密钥池（Quantum Key Pool，QKP）来管理量子密钥分发节点间生成的安全密钥。其中，在每对量子密钥分发节点之间都构建一个量子密钥池，这些量子密钥池均由 SDN 控制器进行控制，从而能够以成对的方式管理密钥生成、存储、分配和销毁等。SDN 控制器与量子密钥分发层的各代理之间通过南向接口协议建立基于 IP 的连接，实现控制信道信令消息的传输。

在应用层上，多个租户可以从量子密钥分发层获取密钥资源，用来保障其数据传输的安全。在量子密钥分发网络中，租户不同于通常由虚拟节点和虚拟链路构成的子网，这是因为租户只需要从量子密钥分发网络基础设施的特定节点中获取安全密钥。一个租户可以具有一个或多个密钥需求。例如，图 6-2 中租户 1 具有 3 个分别对应 QKP_{AD}、QKP_{AE} 和 QKP_{DE} 的密钥需求；租户 3 则只具有一个对应 QKP_{CD} 的密钥需求。考虑到安全密钥具有不能重复使用的特性，高效的密钥分配方案对于实现量子密钥分发网络密钥资源的高效利用，同时满足多租户的密钥需求非常重要。

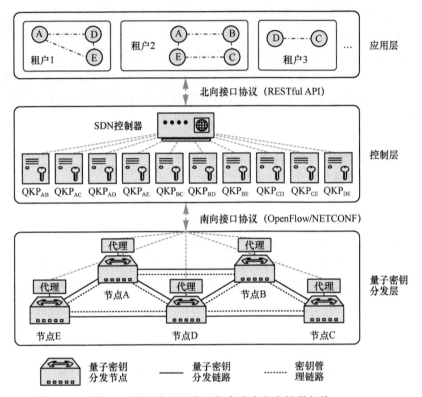

图 6-2 量子密钥分发网络离线多租户提供架构

在该架构中，控制层的 SDN 控制器能够实时获取量子密钥分发层的密钥生成率和密钥量信息，但无法获取真正的密钥。真正的密钥在 SDN 控制器的控制下可以直接交付给多个租户。因此，该架构可以确保密钥的安全性。量子密钥分发网络离线多租户提供架构的跨层交互流程如图 6-3 所示，可以总结为以下两个阶段。

① 量子密钥分发网络配置（步骤 1～6）：配置量子密钥池和量子密钥分发节点，从而实现量子密钥分发网络中安全密钥的生成和存储。

② 离线多租户提供（步骤 7～12）：SDN 控制器首先查询并选择与每个租户密钥需求相对应的量子密钥池，然后由选定的量子密钥池对量子密钥分发节点进行配置，完成面向每个租户的密钥分配以及后续的密钥销毁。

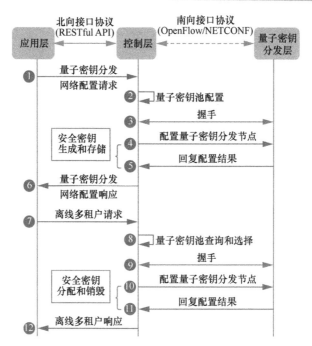

图 6-3　量子密钥分发网络离线多租户提供架构的跨层交互流程

6.2.2　量子密钥分发网络离线多租户提供模型

本节描述的量子密钥分发网络离线多租户提供模型涉及网络模型、密钥生成率共享机制和离线多租户密钥分配问题建模。离线多租户提供在网络运营阶段具有十分重要的意义，在此阶段之前量子密钥分发网络部署已经完成，因此每对量子密钥分发节点之间都可以稳定地生成安全密钥。在量子密钥分发网络离线多租户提供模型中使用的数学符号定义如下。

- $G(V,E)$：量子密钥分发网络拓扑，V 和 E 分别是节点和链路集合，节点 $m,n \in V$。
- Q：量子密钥分发网络的量子密钥池集合。
- q_{mn}：量子密钥分发节点 m 与 n 之间的量子密钥池，量子密钥池 $q_{mn} \in Q$。
- K：量子密钥分发网络的密钥生成率集合。
- k_{mn}：量子密钥分发节点 m 与 n 之间的密钥生成率，密钥生成率 $k_{mn} \in K$。
- k：一个密钥生成率槽。
- C_{mn}：量子密钥分发节点 m 与 n 之间的密钥生成率容量。
- R：量子密钥分发网络的离线多租户请求集合。
- $r(V_r, W_r)$：一个离线租户请求。

151

- V_r：离线租户请求 r 的密钥生成率需求对应的量子密钥分发节点集合。
- W_r：离线租户请求 r 的密钥生成率需求集合。
- w_{mn}^r：W_r 中对应量子密钥分发节点 m 与 n 之间的密钥生成率需求。
- b_{mn}^r：离线租户请求 r 对应节点 m 与 n 之间所需的密钥生成率槽数量。
- Q_r：离线租户请求 r 的密钥生成率需求对应的量子密钥池集合。
- q_{mn}^r：Q_r 中对应量子密钥分发节点 m 与 n 之间的量子密钥池。
- Z：量子密钥分发网络当前容纳的离线多租户集合，离线租户 $z \in Z$。
- A_{mn}：量子密钥分发节点 m 与 n 之间的当前可用密钥生成率。
- B_{mn}：量子密钥分发节点 m 与 n 之间当前被占用的密钥生成率槽数量。
- RU_{mn}：量子密钥分发节点 m 与 n 之间的密钥资源利用率。
- $SP_{Off\text{-}TR}$：离线租户请求成功率。
- RU_{SK}：全网密钥资源利用率。

（1）网络模型

将量子密钥分发网络拓扑建模为 $G(V, E)$，其中 V 和 E 分别表示节点和链路集合。本节讨论的量子密钥池与租户具有一对多的关系，即一对量子密钥分发节点之间只存在一个量子密钥池。量子密钥分发网络的量子密钥池集合用 Q 表示，于是量子密钥池总数可以表示为

$$|Q| = \frac{|V|(|V|-1)}{2} \tag{6-1}$$

其中，$|V|$ 表示量子密钥分发节点数量。一个量子密钥池构建在两个量子密钥分发节点之间，以成对的方式管理节点间共享的安全密钥。量子密钥池的总数只与量子密钥分发网络拓扑上的量子密钥分发节点数量有关，因此式（6-1）可以很好地扩展并适用于不同的网络规模。一对量子密钥分发节点 m 与 n 之间的量子密钥池表示为 q_{mn}。在量子密钥分发网络运营阶段，每对量子密钥分发节点之间都以一定的密钥生成率共享安全密钥，并将安全密钥存储在对应的量子密钥分发节点中。量子密钥分发网络的密钥生成率集合用 K 表示，其中量子密钥分发节点 m 与 n 之间的密钥生成率表示为 k_{mn}（单位为 bit/s）。

（2）密钥生成率共享机制

为了实现量子密钥分发网络中密钥资源的高效利用，可以采用密钥生成率共享机制，如图 6-4 所示。在实际应用中，量子密钥分发网络拓扑上不同量子密钥分发节点对的密钥生成率可能不同，可以将其分割成许多小的密钥生成率槽，用来满足多个租户的密钥需求。本节采用均匀的密钥生成率共享方案，即每个密钥生成率槽的大小相同，并将其表示为 k（单位为 bit/s）。k 的值与租户的密钥生成

率需求以及数据加密使用的加密算法有关，本节不限制 k 的具体值。以数据加密采用 AES 算法为例，k 可以设置为 128 bit/s、192 bit/s 或 256 bit/s。

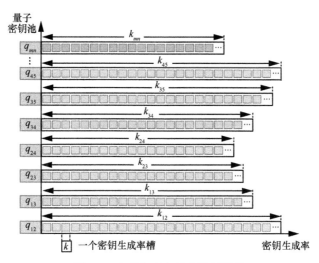

图 6-4　密钥生成率共享机制示意

（3）离线多租户密钥分配问题建模

在离线多租户场景中，离线多租户请求是预先已知的，离线多租户请求集合用 R 表示。将一个离线租户请求建模为 $r(V_r, W_r)$，其中，V_r 表示该请求的密钥生成率需求对应的量子密钥分发节点集合，W_r 表示该请求的密钥生成率需求集合。离线租户请求 r 的密钥生成率需求对应的量子密钥池集合表示为 Q_r。将密钥生成率需求集合 W_r 中对应量子密钥分发节点 m 与 n 之间的密钥生成率需求表示为 w_{mn}^r（单位为 bit/s），以及量子密钥池集合 Q_r 中对应量子密钥分发节点 m 与 n 之间的量子密钥池表示为 q_{mn}^r。根据密钥生成率共享机制，密钥生成率 k_{mn} 被分割成许多均匀的密钥生成率槽，用来满足量子密钥分发节点 m 与 n 之间的密钥生成率需求。于是，密钥生成率 k_{mn} 的容量可以表示为

$$C_{mn} = k_{mn}/k \tag{6-2}$$

将量子密钥分发网络当前容纳的离线多租户集合表示为 Z。于是，量子密钥分发节点 m 与 n 之间的当前可用密钥生成率可以表示为

$$A_{mn} = k_{mn} - \sum_{z \in Z} w_{mn}^z \tag{6-3}$$

图 6-5 所示为量子密钥分发网络基础设施上离线多租户密钥分配的示例。图 6-5 中标出了量子密钥分发层上量子密钥分发节点对的当前可用密钥生成率，

以及应用层上离线租户请求 r_1 和 r_2 的密钥生成率需求。当 A_{12}、A_{13}、A_{23} 和 A_{45} 的值分别大于 $w_{12}^{r_1}$、$w_{13}^{r_1}$、$w_{23}^{r_1}$ 和 $w_{45}^{r_2}$ 时,可以成功地将安全密钥分配给离线租户请求 r_1 和 r_2。

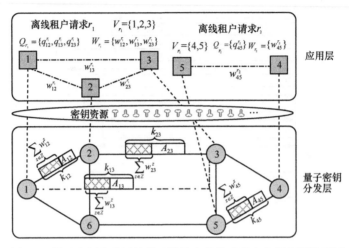

图 6-5   量子密钥分发网络基础设施上离线多租户密钥分配的示例

6.2.3   量子密钥分发网络离线多租户提供策略

结合密钥生成率共享机制,量子密钥分发网络离线多租户提供策略可以由启发式算法实现。表 6-1 所示为量子密钥分发网络离线多租户密钥分配算法。对于每个离线租户请求,首先确定该请求的密钥生成率需求对应的量子密钥池集合。然后,判断量子密钥分发网络的当前可用密钥生成率是否能够满足该请求的密钥生成率需求。如果可以满足该请求的密钥生成率需求,则基于首次命中算法从对应的量子密钥分发节点对中选择所需的密钥生成率槽,并将其分配给该离线租户请求。由于密钥资源具有不能重复使用的特性,且使用一次以后即被销毁,针对其他网络场景设计的一些相对复杂的资源分配算法并不适用于离线多租户密钥分配。

表 6-1   量子密钥分发网络离线多租户密钥分配算法

输入	$G(V,E)$, Q, K, k, R
输出	Z, B_{mn}、面向离线多租户请求的密钥分配方案
1	初始化变量 $A_{mn} \leftarrow k_{mn}$, $Z \leftarrow \varnothing$, $B_{mn} \leftarrow 0$;
2	**for** 每个离线租户请求 r **do**
3	确定该离线租户请求的密钥生成率需求对应的量子密钥池集合 Q_r;
4	**for** Q_r 中对应节点 m 与 n 之间的量子密钥池 q_{mn}^r **do**

5	查询量子密钥分发节点 m 与 n 之间的当前可用密钥生成率 A_{mn} ；
6	**if** $w_{mn}^r \leqslant A_{mn}$ **then**
7	标记 X 值为成功；
8	**else**
9	标记 X 值为失败；
10	**break**;
11	**end if**
12	**end for**
13	**if** X 值为成功 **then**
14	将该离线租户请求添加在离线多租户集合 Z 中；
15	**for** Q_r 中对应节点 m 与 n 之间的量子密钥池 q_{mn}^r **do**
16	$b_{mn}^r \leftarrow w_{mn}^r / k$ ；
17	基于首次命中算法选择节点 m 与 n 之间的 b_{mn}^r 个密钥生成率槽；
18	$B_{mn} \leftarrow B_{mn} + b_{mn}^r$ ；
19	$A_{mn} \leftarrow k_{mn} - \sum_{z \in Z} w_{mn}^z$ ；
20	**end for**
21	**else**
22	无法满足该离线租户请求的密钥生成率需求；
23	**end if**
24	**end for**
25	**return** Z, B_{mn}

在执行量子密钥分发网络离线多租户密钥分配算法后，量子密钥分发节点 m 与 n 之间的密钥资源利用率可以通过式（6-4）计算。

$$\mathrm{RU}_{mn} = B_{mn} / C_{mn} \tag{6-4}$$

据此，量子密钥分发网络基础设施上离线租户请求成功率和全网密钥资源利用率可以分别表示为

$$\mathrm{SP}_{\text{Off-TR}} = |Z| / |R| \tag{6-5}$$

$$\mathrm{RU}_{\text{SK}} = \sum_{m,n \in V} B_{mn} \Big/ \sum_{m,n \in V} C_{mn} \tag{6-6}$$

而且，通过定义"匹配度"性能指标，可以用来评估量子密钥分发网络密钥资源与离线多租户请求之间的平衡关系，"匹配度"可以定义为

$$匹配度 = \alpha \cdot \mathrm{SP}_{\text{Off-TR}} + \beta \cdot \mathrm{RU}_{\text{SK}} \tag{6-7}$$

其中，α 和 β 分别是 $\mathrm{SP}_{\text{Off-TR}}$ 和 RU_{SK} 的权重系数，且 $\alpha + \beta = 1$ 。量子密钥分发网络运营过程中，运营商可以根据实际场景和需求设置不同的 α 和 β 值。

6.2.4 量子密钥分发网络离线多租户提供案例

为了评估量子密钥分发网络离线多租户提供策略在不同的网络规模、密钥资源以及离线多租户请求等场景下的性能，本节采用两种经典的网络拓扑进行仿真分析，分别是 NSFNET 拓扑（14 个节点）和 USNET 拓扑（24 个节点），如图 6-6 所示。根据式（6-1），NSFNET 和 USNET 拓扑上的量子密钥池总数分别为 91（$|V|=14$）和 276（$|V|=24$）。设置量子密钥分发网络拓扑上每对量子密钥分发节点之间的密钥生成率均匀分布在一定范围内，如 $K=\{28k, 30k, 32k\}$。离线多租户请求在任意的多个节点间随机生成，将离线租户请求的密钥生成率需求对应的量子密钥分发节点数量设置为均匀分布在一定范围内，如 $V_r=\{2,3,4\}$，同时设置离线租户请求的密钥生成率需求也均匀分布在一定范围内，如 $W_r=\{2k, 3k, 4k\}$。

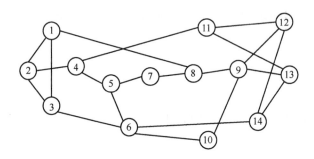

(a) NSFNET拓扑

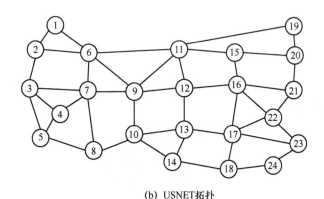

(b) USNET拓扑

图 6-6 仿真采用的网络拓扑

案例分析分别讨论了以下 3 种情况对量子密钥分发网络离线多租户提供的不同影响。

① 离线多租户请求固定（V_r 和 W_r 固定），量子密钥分发网络密钥资源不同

（K 不同）。其中，V_r 和 W_r 分别设置为{2, 3, 4}和{2k, 3k, 4k}。

② 量子密钥分发网络密钥资源固定（K 固定），离线多租户请求不同（V_r 和 W_r 不同）。其中，K 设置为{28k, 30k, 32k}。

③ 量子密钥分发网络密钥资源和离线多租户请求均不同（K、V_r 和 W_r 不同）。

表 6-2 分别列出了量子密钥分发网络密钥资源的 5 个案例（表示为 NC1～NC5）和离线多租户请求的 5 个案例（表示为 TR1～TR5）。在案例 NC1、NC2 和 NC3 中，K 包含不同的量子密钥分发网络密钥生成率值，其中密钥生成率类型固定为 1（表示任意两个量子密钥分发节点之间的密钥生成率相同）。在案例 NC3、NC4 和 NC5 中，K 包含不同的量子密钥分发网络密钥生成率类型，其中密钥生成率平均值固定为 30k。在案例 TR1 和 TR4 中，W_r 包含不同的密钥生成率需求值，其中 V_r 固定为{2, 3, 4}，且密钥生成率需求类型固定为 1（表示在任意两个量子密钥分发节点之间每个离线租户请求的密钥生成率需求相同）。在案例 TR1、TR2 和 TR3 中，W_r 包含不同的密钥生成率需求类型，其中 V_r 固定为{2, 3, 4}，密钥生成率需求平均值固定为 3k。在案例 TR2 和 TR5 中，V_r 范围不同，其中 W_r 固定为{2k, 3k, 4k}。如上文所述，本节不限制 k 的具体值，例如，当量子密钥分发节点之间的密钥生成率为 1.2 Mbit/s[22]、K 固定为{30k}时，k 的值为 40 kbit/s。此外，通过 500 次重复仿真并取结果的平均值来保证数据统计准确性。

表 6-2　量子密钥分发网络密钥资源和离线多租户请求案例

案例	量子密钥分发网络密钥资源	案例	离线多租户请求
NC1	$K = \{26k\}$	TR1	$V_r = \{2, 3, 4\}$ $W_r = \{3k\}$
NC2	$K = \{28k\}$	TR2	$V_r = \{2, 3, 4\}$ $W_r = \{2k, 3k, 4k\}$
NC3	$K = \{30k\}$	TR3	$V_r = \{2, 3, 4\}$ $W_r = \{k, 2k, 3k, 4k, 5k\}$
NC4	$K = \{28k, 30k, 32k\}$	TR4	$V_r = \{2, 3, 4\}$ $W_r = \{4k\}$
NC5	$K = \{26k, 28k, 30k, 32k, 34k\}$	TR5	$V_r = \{2, 3, 4, 5\}$ $W_r = \{2k, 3k, 4k\}$

（1）不同量子密钥分发网络密钥资源的案例分析

图 6-7 和图 6-8 所示分别为不同网络拓扑下的离线租户请求成功率和全网密钥资源利用率，其中比较了量子密钥分发网络密钥资源的 5 个案例。从图 6-7 和图 6-8 中可以看出，随着离线租户请求数的增多，离线租户请求成功率逐渐降低，且全网密钥资源利用率逐渐上升，这是由全网整体密钥生成率需求增加造成的。通过对比量子密钥分发网络密钥资源的 5 个案例，可以观察到离线租户请求成功率或全网密钥资源利用率在不同的网络规模下可以呈现出相似的趋势，验证了量子密钥分发网络离线多租户密钥分配算法的有效性和可扩展性。

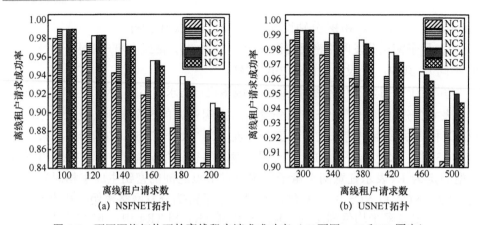

图 6-7　不同网络拓扑下的离线租户请求成功率（K 不同，V_r 和 W_r 固定）

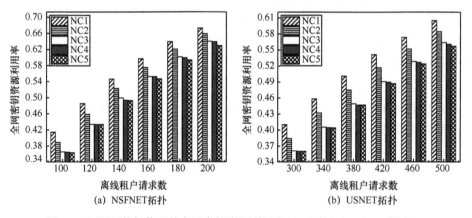

图 6-8　不同网络拓扑下的全网密钥资源利用率（K 不同，V_r 和 W_r 固定）

如图 6-7（a）、（b）所示，当 K 中量子密钥分发网络密钥生成率值增大时，离线租户请求成功率随之提升（详见案例 NC1、NC2 和 NC3），这是因为量子密钥分发网络当前可用密钥生成率槽增多。当存在多种量子密钥分发网络密钥生成率类型时（详见案例 NC3、NC4 和 NC5），离线租户请求成功率随着离线租户请求数的增多先是保持稳定，然后逐渐降低。其原因在于，多种密钥生成率类型情况下，不同量子密钥分发节点对的当前可用密钥生成率相对不平衡，且当离线租户请求数较多时，这种不平衡现象更加明显。因此，为了实现离线租户请求成功率的提升，可以在量子密钥分发网络密钥资源中增大密钥生成率值或减少密钥生成率类型。

如图 6-8（a）、（b）所示，增大 K 中量子密钥分发网络密钥生成率值会导致全网密钥资源利用率的降低（详见案例 NC1、NC2 和 NC3），这是因为量子密分发网络拓扑上的密钥生成率总容量增加。同时，全网密钥资源利用率随着 K 中量子密钥分发网络密钥生成率类型的增加而降低（详见案例 NC3、NC4 和 NC5），这直接源于离线租户请求成功率的下降，即量子密钥分发网络能够容纳的离线租户请求数减少。因此，量子密钥分发网络密钥资源的配置需要考虑离线多租户请求的具体密钥生成率需求，从而使密钥资源利用效率更高。

（2）不同离线多租户请求的案例分析

图 6-9 和图 6-10 所示分别为不同网络拓扑下的离线租户请求成功率和全网密钥资源利用率，其中比较了离线多租户请求的 5 个案例。从图 6-9 和图 6-10 中可以看出，在不同网络规模下，离线租户请求成功率和全网密钥资源利用率随着离线租户请求数的变化呈现出与图 6-7 和图 6-8 相似的趋势，这也验证了量子密钥分发网络离线多租户密钥分配算法的有效性和可扩展性。

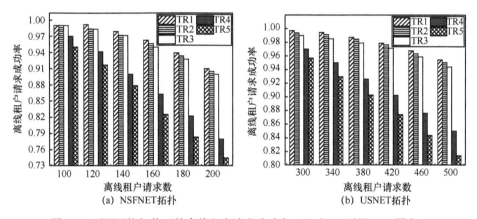

图 6-9　不同网络拓扑下的离线租户请求成功率（V_r 和 W_r 不同，K 固定）

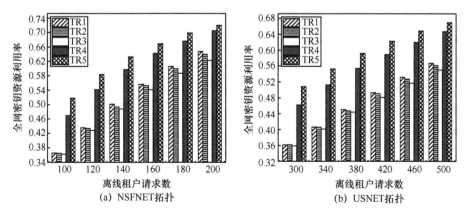

图 6-10　不同网络拓扑下的全网密钥资源利用率（V_r 和 W_r 不同，K 固定）

如图 6-9（a）、（b）所示，当 W_r 中密钥生成率需求值增加（详见案例 TR1 和 TR4）或 V_r 范围扩大（详见案例 TR2 和 TR5）时，离线租户请求成功率逐渐降低，这是因为量子密钥分发网络中所有离线租户请求的总密钥生成率需求增加。此外，随着 W_r 中密钥生成率需求类型的增加（详见案例 TR1、TR2 和 TR3），离线租户请求成功率在离线租户请求数较少时保持稳定，并且随着离线租户请求数的增多而逐渐降低。其原因在于，在多种密钥生成率需求类型情况下，不同量子密钥分发节点对的当前可用密钥生成率相对不平衡，且当离线租户请求数较多时这种不平衡趋势会更加明显。因此，为了实现离线租户请求成功率的提升，可以减小离线租户请求的密钥生成率需求值或减少离线租户请求的密钥生成率需求类型，也可以减少密钥生成率需求对应的量子密钥分发节点数量。

如图 6-10（a）、（b）所示，随着 W_r 中密钥生成率需求值的增加（详见案例 TR1 和 TR4）或 V_r 范围的扩大（详见案例 TR2 和 TR5），全网密钥资源利用率逐渐提升，这是由量子密钥分发网络的总密钥生成率需求增加造成的。当减少 W_r 中密钥生成率需求类型时（详见案例 TR1、TR2 和 TR3），全网密钥资源利用率出现上升的趋势，这直接源于离线租户请求成功率的上升。由于离线租户请求是随机产生的，且密钥生成率需求在一定范围内均匀分布，不同的密钥生成率需求类型会削弱不同量子密钥分发节点对的当前可用密钥生成率的平衡关系。因此，为了更高效地利用密钥资源，需要考虑离线多租户请求与量子密钥分发网络密钥资源的平衡关系。

（3）不同量子密钥分发网络密钥资源和离线多租户请求的案例分析

图 6-11 和图 6-12 所示分别为不同网络拓扑下的量子密钥分发网络密钥资源与离线多租户请求之间的匹配度。其中，图 6-11 考虑了 $\alpha=0, \beta=1$ 和 $\alpha=1, \beta=0$ 两种情况，图 6-12 考虑了 $\alpha : \beta$ 为 1:1、1:2 和 2:1 的 3 种情况。并且，在 NSFNET 和 USNET 拓扑上，离线租户请求数分别固定为 150 和 400。显然，匹配度会受到量子密钥分发网络密钥资源、离线多租户请求以及 α 和 β 值的影响。

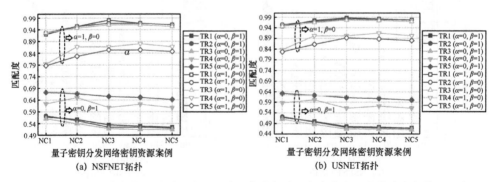

图 6-11 不同网络拓扑下的量子密钥分发网络密钥资源与离线多租户请求之间的匹配度
（$\alpha=0, \beta=1$ 和 $\alpha=1, \beta=0$）

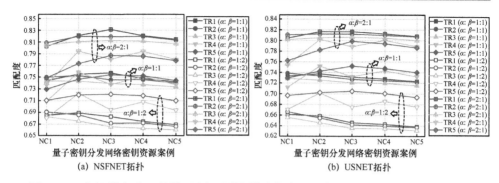

图 6-12 不同网络拓扑下的量子密钥分发网络密钥资源与离线多租户请求之间的匹配度
（$\alpha:\beta$ 为 1:1、1:2 和 2:1）

如图 6-11（a）、（b）所示，当 $\alpha=0,\beta=1$ 时，案例 NC1 与 TR5 之间的匹配度（此时匹配度即为全网密钥资源利用率）高于其他案例；而当 $\alpha=1,\beta=0$ 时，案例 NC3 与 TR1 之间的匹配度（此时匹配度即为离线租户请求成功率）高于其他案例。这反映了在案例 NC1 与 TR5 结合的情况下，密钥资源的利用效率比其他案例更高；而在案例 NC3 与 TR1 结合的情况下，可以容纳更多的离线租户请求。同时，可以观察到离线租户请求成功率与全网密钥资源利用率没有直接的对应关系。在实际应用中，网络运营商可以根据自己的需求，利用匹配度来平衡量子密钥分发网络密钥资源与离线多租户请求。

如图 6-12（a）、（b）所示，当 $\alpha:\beta=2:1$ 时，NSFNET 拓扑上案例 NC3 与 TR1 之间的匹配度高于其他案例；而当 $\alpha:\beta=1:2$ 时，USNET 拓扑上案例 NC3 与 TR5 之间的匹配度高于其他案例。通过寻找较大的匹配度可以获得量子密钥分发网络密钥资源与离线多租户请求之间更好的平衡关系，有利于容纳更多的离线租户请求，同时实现更高效的密钥资源利用。

量子密钥分发网络离线多租户提供案例总结如下。

① 结合密钥生成率共享机制与量子密钥分发网络离线多租户密钥分配算法，可以实现量子密钥分发网络上高效的离线多租户提供，且量子密钥分发网络离线多租户密钥分配算法具有可扩展性和有效性。

② 减少量子密钥分发网络密钥资源的密钥生成率类型或减少离线多租户请求的密钥生成率需求类型，可以实现离线租户请求成功率和全网密钥资源利用率的联合提升。

③ 最大化匹配度的值，可以在容纳大量离线租户请求的同时，实现密钥资源的高效利用，从而获得量子密钥分发网络密钥资源与离线多租户请求之间的高度平衡。

🔍 6.3 量子密钥分发网络在线多租户提供技术

在线多租户场景中，每个租户请求会动态地到达与离去，且每个租户请求到达之前均是未知的。在线多租户提供技术不仅需要实现面向在线多租户的密钥分配，还需要解决在线多租户请求的调度问题。传统的启发式算法可以解决在线多租户提供问题，但其效率可能面临挑战。在人工智能技术的启发下，强化学习有机会实现高效的在线多租户提供。通过对基于启发式算法和强化学习的在线多租户提供策略进行综合比较，可以为量子密钥分发网络运营提供参考。

6.3.1 量子密钥分发网络在线多租户提供架构

图 6-13 所示为量子密钥分发网络在线多租户提供架构，该架构从下到上由 3 个逻辑层组成：量子密钥分发网络基础设施所在的部署层、量子密钥池所在的管理层和在线多租户请求所在的运营层。

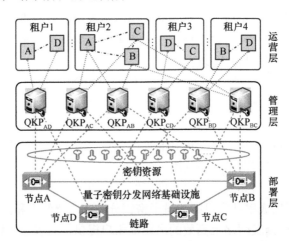

图 6-13　量子密钥分发网络在线多租户提供架构

部署层部署了由若干个量子密钥分发节点组成的量子密钥分发网络基础设施，这些节点通过量子密钥分发链路及密钥管理链路相互连接。在量子密钥分发节点之间放置若干个可信中继作为中继节点，用来实现长距离的量子密钥分发，从而在任意一对量子密钥分发节点之间生成全局密钥。一个量子密钥分发节点可以对应多个租户的端节点，而在中继节点处不会有租户请求的到达或离去。

管理层构建了多个量子密钥池，用来提升量子密钥分发网络基础设施的密钥资源管理效率。安全密钥整体生命周期的多个阶段（如密钥生成、存储、分配和销毁）都是在量子密钥分发节点中以分布式的方式进行处理的。安全密钥不会在不同的物理位置之间传递，因此密钥的安全性可以得到保证。也就是说，一个量子密钥分发节点的安全密钥只能交付给与其位于相同位置的租户端节点。在任意两个量子密钥分发节点之间都构建一个量子密钥池，从而以成对的方式管理安全密钥。量子密钥池可以从对应的量子密钥分发节点中获取密钥生成率和密钥量信息。在实际应用中，管理层上的所有量子密钥池都可以采用 SDN 控制器进行控制。

在运营层上，在线多租户请求是动态到达的。一个在线租户请求在其持续时间内需要从多个特定的量子密钥分发节点中获取密钥资源。每个在线租户请求的密钥需求对应的量子密钥分发节点数量可能是不同的。例如，租户 1 对应量子密钥池 QKP_{AD} 在量子密钥分发节点 A 与 D 之间有一个密钥需求；而租户 2 对应量子密钥池 QKP_{AB}、QKP_{AC} 和 QKP_{BC} 在量子密钥分发节点 A、B、C 之间共有 3 个密钥需求。

6.3.2　量子密钥分发网络在线多租户提供模型

本节描述的量子密钥分发网络在线多租户提供模型包括网络模型和目标函数。其中，网络模型是基于图 6-13 的网络架构进行描述的。量子密钥分发网络在线多租户提供模型中使用的数学符号定义如下。

- $G(N,L)$：量子密钥分发网络拓扑，N 和 L 分别是节点和链路集合，节点 $i, j \in N$。
- Q：量子密钥分发网络的量子密钥池集合。
- Q_{ij}：一对量子密钥分发节点 i 与 j 之间的量子密钥池。
- t：一个时间戳。
- T：每个密钥资源/需求图像的时间长度。
- K：每个时间戳内一个量子密钥池对应的密钥容量。
- R：量子密钥分发网络的在线多租户请求集合。
- $r(n_r, d_r, t_r)$：一个在线租户请求。
- n_r：在线租户请求 r 的密钥需求对应的量子密钥分发节点集合。
- d_r：在线租户请求 r 的密钥需求集合。
- t_r：在线租户请求 r 的持续时间。
- q_r：在线租户请求 r 的密钥需求对应的量子密钥池集合。
- d_{ij}^r：每个时间戳内在线租户请求 r 在一对量子密钥分发节点 i 与 j 之间的密钥需求。
- M：每个时间戳内针对在线租户请求的调度容量。

- R_{m}：每个时间戳内缓冲区中前 M 个在线租户请求集合。
- R_{s}：量子密钥分发网络实际容纳的在线租户请求集合。
- K_r：每个时间戳内在线租户请求 r 的总密钥需求。
- U：量子密钥分发网络的总运营时间。
- $\mathrm{BP}_{\mathrm{On\text{-}TR}}$：在线租户请求阻塞率。
- $\mathrm{RU}_{\mathrm{SK}}$：全网密钥资源利用率。

（1）网络模型

将量子密钥分发网络拓扑建模为 $G(N,L)$，其中 N 和 L 分别表示量子密钥分发网络的节点和链路集合。在量子密钥分发网络部署阶段，任意一对量子密钥分发节点之间都部署了若干个中继节点进行密钥中继。中继节点的数量不会对量子密钥分发网络运营阶段的多租户提供造成影响，因此本节讨论的在线多租户提供技术不涉及中继节点。在一个节点的物理范围内，一个量子密钥分发节点对应多个租户的端节点。

将一对量子密钥分发节点 i 与 j 之间的量子密钥池建模为 Q_{ij}，且量子密钥分发网络的量子密钥池集合用 Q 表示。本节讨论的量子密钥池与租户具有一对多的关系，即一对量子密钥分发节点之间只存在一个量子密钥池。因此，量子密钥分发网络的量子密钥池总数可以表示为

$$|Q| = \frac{|N|(|N|-1)}{2} \tag{6-8}$$

其中，$|N|$ 表示量子密钥分发网络的量子密钥分发节点数量。

针对每个量子密钥池对应量子密钥分发节点间的密钥资源，本节采用图像对其进行建模，如图 6-14（a）所示。量子密钥分发网络上用于密钥资源建模的图像总数等于 $|Q|$。每个图像的行和列分别表示时间和密钥资源。一个图像中有许多归一化的矩形，其中，一个矩形的垂直长度和水平长度分别定义为可以容纳在线租户请求的一个时间戳（表示为 t）和密钥资源单元（表示为 1 unit）。图像中白色的矩形表示空闲资源，即密钥资源单元在对应的时间戳内未被占用；而充满其他图案（除白色外）的矩形表示占用资源。占用资源对应矩形的不同图案代表量子密钥分发网络容纳的不同在线租户请求；而相同图案则代表一个在线租户请求的密钥需求对应的几个特定的量子密钥池。假设每个图像的时间长度是相同的（表示为 T），并且每个时间戳内一对量子密钥分发节点生成的密钥资源（即一个量子密钥池对应的密钥容量）也是相同的（表示为 K unit）。

将一个在线租户请求建模为 $r(n_r, d_r, t_r)$，其中，n_r 表示该请求的密钥需求对应的量子密钥分发节点集合，d_r 表示该请求的密钥需求集合，t_r 表示该请求的持续时间。量子密钥分发网络的在线多租户请求集合用 R 表示。在线租户请求 r 的

密钥需求对应的量子密钥池集合表示为 q_r。于是，在线租户请求 r 的密钥需求对应的量子密钥池数量可以表示为

$$|q_r| = \frac{|n_r|(|n_r|-1)}{2} \tag{6-9}$$

其中，$|n_r|$ 表示在线租户请求 r 的密钥需求对应的量子密钥分发节点数量。

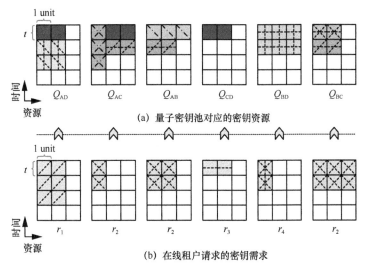

(a) 量子密钥池对应的密钥资源

(b) 在线租户请求的密钥需求

图 6-14　量子密钥分发网络密钥资源和在线租户请求密钥需求建模

本节还采用图像对在线租户请求的密钥需求进行建模，如图 6-14（b）所示。针对在线租户请求 r 的密钥需求进行建模的图像数量等于 $|q_r|$。在线租户请求的每个密钥需求图像和一个量子密钥池对应的密钥资源图像尺寸大小相同，这样可以方便进行在线多租户请求的调度和面向在线多租户请求的密钥分配。具有不同图案（除白色外）的图像表示不同在线租户请求的密钥需求，而具有相同图案的不同图像则表示一个在线租户请求对应不同量子密钥池的密钥需求。例如，结合图 6-13，在线租户请求 r_1（$|n_{r_1}|=2$，$|q_{r_1}|=1$）的持续时间为 3 个时间戳（$t_{r_1}=3t$），且每个时间戳内需要对应量子密钥池 Q_{AD} 的 2 unit 密钥资源（$d_{r_1}=\{2\}$ unit）；而在线租户请求 r_2（$|n_{r_2}|=3$，$|q_{r_2}|=3$）的持续时间为 2 个时间戳（$t_{r_2}=2t$），且每个时间戳内需要分别对应量子密钥池 Q_{AB}、Q_{AC} 和 Q_{BC} 的 2 unit、1 unit 和 3 unit 密钥资源（$d_{r_2}=\{2,1,3\}$ unit）。

其实，一个密钥资源或密钥需求图像也相当于一个二维矩阵。由于图像可以清晰地表示资源和需求，本节网络模型选用图像作为数据结构。假设在线多租户请求在离散的时间戳内动态到达，并且可以容忍排队时延。于是，按照时间顺序

到达的在线租户请求可以先在缓冲区中等待，然后根据密钥分配的结果进行调度。如果密钥资源不足，则拒绝该请求。随着时间的推移，缓冲区中会产生越来越多的在线租户请求的密钥需求图像，本节将每个时间戳内针对在线租户请求的调度容量固定为 M，从而能够以可扩展的方式对在线租户请求进行调度。也就是说，每个时间戳内只接纳缓冲区中前 M 个在线租户请求的密钥需求图像，这 M 个在线租户请求尚未被调度且将其添加在集合 R_m 中。

（2）目标函数

在量子密钥分发网络在线多租户提供阶段，量子密钥分发网络部署层和管理层已经完善，即量子密钥分发网络基础设施已经完成部署，并在其上完成了量子密钥池的构建。由于量子密钥分发网络的运营是独立于其他网络的，本节只考虑独立的量子密钥分发网络。假设点到点的本地密钥和端到端的全局密钥都可以在量子密钥分发网络基础设施中生成，因此不需考虑在线租户请求的路由问题。针对在线多租户提供问题，主要考虑在线租户请求的调度问题和面向在线租户请求的密钥分配问题。

量子密钥分发网络的在线多租户提供问题考虑以下两个目标。

① 最小化在线租户请求阻塞率：在线租户请求阻塞率定义为量子密钥分发网络上拒绝的在线租户请求数量与全网在线租户请求总数之比，可以表示为

$$\mathrm{BP_{On\text{-}TR}} = 1 - \frac{|R_s|}{|R|} \tag{6-10}$$

其中，R_s 表示量子密钥分发网络实际容纳的在线租户请求集合。当量子密钥分发网络能够容纳尽可能多的在线租户请求时，在线租户请求阻塞率（$0 \leqslant \mathrm{BP_{On\text{-}TR}} \leqslant 1$）的值最小。

② 最大化全网密钥资源利用率：全网密钥资源利用率定义为量子密钥分发网络上占用的密钥资源量与全网密钥资源总量之比，可以表示为

$$\mathrm{RU_{SK}} = \frac{\sum\limits_{r \in R_s} K_r t_r}{KU|Q|} \tag{6-11}$$

其中，K_r 表示每个时间戳内在线租户请求 r 的总密钥需求，U 表示量子密钥分发网络的总运营时间。当量子密钥分发网络的密钥资源能够被尽可能高效地利用时，全网密钥资源利用率（$0 \leqslant \mathrm{RU_{SK}} \leqslant 1$）的值最大。此外，$K_r$ 可以按照如下方式计算。

$$K_r = \sum\limits_{i,j \in n_r} d_{ij}^r \tag{6-12}$$

其中，d_{ij}^r 表示每个时间戳内在线租户请求 r 在一对量子密钥分发节点 i 与 j 之间的密钥需求。

6.3.3　量子密钥分发网络在线多租户提供策略

在网络模型的基础上，量子密钥分发网络在线多租户提供策略可以基于启发式算法和强化学习方案实现。

（1）启发式算法

通过设计启发式算法，可以对在线租户请求阻塞率和全网密钥资源利用率进行优化。这里介绍了 3 种量子密钥分发网络在线多租户提供算法，分别是基于随机调度、匹配调度和最佳适配调度的量子密钥分发网络在线多租户提供算法，详见表 6-3～表 6-5。

表 6-3　基于随机调度的量子密钥分发网络在线多租户提供算法

输入	$G(N,L), Q, t, T, K, R, M, U$
输出	R_s 和 R_s 中每个在线租户请求的 K_r、量子密钥分发网络在线多租户提供方案
1	初始化变量 $R_s \leftarrow \varnothing$；
2	**for** 当前时间戳 $t_c = t$ 到 U　**do**
3	确定当前时间戳内集合 R_m 中在线租户请求和量子密钥池对应的密钥资源图像；
4	**while** 当前时间戳内量子密钥池对应的密钥资源图像存在白色矩形　**do**
5	**if** $R_m \neq \varnothing$　**then**
6	从 R_m 中随机选择一个在线租户请求 $r(n_r, d_r, t_r)$；
7	确定 r 的密钥需求对应的量子密钥池集合 q_r；
8	查找 q_r 中量子密钥池对应的空闲密钥资源；
9	**if** q_r 中量子密钥池对应的空闲密钥资源可以满足 r 的密钥需求　**then**
10	将 r 添加在集合 R_s 中；
11	基于首次命中算法为 r 分配所需的密钥资源；
12	根据式（6-12）计算 K_r；
13	更新当前时间戳内 R_m 中租户请求和量子密钥池对应的密钥资源图像；
14	**else**
15	从 R_m 中移除 r；
16	**end if**
17	**else**
18	**break**；
19	**end if**
20	**end while**
21	**end for**
22	**return** R_s 和 R_s 中每个在线租户请求的 K_r

表 6-4 基于匹配调度的量子密钥分发网络在线多租户提供算法

输入	$G(N,L), Q, t, T, K, R, M, U$
输出	R_s 和 R_s 中每个在线租户请求的 K_r、量子密钥分发网络在线多租户提供方案
1	初始化变量 $R_s \leftarrow \varnothing$;
2	**for** 当前时间戳 $t_c = t$ 到 U **do**
3	确定当前时间戳内集合 R_m 中在线租户请求和量子密钥池对应的密钥资源图像;
4	**while** 当前时间戳内量子密钥池对应的密钥资源图像存在白色矩形 **do**
5	**if** $R_m \neq \varnothing$ **then**
6	查找量子密钥池对应的空闲密钥资源;
7	从 R_m 中选择能够匹配空闲密钥资源的在线租户请求并添加在集合 R_v 中;
8	**if** $R_v \neq \varnothing$ **then**
9	从 R_v 中随机选择一个在线租户请求 $r(n_r, d_r, t_r)$;
10	调用表 6-3 算法中步骤 10~13;
11	**else**
12	**break**;
13	**end if**
14	**else**
15	**break**;
16	**end if**
17	**end while**
18	**end for**
19	**return** R_s 和 R_s 中每个在线租户请求的 K_r

表 6-5 基于最佳适配调度的量子密钥分发网络在线多租户提供算法

输入	$G(N,L), Q, t, T, K, R, M, U$
输出	R_s 和 R_s 中每个在线租户请求的 K_r、量子密钥分发网络在线多租户提供方案
1	初始化变量 $R_s \leftarrow \varnothing$;
2	**for** 当前时间戳 $t_c = t$ 到 U **do**
3	确定当前时间戳内集合 R_m 中在线租户请求和量子密钥池对应的密钥资源图像;
4	**while** 当前时间戳内量子密钥池对应的密钥资源图像存在白色矩形 **do**
5	**if** $R_m \neq \varnothing$ **then**
6	查找量子密钥池对应的空闲密钥资源;
7	从 R_m 中选择能够匹配空闲密钥资源的在线租户请求并添加在集合 R_v 中;
8	**if** $R_v \neq \varnothing$ **then**
9	确定 R_v 中每个在线租户请求的密钥需求对应的量子密钥池集合 q_r ;
10	根据式（6-13）计算 R_v 中在线租户请求与空闲密钥资源的适配度 D_r ;
11	从 R_v 中选择一个适配度最高的在线租户请求 $r(n_r, d_r, t_r)$;
12	调用表 6-3 算法中步骤 10~13;

（续表）

13		else
14		break;
15		end if
16		else
17		break;
18		end if
19		end while
20	end for	
21	return　R_{s} 和 R_{s} 中每个在线租户请求的 K_{r}	

3 种启发式算法对于每个时间戳，首先确定当前时间戳（表示为 t_{c}）内集合 R_{m} 中的在线租户请求和量子密钥池对应的密钥资源图像。如果量子密钥池对应的密钥资源图像存在白色矩形，且集合 R_{m} 中包含多个在线租户请求，则从集合 R_{m} 中选择在线租户请求并对其进行调度，否则进入下一个时间戳。

3 种启发式算法的主要区别在于在线租户请求选择调度策略。基于随机调度的量子密钥分发网络在线多租户提供算法从集合 R_{m} 中随机选择在线租户请求；基于匹配调度的量子密钥分发网络在线多租户提供算法从集合 R_{m} 中选择能够匹配量子密钥池对应空闲密钥资源的在线租户请求，并添加在集合 R_{v} 中。同时，基于最佳适配调度的量子密钥分发网络在线多租户提供算法需要评估集合 R_{v} 中每个在线租户请求与量子密钥池对应空闲密钥资源之间的适配度。在线租户请求 r 与空闲密钥资源的适配度（表示为 D_{r}）定义为在线租户请求 r 的密钥需求与当前时间戳内集合 q_{r} 中量子密钥池对应的空闲密钥资源之比，可以表示为

$$D_{r} = \begin{cases} \dfrac{\sum_{i,j \in n_{r}} d_{ij}^{r} / K_{ij}^{t_{c}}}{|q_{r}|}, & d_{ij}^{r} \leqslant K_{ij}^{t_{c}} \\ 0, & \text{其他} \end{cases} \tag{6-13}$$

其中，$K_{ij}^{t_{c}}$ 表示当前时间戳内量子密钥分发节点 i 与 j 之间的空闲密钥资源。当在线租户请求与量子密钥池对应的空闲密钥资源实现最佳适配时，D_{r}（$0 \leqslant D_{r} \leqslant 1$）的值等于 1；但当密钥需求大于量子密钥池对应的空闲密钥资源时，D_{r} 的值等于 0。基于最佳适配调度的量子密钥分发网络在线多租户提供算法优先选择对应 D_{r} 值较大的在线租户请求。

在线租户请求选择调度完成后，基于随机调度的量子密钥分发网络在线多租户提供算法需要检查量子密钥池对应的空闲密钥资源是否能满足所选在线租户请求的密钥需求。而基于匹配调度和最佳适配调度的量子密钥分发网络在

线多租户提供算法不需执行上述步骤，这是因为在线租户请求选择调度阶段已经选择了能够匹配量子密钥池对应空闲密钥资源的在线租户请求。当一个在线租户请求的密钥需求可以得到满足时，首次命中算法将所需的密钥资源分配给该在线租户请求。最终当 $t_c = U$ 时，可以根据 3 种启发式算法的返回结果计算出在线租户请求阻塞率和全网密钥资源利用率。

（2）强化学习方案

在过去的几年里，强化学习技术[23]在解决复杂决策问题方面取得了巨大成功，在机器学习研究领域引起了广泛关注。量子密钥分发网络的在线多租户提供问题涉及决定是否接受一个新的在线租户请求，这可以看作一个决策问题。因此，强化学习技术将为在线多租户提供给出一种可行的解决方案，它执行的任务是：强化学习智能体应该如何在一个环境中执行一系列动作，以使预期的累积奖励最大化。本节通过引入强化学习框架来解决量子密钥分发网络的在线多租户提供问题。如图 6-15 所示，强化学习框架可以实现以下 3 个步骤。

① 强化学习智能体在每个时间戳内从环境（即量子密钥分发网络）中观察当前状态。

② 强化学习智能体在每个时间戳内执行一个动作。

③ 环境的状态在动作执行之后发生转移，并且环境返回一个奖励（表示动作好坏）给强化学习智能体。

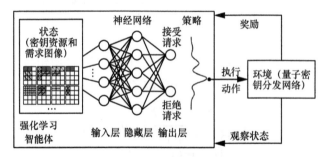

图 6-15　面向量子密钥分发网络在线多租户提供的强化学习框架

假定状态转移和奖励具有马尔可夫属性[24]，这意味着过程的未来只依赖于当前的观察。也就是说，状态转移概率和奖励只依赖于环境的状态和智能体执行的动作。这个强化学习框架的目标是最大化随时间推移的累积奖励，可以将其表示为

$$E = \sum_{t_c=t}^{U} \gamma^{t_c/t} \varepsilon_{t_c} \qquad (6\text{-}14)$$

其中，$\gamma \in (0,1]$ 是折扣因子，ε_{t_c} 是当前时间戳 t_c 内的奖励。

为了将引入的强化学习框架用于在线多租户提供，需要定义强化学习框架中的状态、动作和奖励。从量子密钥分发网络中观察到的当前状态包含量子密钥池对应的密钥资源状态和 R_m 中所有在线租户请求的密钥需求状态，可以分别用密钥资源图像和密钥需求图像来表示。

强化学习智能体根据策略执行一系列动作。策略包含大量的{状态，动作}对，很难以表格形式存储。为了克服这一困难，通常用函数近似器来表示策略[23]。通过结合强化学习与深度学习（称为深度强化学习[25]），可以使用深度神经网络作为函数近似器，从而处理大规模复杂任务，但代价是提高了复杂性。因此，本节仍然采用强化学习方法，并使用包含一个全连接隐藏层的简单神经网络来表示策略（称为策略网络），如图 6-15 所示。该神经网络的 3 层介绍如下。

① 第一层（称为输入层）获取输入值，该神经网络的输入是状态空间中的所有图像。

② 中间层（称为隐藏层）包含的值是通过一个非线性参数函数对输入值的转化。

③ 最后一层（称为输出层）提供了从隐藏层转化的输出值，它可以输出一个动作，以决定接受或拒绝一个新的在线租户请求。

神经网络可以使用梯度下降法[23]进行训练。梯度下降用于将策略参数向能够增加奖励的方向转化。本节采用改进的 REINFORCE 算法[26]训练神经网络。

强化学习智能体可以在同一个时间戳内调度多个在线租户请求。在这种情况下，动作空间将从集合 R_m 中选择在线租户请求的一个子集来接受或拒绝。针对每个有效动作，使用首次命中算法将所需的密钥资源在首个可用的时间戳内分配给接受的在线租户请求。然后，智能体可以观察到状态转移，并调度新的在线租户请求。针对每个无效动作，时间将进行到下一个时间戳，任何新到达的在线租户请求都会展示给强化学习智能体。

本节将折扣因子设置为 $1^{[26]}$。于是，累积奖励定义为随时间推移（时间从量子密钥分发网络运营开始到结束）的奖励之和，可以表示为

$$CR = \sum_{t_c = t}^{U} \varepsilon_{t_c} \tag{6-15}$$

通过定义当前时间戳 t_c 内的奖励，可以实现在线租户请求阻塞率和全网密钥资源利用率的联合优化。于是，当前时间戳 t_c 内的奖励可以表示为

$$\varepsilon_{t_c} = -\frac{\sum_{r \in R_u^{t_c}} K_r t_r}{KT|Q|} \tag{6-16}$$

其中，$R_u^{t_c}$ 表示当前时间戳 t_c 内拒绝的在线租户请求集合。通过最大化 CR 值，可

以获得在线租户请求阻塞率的最小值和全网密钥资源利用率的最大值。其原因在于，当 CR 值最大时，拒绝的在线租户请求数量是最少的，并且拒绝的在线租户请求对密钥资源的需求量也是最少的。基于强化学习方案，可以自动训练出量子密钥分发网络的在线多租户提供算法，称为基于强化学习的量子密钥分发网络在线多租户提供算法。

6.3.4 量子密钥分发网络在线多租户提供案例

本节通过仿真分析，对面向量子密钥分发网络在线多租户提供的 3 种启发式算法和强化学习方案进行对比评估。仿真考虑了两种量子密钥分发网络类型，即量子密钥分发骨干网和城域网。图 6-16 给出了仿真采用的两个现实网络拓扑，即四节点量子密钥分发骨干网（中国京沪干线量子密钥分发网络）拓扑和六节点量子密钥分发城域网（欧盟 SECOQC 量子密钥分发网络）拓扑。如上文所述，在网络部署阶段，量子密钥分发节点之间放置了若干个可信中继作为中继节点，本节不考虑中继节点的数量。例如，仿真采用的中国京沪干线量子密钥分发网络拓扑，包含 4 个量子密钥分发节点和 28 个中继节点，中继节点在本节仅用于密钥中继，没有租户请求到达或离去。仿真使用基于 Python 的定制事件驱动型仿真系统，该系统采用 NetworkX 实现网络模型的图像表示，并结合 Keras 作为机器学习库实现强化学习框架中的策略网络。

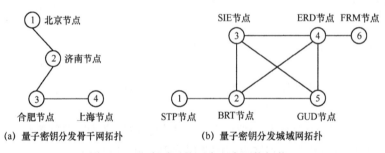

(a) 量子密钥分发骨干网拓扑 (b) 量子密钥分发城域网拓扑

图 6-16　仿真采用的两个现实网络拓扑

量子密钥分发骨干网和城域网拓扑上量子密钥池总数分别为 6（$|N|=4$）和 15（$|N|=6$）。在实际应用中，目前部署的量子密钥分发网络通常具有特殊的用途（如用于军事和金融领域），且请求具有高度的保密性。因此，现实量子密钥分发网络中的源于真实应用触发的请求一般不会被公开。伯努利过程是计算机网络[26]、5G 网络[27]以及多租户网络[28]等多种网络场景中常用的请求分布。由于目前很难获得量子密钥分发网络中具体的请求分布，本节的仿真中选择伯努利过程作为量子密钥分发网络的请求分布，即多个在线租户请求遵循伯努利过程动态到达。

案例分析中的每个在线租户请求的密钥需求集合设置为[1, 10] unit。在量子密钥分发骨干网和城域网拓扑上，每个在线租户请求的密钥需求对应的量子密钥分发节点集合分别设置为[2, 4]和[2, 6]。每个在线租户请求的持续时间在[5t, 10t]内均匀分布。每个密钥资源图像或密钥需求图像的时间长度设置为20t。每个时间戳内一个量子密钥池对应的密钥容量设置为 20 unit。每个时间戳内针对在线租户请求的调度容量设置为 10 个。两个量子密钥分发网络的总运营时间（即仿真时间长度）均设置为100t。强化学习框架中的神经网络有一个包含 20 个神经元的全连接隐藏层，同时策略参数根据 0.001 的学习率进行更新。

案例分析将对比 3 种启发式算法与强化学习方案的训练和测试结果。训练结果基于 20 个不同的在线租户请求训练集获取，测试结果取 200 次重复仿真的平均值。仿真运行在 3.7 GHz Inter Core i7-8700K CPU、16 GB RAM 和 6 GB NVIDIA GTX 1060 GPU 的计算机上。

（1）训练结果

图 6-17～图 6-19 分别给出了不同网络拓扑上在线租户请求阻塞率、全网密钥资源利用率和累积奖励的训练结果。为了便于比较，图中还添加了 3 种启发式算法的结果，不过启发式算法不需训练且与训练迭代次数无关。

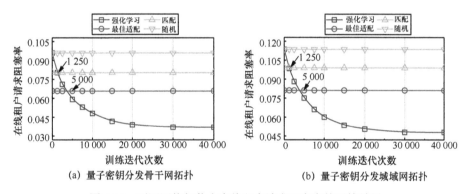

图 6-17　不同网络拓扑上在线租户请求阻塞率的训练结果

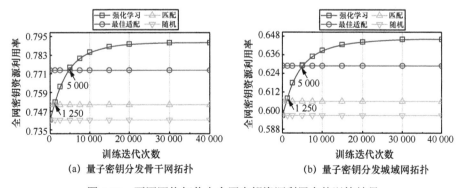

图 6-18　不同网络拓扑上全网密钥资源利用率的训练结果

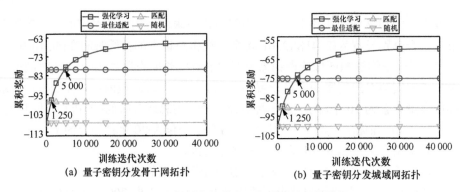

图 6-19　不同网络拓扑上累积奖励的训练结果

训练结果考虑了两种网络拓扑，且平均在线租户请求到达率设置为 1.0。强化学习方案的训练结果已经通过去毛刺进行了平滑处理。可以观察到，随着训练迭代次数的变化，在线租户请求阻塞率、全网密钥资源利用率和累积奖励在不同的网络拓扑上呈现出相同的变化趋势，验证了 3 种启发式算法和强化学习方案用于解决量子密钥分发网络在线多租户提供问题的可扩展性。此外，3 种启发式算法（即基于随机调度、匹配调度和最佳适配调度的在线多租户提供算法）的训练结果随着训练迭代次数的增加而保持不变。

如图 6-17～图 6-19 所示，强化学习方案的 3 个性能指标（即在线租户请求阻塞率、全网密钥资源利用率和累积奖励）在训练迭代次数为 1 时与基于随机调度的在线多租户提供算法结果相似；但随着训练迭代次数的增加，训练结果的性能有所改善，即在线租户请求阻塞率降低，且全网密钥资源利用率和累积奖励提升。从图 6-17～图 6-19 中可以看出，在两种量子密钥分发网络拓扑上，强化学习方案的 3 个性能指标在 1 250 次训练迭代时优于基于匹配调度的在线多租户提供算法，在 5 000 次训练迭代时优于基于最佳适配调度的在线多租户提供算法。这一现象反映了随着训练迭代次数的增加，强化学习框架逐渐学习接受更多的在线租户请求并且更有效地利用密钥资源，从而使训练后的基于强化学习的在线多租户提供算法得到改进。特别是在两种量子密钥分发网络拓扑上，强化学习方案的 3 个性能指标在 30 000 次训练迭代后都变得稳定，说明强化学习框架在 30 000 次训练迭代后趋于收敛。当强化学习框架收敛时，可以成功训练出基于强化学习的在线多租户提供算法，有利于优化在线租户请求阻塞率和全网密钥资源利用率。

此外，强化学习方案在量子密钥分发骨干网拓扑上每次训练迭代的平均训练时间为 5.932 s，而在量子密钥分发城域网拓扑上每次训练迭代的平均训练时间为 14.654 s。其原因在于，量子密钥分发城域网拓扑上量子密钥池对应的密钥资源图像和在线租户请求的密钥需求图像比量子密钥分发骨干网拓扑上的多。根据案例分析中仿真参数设置，量子密钥分发城域网拓扑上量子密钥池总数和在线租户请求的密钥需求对应的量子密钥分发节点数量均比量子密钥分发骨干网拓扑上的多。因此，当量子密钥分发网络拓扑的节点数量增加、在线租户请求的密钥需求对应的量子密钥分发节点集合规模变大时，强化学习框架的训练时间也会随之增加。需要注意的是，在给定的量子密钥分发网络和平均在线租户请求到达率下，基于强化学习的在线多租户提供算法只需要训练一次，只有当量子密钥分发网络拓扑或平均在线租户请求到达率发生变化时，才需要对其重新训练。

（2）测试结果

图 6-20 和图 6-21 分别给出了不同网络拓扑上在线租户请求阻塞率和全网密钥资源利用率的测试结果，其中对比了 3 种启发式算法和基于强化学习的在线多租户提供算法的性能。当平均在线租户请求到达率低于 0.7 时，3 种启发式算法和强化学习方案的在线租户请求阻塞率几乎为 0，在此期间 3 种启发式算法和强化学习方案的差异不大。因此，为了便于比较，图 6-20 和图 6-21 中的平均在线租户请求到达率从 0.7 开始。可以观察到，在两种量子密钥分发网络拓扑上，随着平均在线租户请求到达率的上升，基于随机调度、匹配调度、最佳适配调度和强化学习的在线多租户提供算法的在线租户请求阻塞率和全网密钥资源利用率都随之提升。其原因在于，量子密钥分发网络运营时间内在线租户请求总数和对密钥资源的总需求量均发生增加。

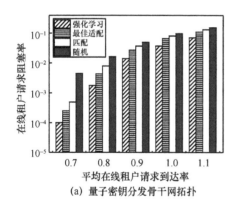
(a) 量子密钥分发骨干网拓扑

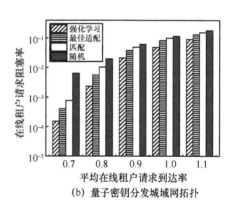
(b) 量子密钥分发城域网拓扑

图 6-20　不同网络拓扑上在线租户请求阻塞率的测试结果

对于两种量子密钥分发网络拓扑上的在线租户请求阻塞率和全网密钥资源利用率，图 6-20 和图 6-21 显示，基于最佳适配调度的在线多租户提供算法优于匹配调度方案，而基于匹配调度的在线多租户提供算法优于随机调度方案。其原因在于，基于随机调度的在线多租户提供算法随机调度一个在线租户请求，而基于匹配调度的在线多租户提供算法只调度一个能够匹配量子密钥池对应空闲密钥资源的在线租户请求，并且基于最佳适配调度的在线多租户提供算法总是优先调度一个与量子密钥池对应空闲密钥资源适配度最高的在线租户请求。尤其是从图 6-20 和图 6-21 可以看出，在两种量子密钥分发网络拓扑上，基于强化学习的在线多租户提供算法的在线租户请求阻塞率和全网密钥资源利用率结果均优于 3 种启发式算法。这也展示了强化学习框架训练出的在线多租户提供算法的可扩展性和有效性。

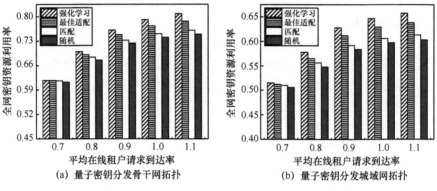

图 6-21　不同网络拓扑上全网密钥资源利用率的测试结果

　　表 6-6 和表 6-7 分别列出了在两种量子密钥分发网络拓扑上，强化学习方案相对于 3 种启发式算法的在线租户请求阻塞率和全网密钥资源利用率的优化百分比。强化学习方案相对于 3 种启发式算法的结果优化百分比随着平均在线租户请求到达率的变化而变化。如表 6-6 所示，在两种量子密钥分发网络拓扑上，随着平均在线租户请求到达率的上升，基于强化学习的在线多租户提供算法相对于 3 种启发式算法的在线租户请求阻塞率优化百分比降低。

表 6-6　强化学习方案相对于 3 种启发式算法的在线租户请求阻塞率优化百分比

平均在线租户请求到达率	量子密钥分发骨干网拓扑			量子密钥分发城域网拓扑		
	强化学习 vs. 最佳适配	强化学习 vs. 匹配	强化学习 vs. 随机	强化学习 vs. 最佳适配	强化学习 vs. 匹配	强化学习 vs. 随机
0.7	60.0%	79.6%	97.8%	62.5%	80.0%	97.6%
0.8	59.0%	77.7%	89.2%	58.2%	77.6%	88.2%
0.9	48.3%	61.9%	71.5%	43.2%	56.6%	65.3%
1.0	43.7%	54.0%	61.4%	40.8%	51.5%	57.7%
1.1	35.9%	47.0%	54.9%	31.5%	42.2%	50.0%

　　根据表 6-7，在两种量子密钥分发网络拓扑上，随着平均在线租户请求到达率的上升，基于强化学习的在线多租户提供算法相对于 3 种启发式算法的全网密钥资源利用率优化百分比随之提升。

表 6-7　强化学习方案相对于 3 种启发式算法的全网密钥资源利用率优化百分比

平均在线租户请求到达率	量子密钥分发骨干网拓扑			量子密钥分发城域网拓扑		
	强化学习 vs. 最佳适配	强化学习 vs. 匹配	强化学习 vs. 随机	强化学习 vs. 最佳适配	强化学习 vs. 匹配	强化学习 vs. 随机
0.7	0.02%	0.06%	0.67%	0.61%	0.89%	1.76%
0.8	1.28%	2.22%	3.54%	2.31%	3.82%	5.46%
0.9	1.77%	3.87%	5.13%	2.62%	6.03%	7.49%
1.0	2.29%	5.31%	6.70%	2.72%	6.60%	8.21%
1.1	2.73%	6.13%	7.77%	3.05%	7.18%	8.96%

因此，基于强化学习的在线多租户提供算法可以实现比 3 种启发式算法更优的在线租户请求阻塞率和全网密钥资源利用率。其原因在于，强化学习框架可以逐步学习训练出更高效的在线多租户提供算法，从而获得更好的性能。

量子密钥分发网络在线多租户提供案例总结如下。

① 面向量子密钥分发网络在线多租户提供的 3 种启发式算法和强化学习方案具有可扩展性和有效性。

② 在 3 种启发式算法中，基于最佳适配调度的在线多租户提供算法性能最优。

③ 强化学习框架可以通过逐步学习训练出更高效的在线多租户提供算法，基于强化学习的在线多租户提供算法的在线租户请求阻塞率和全网密钥资源利用率明显优于 3 种启发式算法。

6.4　本章小结

本章对量子密钥分发网络多租户提供技术进行了详细介绍，首先从量子密钥分发网络多租户提供需求出发，分析了量子密钥分发网络多租户提供的技术背景和多租户技术的发展现状。量子密钥分发网络多租户的不同类型使多租户提供技术呈现出多样化的形态。本章从实用化角度出发重点讨论了量子密钥分发网络离线多租户提供技术和在线多租户提供技术。离线多租户场景中，每个租户请求是静态且预先已知的，需要解决离线多租户密钥分配问题；在线多租户场景中的每个租户请求会动态地到达与离去，且每个租户请求到达之前均是未知的，需要解决在线多租户请求调度问题和在线多租户密钥分配问题。除了启发式算法以外，基于强化学习技术可以训练出高效的量子密钥分发网络在线多租户提供算法。同时，量子密钥分发网络多租户提供技术仍需要进一步的研究，如考虑现实应用、网络规模、多租户集成等因素探索量子密钥分发网络多租户提供的新方案。

参 考 文 献

[1] TOWNSEND P D, PHOENIX S J D, BLOW K J, et al. Design of quantum cryptography systems for passive optical networks[J]. Electronics Letters, 1994, 30(22): 1875-1877.

[2] PHOENIX S J D, BARNETT S M, TOWNSEND P D, et al. Multi-user quantum cryptography on optical networks[J]. Journal of Modern Optics, 1995, 42(6): 1155-1163.

[3] TOWNSEND P D. Quantum cryptography on multiuser optical fibre networks[J]. Nature, 1997, 385(6611): 47-49.

[4] KUMAVOR P D, BEAL A C, YELIN S, et al. Comparison of four multi-user quantum key distribution schemes over passive optical networks[J]. Journal of Lightwave Technology, 2005, 23(1): 268-276.

[5] KUMAVOR P D, BEAL A C, DONKOR E, et al. Experimental multiuser quantum key distribution network using a wavelength-addressed bus architecture[J]. Journal of Lightwave Technology, 2006, 24(8): 3103-3106.

[6] FERNANDEZ V, COLLINS R J, GORDON K J, et al. Passive optical network approach to gigahertz-clocked multiuser quantum key distribution[J]. IEEE Journal of Quantum Electronics, 2007, 43(2): 130-138.

[7] ALEKSIC S, WINKLER D, FRANZL G, et al. Quantum key distribution over optical access networks[C]//18th European Conference on Network and Optical Communications & 8th Conference on Optical Cabling and Infrastructure.[S.l.:s.n.], 2013.

[8] CHOI I, YOUNG R J, TOWNSEND P D. Quantum information to the home[J]. New Journal of Physics, 2011, 13(6): 063039.

[9] FRÖHLICH B, DYNES J F, LUCAMARINI M, et al. Quantum secured gigabit optical access networks[J]. Scientific Reports, 2015, 5: 18121.

[10] MARTINEZ-MATEO J, CIURANA A, MARTIN V. Quantum key distribution based on selective post-processing in passive optical networks[J]. IEEE Photonics Technology Letters, 2014, 26(9): 881-884.

[11] LIM K, KO H, SUH C, et al. Security analysis of quantum key distribution on passive optical networks[J]. Optics Express, 2017, 25(10): 11894-11909.

[12] FRÖHLICH B, DYNES J F, LUCAMARINI M, et al. A quantum access network[J]. Nature, 2013, 501(7465): 69-72.

[13] BAHRANI S, ELMABROK O, LORENZO G C, et al. Wavelength assignment in quantum access networks with hybrid wireless-fiber links[J]. Journal of the Optical Society of America B, 2019, 36(3): B99-B108.

[14] BAHRANI S, ELMABROK O, LORENZO G C, et al. Finite-key effects in quantum access networks with wireless links[C]//IEEE Globecom Workshops. Piscataway: IEEE Press, 2018.

[15] CAI C, SUN Y, NIU J, et al. A quantum access network suitable for internetworking optical network units[J]. IEEE Access, 2019, 7: 92091-92099.

[16] XUE P, WANG K, WANG X. Efficient multiuser quantum cryptography network based on entanglement[J]. Scientific Reports, 2017, 7: 45928.

[17] CAO Y, ZHAO Y, WANG J, et al. SDQaaS: software defined networking for quantum key distribution as a service[J]. Optics Express, 2019, 27(5): 6892-6909.

[18] CHO J Y, SZYRKOWIEC T, GRIESSER H. Quantum key distribution as a service[C]//7th International Conference on Quantum Cryptography.[S.l.:s.n.], 2017.

[19] CAO Y, ZHAO Y, LIN R, et al. Multi-tenant secret-key assignment over quantum key distribution networks[J]. Optics Express, 2019, 27(3): 2544-2561.

[20] CAO Y, ZHAO Y, YU X, et al. Multi-tenant provisioning over software defined networking enabled metropolitan area quantum key distribution networks[J]. Journal of the Optical Society of America B, 2019, 36(3): B31-B40.

[21] CAO Y, ZHAO Y, LI J, et al. Multi-tenant provisioning for quantum key distribution networks with heuristics and reinforcement learning: a comparative study[J]. IEEE Transactions on Network and Service Management, 2020, 17(2): 946-957.

[22] DYNES J F, TAM W W S, PLEWS A, et al. Ultra-high bandwidth quantum secured data transmission[J]. Scientific Reports, 2016, 6: 35149.

[23] SUTTON R S, BARTO A G. Reinforcement learning: an introduction[M]. Cambridge, MA: MIT Press, 2018.

[24] NORRIS J R. Markov chains[M]. Cambridge: Cambridge University Press, 1998.

[25] FRANÇOIS-LAVET V, HENDERSON P, ISLAM R, et al. An introduction to deep reinforcement learning[J]. Foundations and Trends in Machine Learning, 2018, 11(3-4): 219-354.

[26] MAO H, ALIZADEH M, MENACHE I, et al. Resource management with deep reinforcement learning[C]//15th ACM Workshop on Hot Topics in Networks. New York: ACM Press, 2016.

[27] RAZA M R, NATALINO C, ÖHLEN P, et al. A slice admission policy based on reinforcement learning for a 5G flexible RAN[C]//44th European Conference on Optical Communication. [S.l.:s.n.], 2018.

[28] NATALINO C, RAZA M R, ROSTAMI A, et al. Machine learning aided orchestration in multi-tenant networks[C]//IEEE Photonics Society Summer Topical Meeting Series. Piscataway: IEEE Press, 2018.

第7章
量子密钥分发网络软件定义创新服务

软件定义控制技术具有网络开放可编程、控制层与数据层分离、逻辑上集中控制的优势，可以提供量子密钥分发网络软件定义创新服务。借鉴软件定义网络（Software Defined Networking，SDN）的概念和技术，量子密钥分发网络控制层通过安装 SDN 控制器实现控制功能与节点设备分离，从而对量子密钥分发网络资源和状态进行逻辑集中监视和控制。同时，通过开放网络应用接口，SDN 控制器可以对量子密钥分发网络元件进行编程和动态控制，有利于构建面向多种业务和复杂应用的灵活、开放、智能的量子密钥分发网络。

🔍 7.1 量子密钥分发网络软件定义控制需求

传统量子密钥分发网络主要基于物理层点到点链路连通的属性，控制管理功能严重依赖节点设备，缺少统一的管控机制来统筹全网异构资源，不利于全网资源的统一规划和调度，难以满足业务多样化和应用复杂化的需求。软件定义控制技术采用可编程的集中控制方式，可以为量子密钥分发网络提供高效、便捷的控制和管理，实现面向多业务应用的资源按需分配和灵活调度。

7.1.1 量子密钥分发网络软件定义控制技术背景

如图 7-1 所示，SDN 技术将控制层与数据层分离，采用集中控制的方式，为网络配置、管理和监控提供了高度灵活性。相比于传统网络，SDN 控制器可以监测和收集全网节点的状态信息，以全局最优的方式调控网络资源，并且可以通过软件编程的方式管理和配置网络，实现面向业务和应用安全需求差异化的网络资源调度与分配。

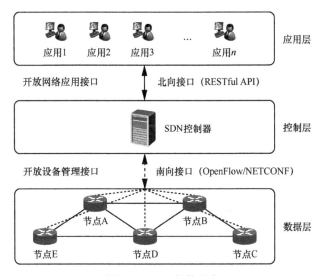

图 7-1　SDN 架构示意

为满足军事、政务、金融等部门日益提升的安全需求，适应量子密钥分发网络简化维护管理和提高网络运维效率的发展趋势，量子密钥分发网络需要支持根据业务和应用安全需求快速高效地提供量子密钥分发网络服务，实现具有保证密钥生成率、时延、可用性、量子比特误码率等性能的端到端按需量子密钥分发。量子密钥分发网络软件定义控制技术将 SDN 的架构和技术应用于量子密钥分发网络，形成了软件定义量子密钥分发网络控制体系。

将 SDN 架构应用于量子密钥分发网络的主要目的包括以下几个方面。

① 提供多协议、多厂商量子密钥分发设备以及多域量子密钥分发网络的统一控制功能，提升网络的兼容性和互通性，实现多层多技术的量子密钥分发控制。

② 通过集中式的资源控制和路由计算，引入集中式的恢复功能，支持量子密钥分发分层网络的全局资源、路径、密钥流的高效调度、配置和优化。

③ 通过网络虚拟化以及提供开放统一接口等手段，向多种业务和复杂应用开发量子密钥分发网络服务功能。

软件定义量子密钥分发网络具备三大基本特征：控制与量子密钥分发节点分离、分布式密钥资源逻辑集中控制和开放控制接口。

① 控制与量子密钥分发节点分离：通过将控制功能与量子密钥分发节点分离，控制层屏蔽量子密钥分发网络基础设施细节，简化现有量子密钥分发网络和私有的控制管理协议。

② 分布式密钥资源逻辑集中控制：通过将量子密钥分发网络控制功能和策略控制进行集中化，可以实现全网分布式密钥资源的高效利用。与节点本地控制相比，集中控制可以掌握全局密钥资源信息，进行更优化的决策控制，提高量子密钥分发

网络的智能调度和协同控制能力，有利于方便密钥中继路由决策、密钥资源管理等。这里的集中控制是逻辑集中，不限制控制器的物理位置和控制器软件的部署方式。

③ 开放控制接口：通过标准的网络控制接口，可以向量子密钥分发网络应用层的业务和应用开放网络能力与状态信息，允许业务和应用获取量子密钥分发网络密钥资源，并对量子密钥分发网络进行监控和调整。

此外，量子密钥分发节点应具有可编程能力才能对其进行软件定义控制，具体涉及的可编程元器件包括可调谐激光器、单光子探测器、光开关、量子密钥池等。

业务的多样性和应用的复杂性导致量子密钥分发网络服务提供效率面临挑战，从而影响量子密钥分发网络的管理和维护成本。软件定义控制技术有助于提高量子密钥分发网络的运维效率以及简化网络管理维护复杂度。如何借助软件定义控制技术实现量子密钥分发网络服务的高效提供变得十分关键。通过设计软件定义量子密钥分发网络可编程统一控制体系架构，开发 SDN 控制器和南北向接口与协议，可以保证量子密钥分发网络服务的高效、灵活、按需提供。

7.1.2　量子密钥分发网络软件定义控制发展现状

SDN 技术有利于实现高效的量子密钥分发网络控制和管理，提高网络性能和监控水平，简化量子密钥分发与经典网络集成的复杂度。基于 SDN 技术的量子密钥分发网络在未来网络发展研究中具有十分重要的创新价值与实用意义。国内外围绕软件定义量子密钥分发网络的体系架构、节点模型、接口与协议、路由与资源分配策略及实验验证等方面开展了一系列的研究。

在理论研究方面，2013 年，Humble 等[1]提出了一种软件定义的量子通信系统框架，并将量子通信终端分解为 3 层：硬件层、中间件层和软件层。2016 年，Dasari 等[2]基于 SDN 原理设计并仿真了一种可编程的多节点量子网络，并在其后续工作中描述了实现软件定义可编程量子网络的网络抽象和配置接口[3]。参考文献[4]描述了一种支持 SDN 的量子密钥分发网络架构及其关键模块的设计，有效降低了密钥资源消耗，同时提升了量子密钥分发网络的可用性。2018 年，Zhang 等[5]提出了一种基于 SDN 的量子密钥分发网络模型及路由算法，在仿真环境中实现了密钥资源的高效利用。参考文献[6]描述了基于 SDN 原理的量子网络交换实现方法，并设计了一种可编程量子交换机。此外，参考文献[7]针对支持 SDN 的量子密钥分发网络架构及其相关接口与协议进行了简要介绍。

在实验研究方面，2017 年，Aguado 等[8]采用 SDN 技术以经济有效的方式实现了时间共享量子密钥分发系统，演示了量子密钥分发系统与网络功能虚拟化平台集成的便捷性。Aguado 等[9-10]还定义了不同 SDN 场景下提供端到端量子加密业务所需的网络交互流程和协议扩展，并对其进行了演示。其中，后续加密所需的密钥同步过程集成在实现控制接口的主流协议中。此外，参考文献[11]将 SDN 技术应用于实现子载波量子密钥分发系统的动态运行，并采用 OpenFlow 协议协调基于链路参数的路由策略。2018 年，Ou 等[12]将 SDN 与机器学习技术相结合，在量子密钥分发融合光网络中实现了量子与经典信道的动态资源优化和分配。2019 年，Hugues-Salas 等[13]开发了用于对量子密钥分发参数（如密钥生成率和量子比特误码率）进行实时监控的 SDN 应用，该应用在面临链路级攻击时可以及时响应，保证密钥的连续分发。参考文献[14]扩展了 SDN 的相关标准 ONF transport API[15]，使其支持端到端业务中的量子加密。

同样是在实验研究方面，2019 年，Cao 等[16-18]利用 SDN 技术实现了高效灵活的量子密钥分发即服务、多租户配置和密钥按需分配业务提供。其实现方法是：在 SDN 控制器中开发具体的功能模块，同时对原有的 OpenFlow 协议进行扩展，并设计详细的网络交互流程。基于这些实现方法，可以搭建实验测试平台，验证基于软件定义控制技术实现量子密钥分发即服务、多租户配置和密钥按需分配业务提供的高效性和灵活性。

在现场测试方面，2019 年，Aguado 等[19]基于 SDN 原理搭建了融合量子与经典通信的混合量子与经典网络，该网络在西班牙马德里的城域网中进行了演示。2020 年，该网络演示了支持服务功能链的路径验证[20]。图 7-2 给出了该网络中支持 SDN 的量子密钥分发节点抽象模型，该模型已在 ETSI GS QKD 015 组织规范"基于 SDN 的量子密钥分发控制接口"中定义。如图 7-2 所示，支持 SDN 的量子密钥分发节点底部放置了若干个物理位置和逻辑控制相同的量子密钥分发系统，这些系统能够建立量子信道并生成安全密钥。安全密钥存储在一个本地密钥管理系统中，本地密钥管理系统可以通过密钥提取接口从不同量子密钥分发系统中收集安全密钥，同时对安全密钥进行维护，并将密钥交付给各种应用。通过协调节点内的本地密钥管理系统和量子密钥分发系统，SDN 代理能够收集节点的重要信息，与 SDN 控制器进行通信，并处理 SDN 控制器要求的配置更新（节点/链路配置）。

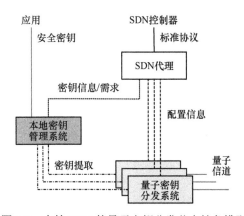

图 7-2　支持 SDN 的量子密钥分发节点抽象模型

随着量子密钥分发网络规模的扩大，软件定义控制技术将成为量子密钥分发网络控制层的核心技术。从降低量子密钥分发网络管控成本和提高量子密钥分发网络灵活性出发，为了实现高效、灵活、按需的量子密钥分发网络服务提供，下文将具体介绍软件定义量子密钥分发即服务技术和软件定义量子密钥分发网络多租户配置技术。

🔍 7.2　软件定义量子密钥分发即服务技术

鉴于量子密钥分发网络的高成本和复杂性，量子密钥分发即服务成为未来量子密钥分发网络服务提供的有效模式之一。量子密钥分发即服务的基本概念是：多个用户可以申请量子密钥分发服务，从同一个量子密钥分发网络基础设施中获得所需的密钥生成率，而不需部署专有的量子密钥分发网络。于是，如何提供高效灵活的量子密钥分发服务，以满足量子密钥分发网络上多个用户的密钥生成率需求成为一项重要的挑战。SDN 技术具有克服这一挑战的潜力，能够在动态复杂的量子密钥分发网络环境中以集中控制的方式保持全局视角，有助于实现高效灵活的量子密钥分发即服务。

7.2.1　量子密钥分发即服务基本原理和功能

量子密钥分发即服务的基本原理是：量子密钥分发网络运营商提供量子密钥分发网络基础设施和量子密钥分发服务，而多个用户可以申请不同的量子密钥分发服务，从同一个量子密钥分发网络基础设施中获得所需的密钥生成率。量子密钥分发即服务的基本功能是：提供量子密钥分发服务，满足量子密钥分发网络上多个用户的密钥生成率需求。图 7-3 给出了满足两个用户密钥生成率需求的量子密钥分发即服务示例。其中，量子密钥分发节点 A 与 C 之间放置了可信中继 B，用来实现长距离的端到端量子密钥分发。量子密钥分发节点 A 与可信中继 B、可信中继 B 与量子密钥分发节点 C 之间分别实现了点到点量子密钥分发，从而使安全密钥分别在两对节点之间共享，量子密钥分发链路 a 和 b 上对应的密钥生成率可能不同。

当一个用户（如图 7-3 中用户 1 或 2）请求一个量子密钥分发服务，以满足其在量子密钥分发节点 A 与 C 之间的密钥生成率需求时，首先计算并选择量子密钥分发节点 A 与 C 之间的量子密钥分发路径。例如，量子密钥分发路径上的节点可以分别为量子密钥分发节点 A、可信中继 B 和量子密钥分发节点 C。然后，查询每个用户对应量子密钥分发服务请求的密钥生成率需求（如用户 1 和 2 的密钥生成率需求分别为 2 kbit/s 和 3 kbit/s）。同时，沿着量子密钥分发路径搜索每条量子密钥分发链路上的可用密钥生成率（如量子密钥分发链路 a 和 b 上的可用密钥生成率分别为 8 kbit/s 和 7 kbit/s）。可用密钥生成率是一个基于量子密钥分发链路状态的实时值，可以通过量子密钥分发节点和可信中继（中继节点）向 SDN 控制器实时上报获得。如果可用密钥生成率能够满足用户对应量子密钥分发服务请求的密钥生成率需求，则对该量子密钥分发服务请求执行密钥生成率选择（即从对应的量子密钥分发链路上选择所需的密钥生成率），否则拒绝该量子密钥分发服务请求。

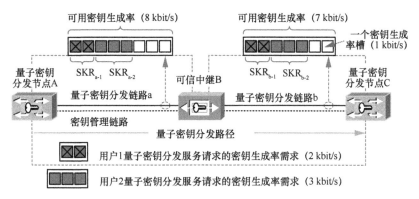

图 7-3　量子密钥分发即服务示例

根据密钥中继过程，密钥生成率选择完成后，可信中继 B 首先采用量子密钥分发链路 b 上对应的密钥（如对应用户 1 和 2 分别为密钥生成率 SKR_{b-1} 和 SKR_{b-2}）加密量子密钥分发链路 a 上对应的密钥（如对应用户 1 和 2 分别为密钥生成率 SKR_{a-1} 和 SKR_{a-2}）。其中，密钥生成率信息（包括密钥生成率 SKR_{a-1}、SKR_{a-2}、SKR_{b-1} 和 SKR_{b-2}）存储在数据库中。然后，可信中继 B 通过密钥管理链路将密文发送给量子密钥分发节点 C。量子密钥分发节点 C 可以采用量子密钥分发链路 b 上对应的密钥对密文进行解密，从而与量子密钥分发节点 A 共享量子密钥分发链路 a 上对应的密钥。其中，对应密钥生成率 SKR_{a-1} 和 SKR_{b-1} 或者 SKR_{a-2} 和 SKR_{b-2} 的密钥长度应该相同，这是因为密钥中继采用 OTP 算法。最终，将对应密钥生成率 SKR_{a-1} 和 SKR_{a-2} 的密钥分别分配给用户 1 和 2。

在实际应用中，每条量子密钥分发链路上可实现的密钥生成率可能是不同的，可以将其分割成许多小的密钥生成率槽。密钥生成率槽定义为能够满足一个量子密钥分发服务请求的密钥生成率需求的最小密钥生成率单元。以图 7-3 为例，一个密钥生成率槽设置为 1 kbit/s。本节采用均匀的密钥生成率共享方案，即每个密钥生成率槽的大小相同。由于为每个用户分配的密钥各不相同，并且假设可以实现精准的时间同步，因此相邻两个密钥生成率槽之间不需隔离，在时域上用户之间不存在干扰。

7.2.2 软件定义量子密钥分发即服务体系框架

为了在量子密钥分发网络上实现面向多用户的量子密钥分发即服务，本节描述了一种软件定义量子密钥分发即服务体系框架，如图 7-4 所示。该框架自上而下由 3 个逻辑层组成：应用层、控制层和基础设施层。控制层与基础设施层之间的南向接口可以采用不同的协议（如 OpenFlow 协议和 NETCONF 协议）实现，主要用于传输控制和配置的请求/响应消息。本节选择 OpenFlow 协议作为南向接口协议，通过扩展 OpenFlow Plugin 和 OpenFlow Java 模块可以实现南向接口。应用层与控制层之间的北向接口由 RESTful API 实现，主要用于传输量子密钥分发服务的请求/响应消息。量子密钥分发服务提供包括量子密钥分发服务的创建、修改和删除，其请求/响应消息可以分别使用 HTTP 的 POST、PUT 和 DELETE 方法实现。

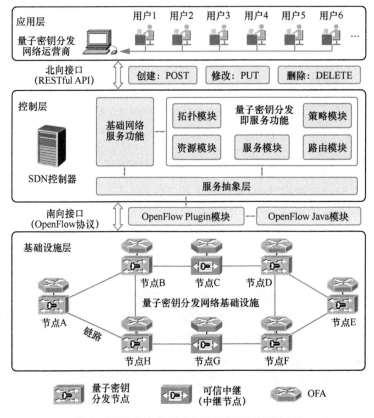

图 7-4　软件定义量子密钥分发即服务体系框架

在基础设施层上，量子密钥分发节点通过量子密钥分发链路及密钥管理链路相互连接。可信中继（中继节点）部署在两个量子密钥分发节点之间，用来实现长距离的端到端量子密钥分发。每个量子密钥分发节点/中继节点上放置一个

OpenFlow 代理（OpenFlow Agent，OFA），其中 OFA 支持扩展的 OpenFlow 协议，并采用短距接口与量子密钥分发节点/中继节点进行通信。短距接口可以使用网线基于 IP 连接同一物理位置的两个设备来实现，其安全性可以通过封闭在节点安全范围内来保证。SDN 控制器与量子密钥分发节点/中继节点之间的相互通信可以利用 OFA 中的协议解析和消息交互功能来实现。在 OFA 的辅助下，每个量子密钥分发节点/中继节点都可以根据 SDN 控制器的指令进行操作。量子密钥分发网络基础设施部署完成并稳定运行后，通过量子密钥分发链路直接相连的两个节点之间可以不断地生成安全密钥，每条量子密钥分发链路上都对应一定的密钥生成率。

在控制层上，部署一个 SDN 控制器，它可以通过 OpenFlow 协议和 OFA 对基础设施层上的量子密钥分发节点和可信中继进行控制和管理。SDN 控制器可以与本地数据库互通，本地数据库保存所有量子密钥分发服务请求的密钥生成率信息。目前主流的 SDN 控制器包括 OpenDaylight 控制器和 ONOS 控制器。除了主流 SDN 控制器平台中已有的基础网络服务功能和服务抽象层，本节还开发了支持量子密钥分发即服务功能的 5 个模块。

① 拓扑模块用于收集、存储和更新量子密钥分发网络拓扑以及量子密钥分发节点和可信中继信息。

② 资源模块用于存储和更新每条量子密钥分发链路上对应的点到点密钥生成率信息。

③ 服务模块用于实现量子密钥分发服务的创建、修改和删除，以及存储和更新量子密钥分发服务信息。

④ 路由模块用于计算和选择一对量子密钥分发节点之间的量子密钥分发路径。

⑤ 策略模块执行密钥生成率的选择和分配，以满足每个量子密钥分发服务请求的密钥生成率需求。

在应用层上，量子密钥分发网络运营商接收多个用户的密钥生成率需求，相应地生成多个量子密钥分发服务请求并发送到控制层。本节的量子密钥分发网络基础设施只由一个量子密钥分发网络运营商运营。每个量子密钥分发服务请求在一对量子密钥分发节点之间具有特定的密钥生成率需求，不同量子密钥分发服务请求的密钥生成率需求可能不同。另外，软件定义量子密钥分发即服务体系框架只采用 OTP 算法进行密钥中继。

由于南向接口和北向接口不会接触到真正的密钥，SDN 技术的引入不会对密钥的安全性造成影响。虽然伴随着 SDN 可能会出现一些安全攻击，但是可以采用现有的多种经典和量子防御手段来保护 SDN 本身的安全性。例如，通过将一个量子密钥分发节点与 SDN 控制器放置在同一物理位置，然后利用可信中继和量子密钥分发链路将其连接到基础设施层上的每个量子密钥分发节点，便可以基于量子密钥分发生成的安全密钥来保障控制信道的安全性。

7.2.3 软件定义量子密钥分发即服务实现方法

软件定义量子密钥分发即服务体系框架实现量子密钥分发即服务还依赖于协议扩展、跨层交互流程以及路由和密钥分配策略。

（1）协议扩展

考虑到原始的 OpenFlow 协议只支持电域的分组交换，本节通过扩展标准的 OpenFlow 协议 1.3.0 版本（OFP v1.3.0），实现量子密钥分发服务的创建、修改和删除。不过，本节的扩展方式不是对现有的 OpenFlow 消息（如"PACKET_IN"和"FLOW_MOD"）进行扩展，而是添加了附加在 OFP v1.3.0 标头的新消息，通过使用 YANG 工具在主流 SDN 控制器平台上比较容易实现此扩展方式。图 7-5～图 7-7 给出了扩展的 OpenFlow 协议消息的主要结构，包括量子密钥分发服务创建请求与响应消息、修改请求与响应消息以及删除请求与响应消息。此外，OFP v1.3.0 标头由版本（Version）、类型（Type）、长度（Length）和 xid（Transaction_ID）组成。版本字段代表使用的 OpenFlow 协议版本。类型字段表示消息的类型。本节将量子密钥分发服务创建/修改/删除的请求和响应消息类型分别设置为 32 和 33。长度字段表示消息的总长度。xid 是用于匹配请求与响应的唯一值。

```
0                   1                   2                   3
0 1 2 3 4 5 6 7 0 1 2 3 4 5 6 7 0 1 2 3 4 5 6 7 0 1 2 3 4 5 6 7
+-+-+-+-+-+-+-+-+-+-+-+-+-+-+-+-+-+-+-+-+-+-+-+-+-+-+-+-+-+-+-+-+
|    Version    |   Type = 32   |            Length             |
+-+-+-+-+-+-+-+-+-+-+-+-+-+-+-+-+-+-+-+-+-+-+-+-+-+-+-+-+-+-+-+-+
|                              xid                              |
+-+-+-+-+-+-+-+-+-+-+-+-+-+-+-+-+-+-+-+-+-+-+-+-+-+-+-+-+-+-+-+-+
|                         QKD_service_ID                        |
+-+-+-+-+-+-+-+-+-+-+-+-+-+-+-+-+-+-+-+-+-+-+-+-+-+-+-+-+-+-+-+-+
|                            Node_ID                            |
+-+-+-+-+-+-+-+-+-+-+-+-+-+-+-+-+-+-+-+-+-+-+-+-+-+-+-+-+-+-+-+-+
|       Message_function = creation request (0x0000FFFF)        |
+-+-+-+-+-+-+-+-+-+-+-+-+-+-+-+-+-+-+-+-+-+-+-+-+-+-+-+-+-+-+-+-+
|                          Input_port                           |
+-+-+-+-+-+-+-+-+-+-+-+-+-+-+-+-+-+-+-+-+-+-+-+-+-+-+-+-+-+-+-+-+
|                         SKR_slot_ID                           |
+-+-+-+-+-+-+-+-+-+-+-+-+-+-+-+-+-+-+-+-+-+-+-+-+-+-+-+-+-+-+-+-+
|                         SKR_slot_ID                           |
+-+-+-+-+-+-+-+-+-+-+-+-+-+-+-+-+-+-+-+-+-+-+-+-+-+-+-+-+-+-+-+-+
|                         SKR_slot_ID                           |
+-+-+-+-+-+-+-+-+-+-+-+-+-+-+-+-+-+-+-+-+-+-+-+-+-+-+-+-+-+-+-+-+
|                         SKR_slot_ID                           |
+-+-+-+-+-+-+-+-+-+-+-+-+-+-+-+-+-+-+-+-+-+-+-+-+-+-+-+-+-+-+-+-+
|                          Output_port                          |
+-+-+-+-+-+-+-+-+-+-+-+-+-+-+-+-+-+-+-+-+-+-+-+-+-+-+-+-+-+-+-+-+
```

(a) 创建请求

```
0                   1                   2                   3
0 1 2 3 4 5 6 7 0 1 2 3 4 5 6 7 0 1 2 3 4 5 6 7 0 1 2 3 4 5 6 7
+-+-+-+-+-+-+-+-+-+-+-+-+-+-+-+-+-+-+-+-+-+-+-+-+-+-+-+-+-+-+-+-+
|    Version    |   Type = 33   |            Length             |
+-+-+-+-+-+-+-+-+-+-+-+-+-+-+-+-+-+-+-+-+-+-+-+-+-+-+-+-+-+-+-+-+
|                              xid                              |
+-+-+-+-+-+-+-+-+-+-+-+-+-+-+-+-+-+-+-+-+-+-+-+-+-+-+-+-+-+-+-+-+
|                         QKD_service_ID                        |
+-+-+-+-+-+-+-+-+-+-+-+-+-+-+-+-+-+-+-+-+-+-+-+-+-+-+-+-+-+-+-+-+
|                            Node_ID                            |
+-+-+-+-+-+-+-+-+-+-+-+-+-+-+-+-+-+-+-+-+-+-+-+-+-+-+-+-+-+-+-+-+
|      Message_function = creation response (0x0000FFFF)        |
+-+-+-+-+-+-+-+-+-+-+-+-+-+-+-+-+-+-+-+-+-+-+-+-+-+-+-+-+-+-+-+-+
|                       Status of creation                      |
+-+-+-+-+-+-+-+-+-+-+-+-+-+-+-+-+-+-+-+-+-+-+-+-+-+-+-+-+-+-+-+-+
```

(b) 创建响应

图 7-5 面向量子密钥分发服务创建扩展的 OpenFlow 协议消息

```
 0                   1                   2                   3
 0 1 2 3 4 5 6 7 0 1 2 3 4 5 6 7 0 1 2 3 4 5 6 7 0 1 2 3 4 5 6 7
+-+-+-+-+-+-+-+-+-+-+-+-+-+-+-+-+-+-+-+-+-+-+-+-+-+-+-+-+-+-+-+-+
|    Version    |   Type = 32   |             Length            |
+-+-+-+-+-+-+-+-+-+-+-+-+-+-+-+-+-+-+-+-+-+-+-+-+-+-+-+-+-+-+-+-+
|                              xid                              |
+-+-+-+-+-+-+-+-+-+-+-+-+-+-+-+-+-+-+-+-+-+-+-+-+-+-+-+-+-+-+-+-+
|                         QKD_service_ID                        |
+-+-+-+-+-+-+-+-+-+-+-+-+-+-+-+-+-+-+-+-+-+-+-+-+-+-+-+-+-+-+-+-+
|                            Node_ID                            |
+-+-+-+-+-+-+-+-+-+-+-+-+-+-+-+-+-+-+-+-+-+-+-+-+-+-+-+-+-+-+-+-+
|        Message_function = modification request (0xFFFFFFFF)   |
+-+-+-+-+-+-+-+-+-+-+-+-+-+-+-+-+-+-+-+-+-+-+-+-+-+-+-+-+-+-+-+-+
|                           SKR_slot_ID                         |
+-+-+-+-+-+-+-+-+-+-+-+-+-+-+-+-+-+-+-+-+-+-+-+-+-+-+-+-+-+-+-+-+
|                           SKR_slot_ID                         |
+-+-+-+-+-+-+-+-+-+-+-+-+-+-+-+-+-+-+-+-+-+-+-+-+-+-+-+-+-+-+-+-+
|                           SKR_slot_ID                         |
+-+-+-+-+-+-+-+-+-+-+-+-+-+-+-+-+-+-+-+-+-+-+-+-+-+-+-+-+-+-+-+-+
|                           SKR_slot_ID                         |
+-+-+-+-+-+-+-+-+-+-+-+-+-+-+-+-+-+-+-+-+-+-+-+-+-+-+-+-+-+-+-+-+
```

（a）修改请求

```
 0                   1                   2                   3
 0 1 2 3 4 5 6 7 0 1 2 3 4 5 6 7 0 1 2 3 4 5 6 7 0 1 2 3 4 5 6 7
+-+-+-+-+-+-+-+-+-+-+-+-+-+-+-+-+-+-+-+-+-+-+-+-+-+-+-+-+-+-+-+-+
|    Version    |   Type = 33   |             Length            |
+-+-+-+-+-+-+-+-+-+-+-+-+-+-+-+-+-+-+-+-+-+-+-+-+-+-+-+-+-+-+-+-+
|                              xid                              |
+-+-+-+-+-+-+-+-+-+-+-+-+-+-+-+-+-+-+-+-+-+-+-+-+-+-+-+-+-+-+-+-+
|                         QKD_service_ID                        |
+-+-+-+-+-+-+-+-+-+-+-+-+-+-+-+-+-+-+-+-+-+-+-+-+-+-+-+-+-+-+-+-+
|                            Node_ID                            |
+-+-+-+-+-+-+-+-+-+-+-+-+-+-+-+-+-+-+-+-+-+-+-+-+-+-+-+-+-+-+-+-+
|       Message_function = modification response (0xFFFFFFFF)   |
+-+-+-+-+-+-+-+-+-+-+-+-+-+-+-+-+-+-+-+-+-+-+-+-+-+-+-+-+-+-+-+-+
|                       Status of modification                 |
+-+-+-+-+-+-+-+-+-+-+-+-+-+-+-+-+-+-+-+-+-+-+-+-+-+-+-+-+-+-+-+-+
```

（b）修改响应

图 7-6　面向量子密钥分发服务修改扩展的 OpenFlow 协议消息

```
 0                   1                   2                   3
 0 1 2 3 4 5 6 7 0 1 2 3 4 5 6 7 0 1 2 3 4 5 6 7 0 1 2 3 4 5 6 7
+-+-+-+-+-+-+-+-+-+-+-+-+-+-+-+-+-+-+-+-+-+-+-+-+-+-+-+-+-+-+-+-+
|    Version    |   Type = 32   |             Length            |
+-+-+-+-+-+-+-+-+-+-+-+-+-+-+-+-+-+-+-+-+-+-+-+-+-+-+-+-+-+-+-+-+
|                              xid                              |
+-+-+-+-+-+-+-+-+-+-+-+-+-+-+-+-+-+-+-+-+-+-+-+-+-+-+-+-+-+-+-+-+
|                         QKD_service_ID                        |
+-+-+-+-+-+-+-+-+-+-+-+-+-+-+-+-+-+-+-+-+-+-+-+-+-+-+-+-+-+-+-+-+
|                            Node_ID                            |
+-+-+-+-+-+-+-+-+-+-+-+-+-+-+-+-+-+-+-+-+-+-+-+-+-+-+-+-+-+-+-+-+
|         Message_function = deletion request (0xFFFF0000)      |
+-+-+-+-+-+-+-+-+-+-+-+-+-+-+-+-+-+-+-+-+-+-+-+-+-+-+-+-+-+-+-+-+
```

（a）删除请求

```
 0                   1                   2                   3
 0 1 2 3 4 5 6 7 0 1 2 3 4 5 6 7 0 1 2 3 4 5 6 7 0 1 2 3 4 5 6 7
+-+-+-+-+-+-+-+-+-+-+-+-+-+-+-+-+-+-+-+-+-+-+-+-+-+-+-+-+-+-+-+-+
|    Version    |   Type = 33   |             Length            |
+-+-+-+-+-+-+-+-+-+-+-+-+-+-+-+-+-+-+-+-+-+-+-+-+-+-+-+-+-+-+-+-+
|                              xid                              |
+-+-+-+-+-+-+-+-+-+-+-+-+-+-+-+-+-+-+-+-+-+-+-+-+-+-+-+-+-+-+-+-+
|                         QKD_service_ID                        |
+-+-+-+-+-+-+-+-+-+-+-+-+-+-+-+-+-+-+-+-+-+-+-+-+-+-+-+-+-+-+-+-+
|                            Node_ID                            |
+-+-+-+-+-+-+-+-+-+-+-+-+-+-+-+-+-+-+-+-+-+-+-+-+-+-+-+-+-+-+-+-+
|        Message_function = deletion response (0xFFFF0000)      |
+-+-+-+-+-+-+-+-+-+-+-+-+-+-+-+-+-+-+-+-+-+-+-+-+-+-+-+-+-+-+-+-+
|                        Status of deletion                    |
+-+-+-+-+-+-+-+-+-+-+-+-+-+-+-+-+-+-+-+-+-+-+-+-+-+-+-+-+-+-+-+-+
```

（b）删除响应

图 7-7　面向量子密钥分发服务删除扩展的 OpenFlow 协议消息

除了 OFP v1.3.0 标头，通过添加 32 位量子密钥分发服务 ID（QKD_service_ID）来区分不同的量子密钥分发服务，同时添加 32 位节点 ID（Node_ID）来区分不同的量子密钥分发节点/可信中继（中继节点）。此外，通过添加 32 位消息功能（Message_function），可以表示扩展的 OpenFlow 协议消息的不同功能。例如，使用 0x0000FFFF、0xFFFFFFFF 和 0xFFFF0000 分别表示量子密钥分发服务创建、修改和删除的消息功能。通过添加 32 位输入端口（Input_port）和输出端口（Output_port），表示量子密钥分发路径上每个量子密钥分发节点/中继节点的输入和输出端口。并且，通过添加 128 位密钥生成率槽 ID（SKR_slot_ID），可以描述 128 个密钥生成率槽的占用情况（例如，1 和 0 分别表示占用和空闲）。根据每条量子密钥分发链路上可实现的密钥生成率槽数量，密钥生成率槽 ID 的位数可以改变。如图 7-5（a）和图 7-6（a）所示，由于用户可以请求修改其密钥生成率需求，量子密钥分发服务创建和修改后的密钥生成率槽占用情况可以不同。此外，如图 7-5（b）、图 7-6（b）和图 7-7（b）所示为量子密钥分发服务响应添加 32 位表示量子密钥分发服务创建/修改/删除的状态。

（2）跨层交互流程

首先，控制层的 SDN 控制器配置基础设施层上所有的量子密钥分发节点和可信中继（中继节点），完成量子密钥分发网络初始化。通过 TCP 会话，SDN 控制器与每个量子密钥分发节点/中继节点实现 OpenFlow 握手并对其进行保活。然后，SDN 控制器初始化所有的量子密钥分发节点和可信中继，并获取每个量子密钥分发节点/中继节点的详细信息。根据应用层上量子密钥分发网络运营商的指令，SDN 控制器配置点到点的量子密钥分发连接，利用量子密钥分发链路将量子密钥分发节点与相应的量子密钥分发节点/中继节点连接起来构成量子密钥分发网络。量子密钥分发网络平稳运行后，量子密钥分发网络信息（如网络拓扑和密钥生成率信息）将自动上报给 SDN 控制器。

量子密钥分发网络初始化完成后，量子密钥分发网络运营商根据不同用户的密钥生成率需求产生多个量子密钥分发服务请求，并将这些请求发送给 SDN 控制器。量子密钥分发即服务涉及量子密钥分发服务的创建、修改和删除。以量子密钥分发服务创建为例，图 7-8 描述了量子密钥分发服务成功创建的跨层交互流程。在收到量子密钥分发服务创建请求后，SDN 控制器首先计算并选择源宿量子密钥分发节点之间的量子密钥分发路径。然后，SDN 控制器沿着量子密钥分发路径搜索每条量子密钥分发链路上实时可用的密钥生成率槽，并选择所需的密钥生成率槽。如果实时可用的密钥生成率槽能够满足该请求的密钥生成率需求，SDN 控制器将沿着量子密钥分发路径配置源宿量子密钥分发节点以及中间量子密钥分发节点/中继节点，从而完成面向量子密钥分发服务创建的密钥生成率槽分配。否则该量子密钥分发服务创建请求将被拒绝。量子密钥分发路径上中间量子密钥分发节

点/中继节点可以进行密钥中继，实现长距离的端到端量子密钥分发。最后，SDN
控制器向量子密钥分发网络运营商发送成功响应。

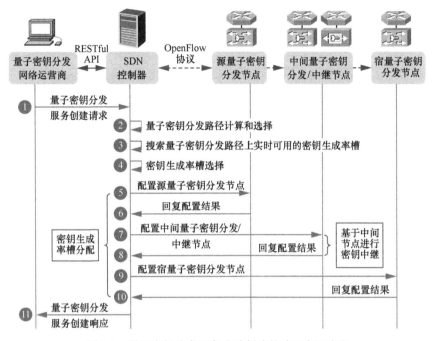

图 7-8　量子密钥分发服务成功创建的跨层交互流程

　　此外，当某个用户的密钥生成率需求发生变化时，该用户创建的量子密钥分
发服务需要修改其密钥生成率需求。SDN 控制器收到量子密钥分发服务修改请求
后，首先执行图 7-8 中步骤 3 和 4。如果沿着量子密钥分发路径实时可用的密钥生
成率槽能够满足修改后的密钥生成率需求，则面向量子密钥分发服务修改进行密
钥生成率槽的重新分配（即图 7-8 中步骤 5～10）。否则，量子密钥分发服务修改
请求将被拒绝。量子密钥分发服务到期后，量子密钥分发网络运营商可以请求删
除该量子密钥分发服务。当收到量子密钥分发服务删除请求时，SDN 控制器配置
量子密钥分发节点/中继节点，停止为该量子密钥分发服务分配密钥生成率槽，并
删除该量子密钥分发服务信息。

　　（3）路由和密钥分配策略

　　图 7-9 所示为面向量子密钥分发服务创建及修改的路由和密钥分配策略，该
策略的总体目标是在量子密钥分发网络上尽可能多地容纳不同用户的量子密钥分
发服务请求。首先，利用 Dijkstra 算法计算并选择量子密钥分发服务请求源宿量
子密钥分发节点之间最短的量子密钥分发路径，这是因为选择最短量子密钥分发
路径有利于减少量子密钥分发服务创建所需的量子密钥分发链路和密钥生成率槽

数量。然后，沿着量子密钥分发路径搜索每条量子密钥分发链路上实时可用的密钥生成率槽，这可以通过量子密钥分发节点和可信中继（中继节点）向 SDN 控制器实时上报获得。SDN 控制器中开发的资源模块用于存储和更新每条量子密钥分发链路上的点到点密钥生成率信息（包括可实现的密钥生成率和实时可用的密钥生成率）。

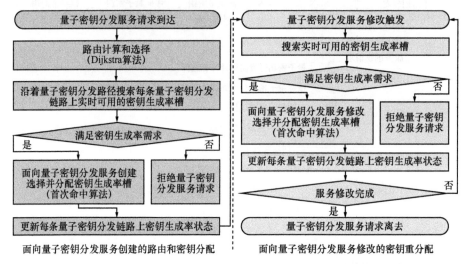

图 7-9　面向量子密钥分发服务创建及修改的路由和密钥分配策略

如果能够满足量子密钥分发服务创建的密钥生成率需求，则采用首次命中算法选择并分配量子密钥分发服务创建所需的密钥生成率槽，否则拒绝该量子密钥分发服务请求。首次命中算法具有复杂度低和计算开销小等优点。首次命中算法将所有实时可用的密钥生成率槽进行编号，优先选择编号最小的密钥生成率槽进行分配。本节设置量子密钥分发服务请求是动态到达的，且每个请求都不能容忍时延。SDN 控制器将平等对待所有的量子密钥分发服务请求，并随着时间的推移逐一处理这些请求。如果出现请求并发的情况，则随机处理并发的量子密钥分发服务请求。此外，对于每次量子密钥分发服务修改，都需要进行密钥生成率的重新分配。如果在请求持续时间内能够满足量子密钥分发服务修改的密钥生成率需求，则再次执行首次命中算法，选择并分配量子密钥分发服务修改所需的密钥生成率槽，否则拒绝该量子密钥分发服务请求。

7.2.4　软件定义量子密钥分发即服务实验演示

软件定义量子密钥分发即服务实验演示平台如图 7-10 所示。该平台中只有一个量子密钥分发网络运营商，可以根据不同用户的密钥生成率需求产生多个量子密钥分发服务请求并发送给 SDN 控制器。SDN 控制器是基于 OpenDaylight 控制器平台进行开发的。量子密钥分发网络运营商与 SDN 控制器之间的北向接口使用 RESTful API 实现，并基于 JSON 对其进行开发以支持 HTTP。其中，量子密钥分发服务创建、修改和删除的请求/响应消息分别采用 HTTP 的 POST、PUT 和 DELETE 方法实现。SDN 控制器与量子密钥分发节点/可信中继（中继节点）之间的南向接口基于扩展的 OFP v1.3.0 消息开发实现。

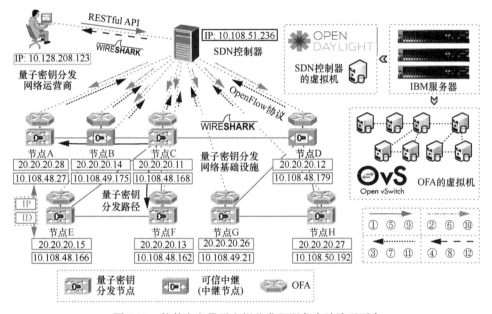

图 7-10　软件定义量子密钥分发即服务实验演示平台

量子密钥分发网络基础设施层物理状态的不同会导致每条链路上可实现的密钥生成率不同，可以通过 OFA 和 SDN 控制器中的资源模块对其进行管理。同时，每个量子密钥分发节点/中继节点需要向相应的 OFA 开放其控制接口和数据，这样量子密钥分发节点和中继节点才可以向 SDN 控制器上报实时可用的密钥生成率。本节提出的软件定义量子密钥分发即服务实现方法不局限于特定的量子密钥分发协议或系统，因此可以开发 Open vSwitch 作为 OFA。每个量子密钥分发节点/中继节点的详细信息都存储在其连接的 Open vSwitch 中，通过开发 Open vSwitch 可以模拟量子密钥分发节点/中继节点的网络层功能。该平台中没有放置量子密钥分发物理设备，因此不考虑量子密钥分发物理层问题和物理层参数（如量子比特误码率）的测量。本节重点关注量子密钥分发的网络层问题，该平台中开发了协议、策略和交互流程，可以演示量子密钥分发即服务流程并实现网络层参数（如服务时延）的测量。

实验演示平台通过放置 6 个量子密钥分发节点和 2 个中继节点构成量子密钥

分发网络基础设施。通过开发 Open vSwitch 模拟 8 个节点的网络层功能，同时在 IBM 服务器中安装并配置了 8 个虚拟机作为 Open vSwitch。IBM 服务器中还安装了 1 个虚拟机用于启动 SDN 控制器。图 7-10 标识了每个量子密钥分发节点/中继节点的唯一 ID 和 IP 地址，以及量子密钥分发网络运营商和 SDN 控制器的唯一 IP 地址。通过使用 Wireshark 网络协议分析器可以抓包并分析量子密钥分发网络运营商与 SDN 控制器之间的 HTTP 消息，以及 SDN 控制器与量子密钥分发节点/中继节点之间的 OpenFlow 协议消息。

　　SDN 控制器首先根据量子密钥分发网络拓扑配置所有的量子密钥分发节点和中继节点，完成量子密钥分发网络的初始化。实验演示平台将每条量子密钥分发链路上可实现的密钥生成率槽数量固定为 128 个。例如，当 50.5 km 光纤量子密钥分发链路上可实现的密钥生成率为 1.2 Mbit/s 时[21]，一个密钥生成率槽设置为 9.375 kbit/s。量子密钥分发网络初始化完成后，可以执行量子密钥分发即服务以满足不同用户的密钥生成率需求。基于该实验演示平台，本节以节点 F 与 A 之间的量子密钥分发服务请求为例，演示了量子密钥分发服务的创建、修改和删除，从而完成软件定义量子密钥分发即服务实现方法的验证。从图 7-10 可以看出，该量子密钥分发服务选择的量子密钥分发路径经过 4 个节点，分别是节点 F、C、B 和 A。量子密钥分发服务创建、修改和删除的交互流程如图 7-10 中编号和箭头所示，其中每个步骤都将在下文详细介绍。

　　步骤 1～4 实现量子密钥分发服务的创建。其中，量子密钥分发网络运营商与 SDN 控制器之间的量子密钥分发服务创建请求（步骤 1）和响应（步骤 4）的 HTTP 消息流如图 7-11 所示；SDN 控制器与量子密钥分发节点/中继节点之间的量子密钥分发服务创建请求（步骤 2）和响应（步骤 3）的 OpenFlow 协议消息流分别如图 7-12（a）、（b）所示。图 7-12（a）、（b）中的 OpenFlow 协议消息流分别符合图 7-5（a）、（b）中扩展的 OFP v1.3.0 消息，包含量子密钥分发服务 ID、量子密钥分发节点/中继节点的 ID 和 IP 地址、SDN 控制器的 IP 地址、量子密钥分发服务创建的消息功能、密钥生成率槽的占用情况、节点输入/输出端口、量子密钥分发服务创建的状态等信息。量子密钥分发服务创建成功后，沿着选定的量子密钥分发路径从每条量子密钥分发链路上实时可用的密钥生成率槽中选择 2 个密钥生成率槽，并分配给对应用户以满足其量子密钥分发服务创建的密钥生成率需求。

No.	Time	Source	Destination	Protocol	Length	Info	
① 1331	28.651899	10.128.208.123	10.108.51.236	HTTP	268	POST /controller	量子密钥分发服务创建请求
④ 1363	28.826454	10.108.51.236	10.128.208.123	HTTP	61	HTTP/1.1 200 OK	量子密钥分发服务创建响应
⑤ 2068	45.733013	10.128.208.123	10.108.51.236	HTTP	83	PUT /controller/	量子密钥分发服务修改请求
⑧ 2100	45.824802	10.108.51.236	10.128.208.123	HTTP	61	HTTP/1.1 200 OK	量子密钥分发服务修改响应
⑨ 2247	49.868684	10.128.208.123	10.108.51.236	HTTP	290	DELETE /controll	量子密钥分发服务删除请求
⑫ 2266	49.960113	10.108.51.236	10.128.208.123	HTTP	61	HTTP/1.1 200 OK	量子密钥分发服务删除响应

图 7-11　量子密钥分发服务创建、修改和删除的 HTTP 消息流

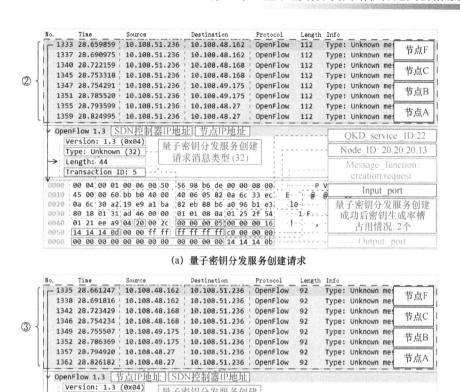

(a) 量子密钥分发服务创建请求

(b) 量子密钥分发服务创建响应

图 7-12　量子密钥分发服务创建请求和响应的 OpenFlow 协议消息流

　　步骤 5~8 实现量子密钥分发服务的修改，主要考虑到已创建的量子密钥分发服务可以在持续时间内请求修改其密钥生成率需求。步骤 5 和步骤 8 分别是量子密钥分发网络运营商与 SDN 控制器之间的量子密钥分发服务修改请求和响应，对应的 HTTP 消息流如图 7-11 所示；SDN 控制器与量子密钥分发节点/中继节点之间的量子密钥分发服务修改请求（步骤 6）和响应（步骤 7），对应的 OpenFlow 协议消息流分别如图 7-13（a）、（b）所示。图 7-13（a）、（b）中的 OpenFlow 协议消息流分别符合图 7-6（a）、（b）中扩展的 OFP v1.3.0 消息，包含量子密钥分发服务 ID、量子密钥分发节点/中继节点的 ID 和 IP 地址、SDN 控制器的 IP 地址、量子密钥分发服务修改的消息功能、密钥生成率槽的占用情况、量子密钥分发服务修改的状态等信息。量子密钥分发服务修改成功后，沿着选定的量子密钥分发路径每条链路上密钥生成率槽使用量修改为 1 个密钥生成率槽，这是因为重新分配了 1 个密钥生成率槽以满足量子密钥分发服务修改的密钥生成率需求。

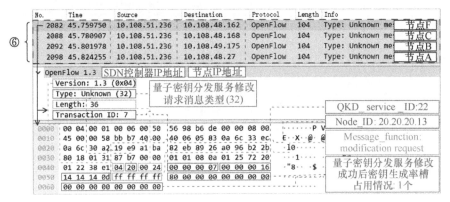

(a) 量子密钥分发服务修改请求

(b) 量子密钥分发服务修改响应

图 7-13　量子密钥分发服务修改请求和响应的 OpenFlow 协议消息流

当量子密钥分发服务到期时（即用户不再需要该量子密钥分发服务），步骤 9～12 实现量子密钥分发服务的删除。量子密钥分发网络运营商与 SDN 控制器之间的量子密钥分发服务删除请求（步骤 9）和响应（步骤 12）的 HTTP 消息流如图 7-11 所示；SDN 控制器与量子密钥分发节点/中继节点之间的量子密钥分发服务删除请求（步骤 10）和响应（步骤 11）的 OpenFlow 协议消息流分别如图 7-14（a）、（b）所示。图 7-14（a）、（b）中的 OpenFlow 协议消息流分别符合图 7-7（a）、（b）中扩展的 OFP v1.3.0 消息，包含量子密钥分发服务 ID、量子密钥分发节点/中继节点的 ID 和 IP 地址、SDN 控制器的 IP 地址、量子密钥分发服务删除的消息功能、量子密钥分发服务删除的状态等信息。

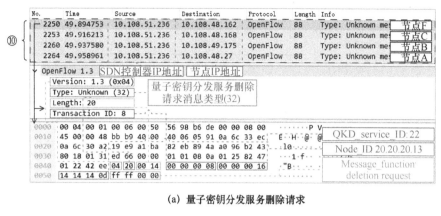

(a) 量子密钥分发服务删除请求

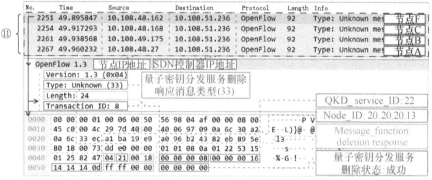

(b) 量子密钥分发服务删除响应

图 7-14　量子密钥分发服务删除请求和响应的 OpenFlow 协议消息流

表 7-1 列出了量子密钥分发服务创建、修改和删除的控制时延。量子密钥分发服务创建/修改/删除的控制时延是量子密钥分发网络运营商发送出量子密钥分发服务创建/修改/删除请求（步骤 1/5/9）与收到量子密钥分发服务创建/修改/删除响应（步骤 4/8/12）期间的时间间隔。量子密钥分发网络运营商产生不同的量子密钥分发服务请求，其量子密钥分发路径上可以具有不同跳数。表 7-1 中时延数值是通过取跳数相同的 3 个量子密钥分发服务时延的平均值获得的。由表 7-1 可以看出，量子密钥分发服务创建、修改和删除的时延都随着跳数的增加而增加，这源于沿着量子密钥分发路径的量子密钥分发节点/中继节点数量增加。对于一个量子密钥分发服务，其创建时延比修改时延长得多，而修改时延比删除时延稍长。其原因在于，量子密钥分发服务创建需要在源宿量子密钥分发节点之间选择和配置量子密钥分发路径，并进行密钥分配，而量子密钥分发服务修改只需要进行密钥重分配。上述实验结果验证了基于软件定义控制技术实现量子密钥分发即服务的高效性和灵活性。

表 7-1　量子密钥分发服务创建、修改和删除的控制时延

跳数	量子密钥分发服务 创建时延/ms	量子密钥分发服务 修改时延/ms	量子密钥分发服务 删除时延/ms
1	106.219	48.049	47.055
2	133.907	70.301	69.334
3	176.062	92.544	91.537
4	232.662	114.790	113.616

7.3　软件定义量子密钥分发网络多租户配置技术

由于部署成本和场景等的限制，一些具有高安全需求的用户难以部署专有的量子密钥分发网络。借鉴多租户的思想，多个租户通过共享量子密钥分发网络，可以提高网络利用效率并降低网络运营成本。量子密钥分发网络的密钥资源可以按需分配给多个租户，从而满足其不同的安全需求。因此，如何在量子密钥分发网络上实现高效灵活的多租户配置成为一个关键问题。本节针对量子密钥分发城域网场景，采用 SDN 技术来解决上述问题。

7.3.1　软件定义量子密钥分发网络多租户配置架构

图 7-15 所示为软件定义量子密钥分发网络多租户配置架构，该架构从上到下包括 3 个逻辑层：应用层、控制层和量子密钥分发层。为了实现 3 个逻辑层之间的跨层通信，采用 RESTful API 实现应用层与控制层之间的北向接口。同时，控制层与量子密钥分发层之间的南向接口可以基于不同的协议实现，如 OpenFlow、NETCONF 等协议。本节选择 OpenFlow 协议作为南向接口协议。

在量子密钥分发层上，量子密钥分发节点通过量子密钥分发链路及密钥管理链路相互连接，构成了量子密钥分发城域网。本节聚焦于量子密钥分发的网络层问题，并不局限于任何特定的量子密钥分发协议或设备。通过在量子密钥分发节点上安装 SDN 代理，可以使量子密钥分发节点支持 SDN 功能，本节开发 OFA 作为 SDN 代理。OFA 支持扩展的 OpenFlow 协议，并采用短距接口与量子密钥分发节点进行通信，使每个量子密钥分发节点能够根据控制层 SDN 控制器的指令进行操作。实际上，OFA 作为量子密钥分发节点的代理，可以通过协议解析和消息交互实现 SDN 控制器与量子密钥分发节点之间的互通。在 OFA 的帮助下，只要提供开放的控制接口，SDN 控制器不仅可以管理量子密钥分发节点，还可以统一管理其他各种网络设备。

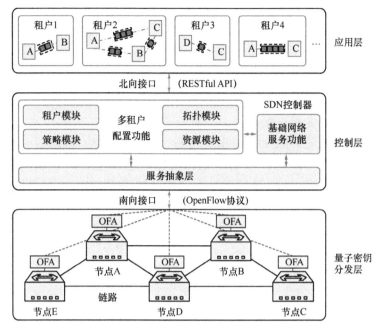

图 7-15 软件定义量子密钥分发网络多租户配置架构

控制层上放置一个 SDN 控制器对量子密钥分发城域网进行控制和管理。控制层与量子密钥分发层在逻辑层面是解耦的。为了支持多租户配置，可以对该控制器在主流 SDN 控制器平台的基础上进行开发。结合主流 SDN 控制器平台中已有的基础网络服务功能和服务抽象层，在控制器中进一步开发了支持多租户配置功能的 4 个模块。

① 租户模块存储和更新租户信息并且实现租户的建立、调整和删除。

② 拓扑模块收集、存储和更新量子密钥分发城域网拓扑以及量子密钥分发节点信息。

③ 资源模块存储和更新每对量子密钥分发节点之间的点到点和端到端密钥资源信息。

④ 策略模块执行密钥资源按需分配策略，对具有不同安全需求的多个租户进行密钥资源按需分配。

在应用层上，具有高安全需求的不同机构产生多个租户请求并发送给量子密钥分发网络运营商。本节设定该量子密钥分发城域网上只有一个量子密钥分发网络运营商。量子密钥分发层生成的点到点和端到端密钥资源数量由量子密钥分发网络运营商决定。每个租户都请求从量子密钥分发层获得一定数量的密钥资源，用于满足其特定的安全需求。例如，如图 7-15 所示，租户 1 请求从量子密钥分发节点 A 与 B 之间获得 2 个密钥资源单元，而租户 4 请求从量子密钥分发节点 A

与 C 之间获得 4 个密钥资源单元。根据网络配置和加密算法的不同，1 个密钥资源单元可以包含不同的安全比特数。

7.3.2 软件定义量子密钥分发网络多租户配置协议

最初的 OpenFlow 协议是面向电域分组交换而设计的。为了使逻辑上集中式的控制层具备多租户配置能力，有必要对 OpenFlow 协议进行扩展。一种扩展方法是扩展现有的 OpenFlow 消息，如"FLOW_MOD"；另一种扩展方法是创建附加在 OFP v1.3.0 标头的新消息。本节选择后一种 OpenFlow 协议扩展方法，在主流 SDN 控制器平台上通过使用 YANG 工具可以实现新消息的添加。

面向量子密钥分发网络租户建立、调整和删除请求扩展的 OpenFlow 协议消息分别如图 7-16（a）～（c）所示。除了 OFP v1.3.0 标头（包含版本、类型、长度和 Transaction_ID），添加 32 位表示租户的唯一 ID（Tenant_ID），并增加 32 位表示每个量子密钥分发节点的唯一 ID（Node_ID）。同时，添加 32 位表示请求消息的不同子类型（Message_subtype）。例如，租户建立、调整和删除请求的子类型分别用 0x0000FFFF、0xFFFFFFFF 和 0xFFFF0000 表示。对于一个租户建立请求，输入端口（Input_port）用于向该租户的加密通信设备输入密钥资源，而输出端口（Output_port）则用于输出相应量子密钥分发节点的密钥资源。此外，添加 128 位表示每个密钥资源单元的唯一 ID（SKR_unit_ID），可以用来描述密钥资源的占用情况（例如，1 和 0 可以分别用来描述占用和空闲）。

面向量子密钥分发网络租户建立、调整和删除响应扩展的 OpenFlow 协议消息如图 7-16（d）所示，其结构与面向量子密钥分发网络租户建立、调整和删除请求扩展的 OpenFlow 协议消息相似。租户建立、调整和删除响应的子类型分别与租户建立、调整和删除请求的子类型相同。此外，添加 32 位表示租户建立、调整和删除的状态，如成功或失败。

7.3.3 软件定义量子密钥分发网络多租户配置流程

在初始阶段，SDN 控制器通过 OFA 对每个量子密钥分发节点进行配置，完成量子密钥分发城域网的初始化。在建立 TCP 连接后，SDN 控制器将与每个支持 OpenFlow 的量子密钥分发节点进行握手和保活。然后，所有支持 OpenFlow 的量子密钥分发节点都被初始化，并自动向 SDN 控制器上报其详细信息。根据应用层量子密钥分发网络运营商的指令，SDN 控制器配置点到点和端到端的量子密钥分发连接。当量子密钥分发城域网稳定运行时，将该网络的详细信息（如网络拓扑信息和密钥资源信息）上报给 SDN 控制器。

0 7 8 15 16 31

Version	Type=32	Length
Transaction_ID		
Tenant_ID		
Node_ID		
Message_subtype=tenant establishment request (0x0000FFFF)		
Input_port		
SKR_unit_ID		
SKR_unit_ID		
SKR_unit_ID		
SKR_unit_ID		
Output_port		

(a) 租户建立请求

0 7 8 15 16 31

Version	Type=32	Length
Transaction_ID		
Tenant_ID		
Node_ID		
Message_subtype=tenant adjustment request (0xFFFFFFFF)		
SKR_unit_ID		
SKR_unit_ID		
SKR_unit_ID		
SKR_unit_ID		

(b) 租户调整请求

0 7 8 15 16 31

Version	Type=32	Length
Transaction_ID		
Tenant_ID		
Node_ID		
Message_subtype=tenant deletion request (0xFFFF0000)		

(c) 租户删除请求

0 7 8 15 16 31

Version	Type=33	Length
Transaction_ID		
Tenant_ID		
Node_ID		
Message_subtype=tenant establishment/adjustment/deletion response		
Status of tenant establishment/adjustment/deletion		

(d) 租户建立、调整和删除响应

图 7-16 面向量子密钥分发网络多租户配置扩展的 OpenFlow 协议消息

量子密钥分发城域网初始化完成后，应用层上具有高安全需求的不同机构产生多个租户请求并发送给量子密钥分发网络运营商。量子密钥分发网络运营商对这些租户请求进行逐一处理，并实现多租户的配置。多租户配置涉及多个租户的建立、调整和删除。为了满足多租户建立和调整的不同安全需求，需要为其分配不同数量的点到点和端到端密钥资源。图 7-17 所示为量子密钥分发城域网上租户成功建立的跨层交互流程。当收到一个租户建立请求时，SDN 控制器首先查找并选择对应的量子密钥分发节点,这些量子密钥分发节点与该租户的加密通信设备相连。然后,SDN 控制器在选定的量子密钥分发节点中搜索实时可用的点到点和端到端密钥资源,并选择该租户建立请求所需的密钥资源。如果实时可用的密钥资源能够满足该租户建立的安全需求,SDN 控制器将执行密钥资源按需分配策略,并配置相应的量子密钥分发节点完成面向该租户建立的密钥资源按需分配。否则,该租户建立请求将被拒绝。密钥资源按需分配完成后,将向应用层发送租户建立成功响应。

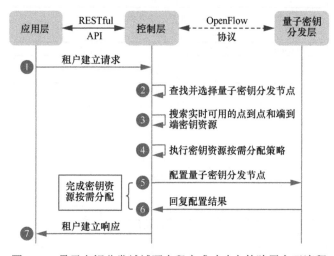

图 7-17   量子密钥分发城域网上租户成功建立的跨层交互流程

同样地,当收到一个租户调整请求时(即已建立的租户请求调整其安全需求),将首先执行图 7-17 中步骤 3 和步骤 4。如果可用的密钥资源能够满足该租户调整请求的安全需求,则执行图 7-17 中步骤 5 和步骤 6。否则,该租户调整请求将被拒绝。此外,当收到一个租户删除请求时,SDN 控制器将配置相应的量子密钥分发节点停止为该租户分配密钥资源,并删除该租户信息。

步骤 4 执行的密钥资源按需分配策略如图 7-18 所示,目标是在动态场景下对多个具有不同安全需求的租户请求进行密钥资源按需分配。对于每个租户请求,选择与该租户加密通信设备相连的对应量子密钥分发节点,并搜索量子密钥分发节点中实时可用的密钥资源。当租户请求在两个对应量子密钥分发节点之间的安全需求可以满足时,采用首次命中算法从量子密钥分发节点中选择所需的密钥资源,并将其分配给该租户请求。首次命中算法将每个可用的密钥资源单元进行编号,优先选择编号最小的密钥资源单元。根据对应量子密钥分发节点数量的不同,一个租户请求可以包含一个或多个密钥资源需求。只有当该租户请求的所有密钥资源需求都得到满足时,才能成功完成密钥资源按需分配。

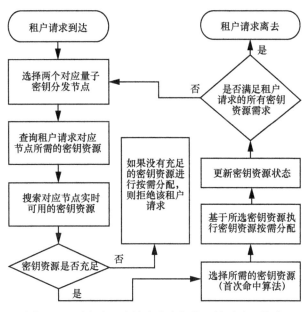

图 7-18　面向多租户请求的密钥资源按需分配策略

7.3.4　软件定义量子密钥分发网络多租户配置测试

图 7-19 所示为实验室中搭建的软件定义量子密钥分发网络多租户配置测试平台，用于测试基于 SDN 技术在量子密钥分发城域网上实现多租户配置的性能。该测试平台中只有一个量子密钥分发网络运营商，可以接收来自具有高安全需求不同机构的多个租户请求。基于 JSON 开发了 RESTful API，从而支持 HTTP。同时，基于扩展的 OFP v1.3.0 消息开发了 OpenFlow 协议。

本节描述的软件定义量子密钥分发网络多租户配置架构、协议和流程不局限于任何特定厂商的量子密钥分发设备。据此，开发 Open vSwitch 作为 OFA，每个量子密钥分发节点的详细信息都预先存储在其连接的 Open vSwitch 中。本节主要考虑网络层参数（如点到点和端到端密钥资源状态），并使用 Open vSwitch 来模拟量子密钥分发节点的网络层功能。该测试平台中没有物理节点设备，因此无法测量一些物理层参数和结果。该平台配置的量子密钥分发城域网包含 8 个量子密钥分发节点，于是在 IBM 服务器中安装并配置了 8 个虚拟机作为 OFA。此外，开发 OpenDaylight 控制器平台作为 SDN 控制器，将其在 IBM 服务器的一个独立虚拟机中安装并启动。图 7-19 标识了量子密钥分发网络运营商和 SDN 控制器的唯一 IP 地址，以及每个量子密钥分发节点的唯一 ID 和 IP 地址。为了演示和分析实验结果，采用 Wireshark 网络协议分析器对 HTTP 消息和 OpenFlow 协议消息进行抓包分析。

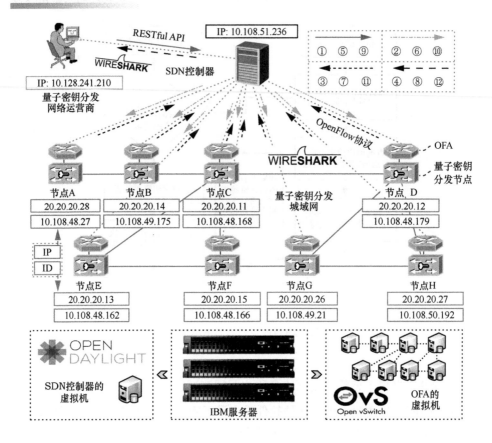

图 7-19 软件定义量子密钥分发网络多租户配置测试平台

　　所有的量子密钥分发节点都由 SDN 控制器进行配置,实现量子密钥分发城域网的初始化。图 7-20 所示为量子密钥分发城域网初始化的 OpenFlow 协议消息流,其中,量子密钥分发城域网初始化请求和响应的消息类型分别设置为 30 和 31。量子密钥分发城域网拓扑以及 8 个量子密钥分发节点根据图 7-19 进行配置。在该测试平台中,每对量子密钥分发节点之间的点到点或端到端密钥资源量固定为 128 个密钥资源单元,而每对量子密钥分发节点之间生成这些密钥资源量的周期由密钥生成率决定。

　　量子密钥分发城域网完成初始化后,可以逐一处理具有不同安全需求的多个租户请求,从而实现多租户的配置。以一个三节点租户配置为例,本节给出了量子密钥分发网络租户建立、调整和删除的实验结果。一个租户配置的整体交互流程在图 7-19 中进行了编号,并且每一个步骤都在图 7-21～图 7-24 中进行了详细说明。对于需要从 3 个量子密钥分发节点(即节点 C、E 和 F)中获取密钥资源的租户请求,量子密钥分发网络运营商与 SDN 控制器之间的租户请求和响应的 HTTP 消息流如

图 7-21 所示。此外，SDN 控制器与量子密钥分发节点之间的租户建立、调整和删除的 OpenFlow 协议消息流分别如图 7-22～图 7-24 所示。其中，租户配置（包括租户建立、调整和删除）请求和响应的消息类型分别设置为 32 和 33。

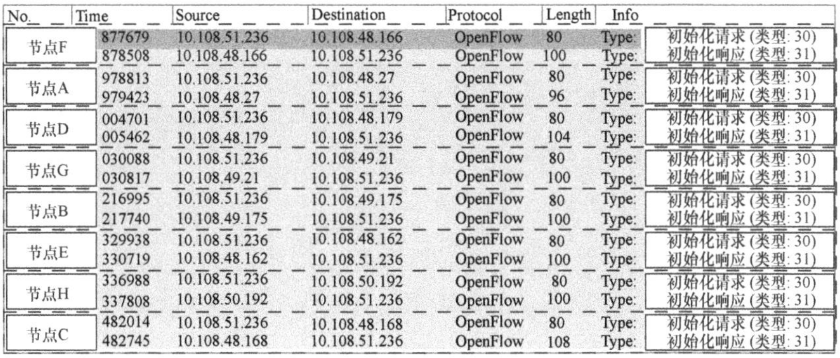

No.	Time	Source	Destination	Protocol	Length	Info	
节点F	877679	10.108.51.236	10.108.48.166	OpenFlow	80	Type:	初始化请求(类型:30)
	878508	10.108.48.166	10.108.51.236	OpenFlow	100	Type:	初始化响应(类型:31)
节点A	978813	10.108.51.236	10.108.48.27	OpenFlow	80	Type:	初始化请求(类型:30)
	979423	10.108.48.27	10.108.51.236	OpenFlow	96	Type:	初始化响应(类型:31)
节点D	004701	10.108.51.236	10.108.48.179	OpenFlow	80	Type:	初始化请求(类型:30)
	005462	10.108.48.179	10.108.51.236	OpenFlow	104	Type:	初始化响应(类型:31)
节点G	030088	10.108.51.236	10.108.49.21	OpenFlow	80	Type:	初始化请求(类型:30)
	030817	10.108.49.21	10.108.51.236	OpenFlow	100	Type:	初始化响应(类型:31)
节点B	216995	10.108.51.236	10.108.49.175	OpenFlow	80	Type:	初始化请求(类型:30)
	217740	10.108.49.175	10.108.51.236	OpenFlow	100	Type:	初始化响应(类型:31)
节点E	329938	10.108.51.236	10.108.48.162	OpenFlow	80	Type:	初始化请求(类型:30)
	330719	10.108.48.162	10.108.51.236	OpenFlow	100	Type:	初始化响应(类型:31)
节点H	336988	10.108.51.236	10.108.50.192	OpenFlow	80	Type:	初始化请求(类型:30)
	337808	10.108.50.192	10.108.51.236	OpenFlow	100	Type:	初始化响应(类型:31)
节点C	482014	10.108.51.236	10.108.48.168	OpenFlow	80	Type:	初始化请求(类型:30)
	482745	10.108.48.168	10.108.51.236	OpenFlow	108	Type:	初始化响应(类型:31)

图 7-20 量子密钥分发城域网初始化的 OpenFlow 协议消息流

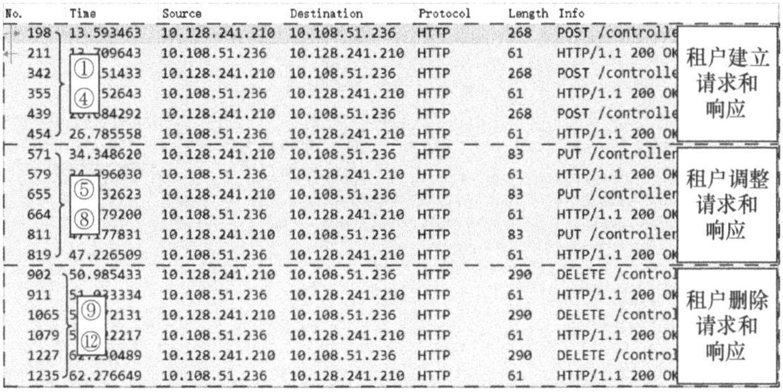

No.	Time	Source	Destination	Protocol	Length	Info	
198	13.593463	10.128.241.210	10.108.51.236	HTTP	268	POST /controlle	租户建立请求和响应
211	13.709643	10.108.51.236	10.128.241.210	HTTP	61	HTTP/1.1 200 OK	
342	①51433	10.128.241.210	10.108.51.236	HTTP	268	POST /controlle	
355	④52643	10.108.51.236	10.128.241.210	HTTP	61	HTTP/1.1 200 OK	
439	26.084292	10.128.241.210	10.108.51.236	HTTP	268	POST /controlle	
454	26.785558	10.108.51.236	10.128.241.210	HTTP	61	HTTP/1.1 200 OK	
571	34.348620	10.128.241.210	10.108.51.236	HTTP	83	PUT /controller	租户调整请求和响应
579	34.496030	10.108.51.236	10.128.241.210	HTTP	61	HTTP/1.1 200 OK	
655	⑤32623	10.128.241.210	10.108.51.236	HTTP	83	PUT /controlle	
664	⑧79200	10.108.51.236	10.128.241.210	HTTP	61	HTTP/1.1 200 OK	
811	47.277831	10.128.241.210	10.108.51.236	HTTP	83	PUT /controller	
819	47.226509	10.108.51.236	10.128.241.210	HTTP	61	HTTP/1.1 200 OK	
902	50.985433	10.128.241.210	10.108.51.236	HTTP	290	DELETE /control	租户删除请求和响应
911	51.033334	10.108.51.236	10.128.241.210	HTTP	61	HTTP/1.1 200 OK	
1065	⑨2131	10.128.241.210	10.108.51.236	HTTP	290	DELETE /control	
1079	⑫2217	10.108.51.236	10.128.241.210	HTTP	61	HTTP/1.1 200 OK	
1227	62.130489	10.128.241.210	10.108.51.236	HTTP	290	DELETE /control	
1235	62.276649	10.108.51.236	10.128.241.210	HTTP	61	HTTP/1.1 200 OK	

图 7-21 量子密钥分发网络运营商与 SDN 控制器之间的租户请求和响应的 HTTP 消息流

　　图 7-21 和图 7-22 中步骤 1～4 实现量子密钥分发网络租户的建立。其中，步骤 1 和步骤 4 分别是量子密钥分发网络运营商与 SDN 控制器之间的租户建立请求和响应，步骤 2 和步骤 3 分别是 SDN 控制器与量子密钥分发节点之间的租户建立请求和响应。图 7-22（a）、（b）中的 OpenFlow 协议消息流分别与图 7-16（a）、（d）中扩展的 OFP v1.3.0 消息一致，包含租户 ID、量子密钥分发节点 ID 和 IP 地址、SDN 控制器 IP 地址、租户建立请求和响应的子类型、密钥资源占用情况、密钥资源输入/输出端口、租户建立状态等详细信息。该租户建立成功后，根据密钥资源按需分配策略，分别从节点 E 与 F、节点 C 与 E、节点 C 与 F 之间实时可用的密钥资源中选择 1 个密钥资源单元。然后将选定的 1 个密钥资源单元分配给该租户，用来满足该租户建立的安全需求。

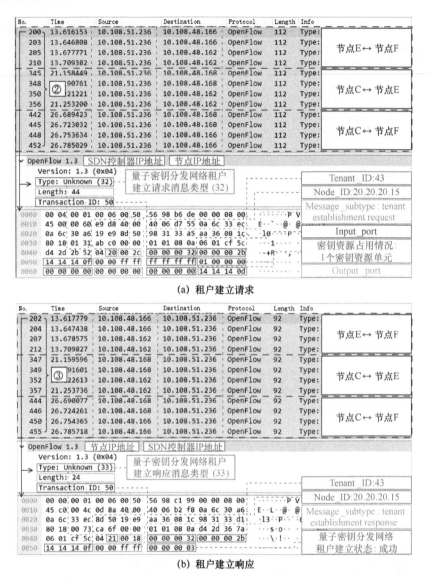

(a) 租户建立请求

(b) 租户建立响应

图 7-22　量子密钥分发网络租户建立的 OpenFlow 协议消息流

　　图 7-21 和图 7-23 中步骤 5～8 实现量子密钥分发网络租户的调整。其中，量子密钥分发网络运营商与 SDN 控制器之间的租户调整请求和响应分别在步骤 5 和步骤 8 进行，SDN 控制器与量子密钥分发节点之间的租户调整请求和响应分别在步骤 6 和步骤 7 进行。图 7-23（a）、（b）中的 OpenFlow 协议消息流分别与图 7-16（b）、（d）中扩展的 OFP v1.3.0 消息一致，包含租户 ID、量子密钥分发节点 ID 和 IP 地址、SDN 控制器 IP 地址、租户调整请求和响应的子类型、密钥资源占

用情况、租户调整状态等详细信息。当租户调整请求触发时，如该租户请求在 3 个量子密钥分发节点（即节点 C、E 和 F）中调整其所需的密钥资源量为 2 个密钥资源单元，则再次执行密钥资源按需分配策略，将 2 个密钥资源单元分配给该租户以满足该租户调整的安全需求。

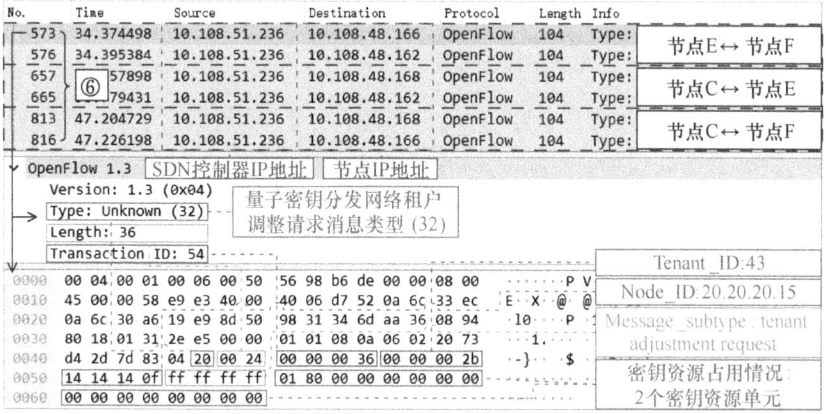

(a) 租户调整请求

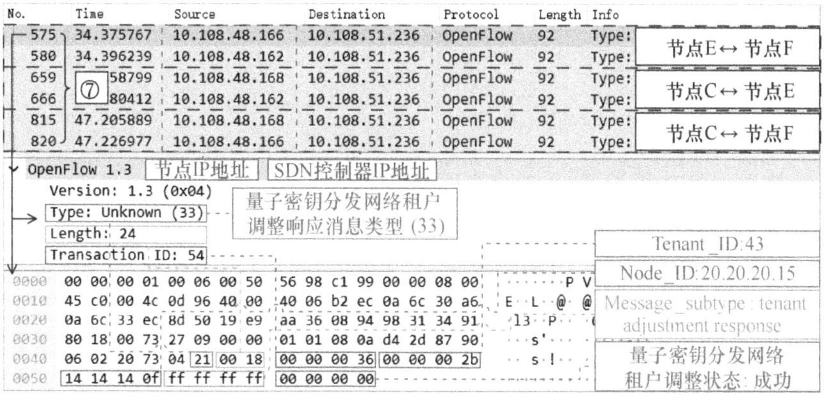

(b) 租户调整响应

图 7-23　量子密钥分发网络租户调整的 OpenFlow 协议消息流

当已建立的租户到期时，可以按照图 7-21 和图 7-24 中步骤 9～12 实现量子密钥分发网络租户的删除。其中，步骤 9 和步骤 12 分别是量子密钥分发网络运营商与 SDN 控制器之间的租户删除请求和响应，步骤 10 和步骤 11 分别是 SDN 控制器与量子密钥分发节点之间的租户删除请求和响应。图 7-24（a）、（b）中的 OpenFlow 协议消息流分别与图 7-16（c）、（d）中扩展的 OFP v1.3.0 消息一致，包含租户 ID、量子密钥分发节点 ID 和 IP 地址、SDN 控制器 IP 地址、租户删除请求和响应的子类型、租户删除状态等详细信息。

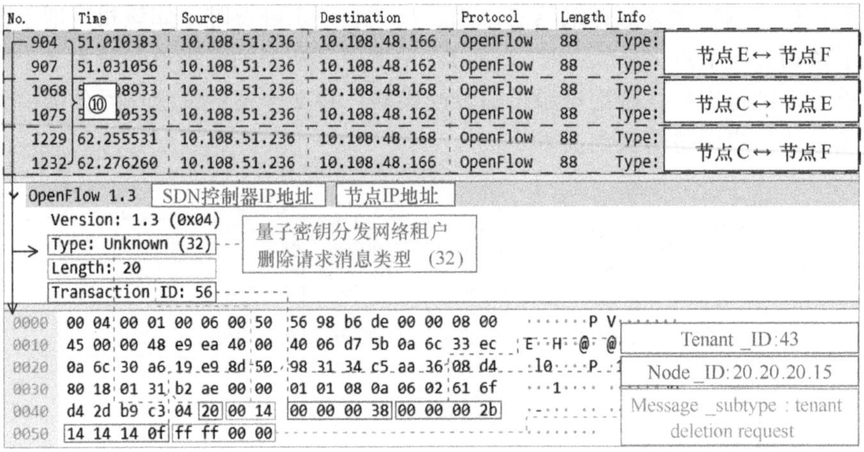

No.	Time	Source	Destination	Protocol	Length	Info	
904	51.010383	10.108.51.236	10.108.48.166	OpenFlow	88	Type:	节点E↔节点F
907	51.031056	10.108.51.236	10.108.48.162	OpenFlow	88	Type:	
1068	51.⑩8933	10.108.51.236	10.108.48.168	OpenFlow	88	Type:	节点C↔节点E
1075	51.⑩0535	10.108.51.236	10.108.48.162	OpenFlow	88	Type:	
1229	62.255531	10.108.51.236	10.108.48.168	OpenFlow	88	Type:	节点C↔节点F
1232	62.276260	10.108.51.236	10.108.48.166	OpenFlow	88	Type:	

OpenFlow 1.3 [SDN控制器IP地址] [节点IP地址]
Version: 1.3 (0x04)
Type: Unknown (32) —— 量子密钥分发网络租户删除请求消息类型 (32)
Length: 20
Transaction ID: 56

```
0000  00 04 00 01 00 06 00 50  56 98 b6 de 00 00 08 00   ·······P V         Tenant_ID:43
0010  45 00 00 48 e9 ea 40 00  40 06 d7 5b 0a 6c 33 ec   E··H··@· @         Node_ID:20.20.20.15
0020  0a 6c 30 a6 19 e9 8d 50  98 31 34 c5 aa 36 08 d4   ·l0····P         Message_subtype : tenant
0030  80 18 01 31 b2 ae 00 00  01 01 08 0a 06 02 61 6f   ···1·······         deletion request
0040  d4 2d b9 c3 04 20 00 14  00 00 00 38 00 00 00 2b
0050  14 14 14 0f ff ff 00 00
```

(a) 租户删除请求

No.	Time	Source	Destination	Protocol	Length	Info	
905	51.011380	10.108.48.166	10.108.51.236	OpenFlow	92	Type:	节点E↔节点F
909	51.031957	10.108.48.162	10.108.51.236	OpenFlow	92	Type:	
1070	51.⑪0070	10.108.48.168	10.108.51.236	OpenFlow	92	Type:	节点C↔节点E
1077	51.⑪1238	10.108.48.162	10.108.51.236	OpenFlow	92	Type:	
1231	62.256734	10.108.48.168	10.108.51.236	OpenFlow	92	Type:	节点C↔节点F
1236	62.276969	10.108.48.166	10.108.51.236	OpenFlow	92	Type:	

OpenFlow 1.3 [节点IP地址] [SDN控制器IP地址]
Version: 1.3 (0x04)
Type: Unknown (33) —— 量子密钥分发网络租户删除响应消息类型 (33)
Length: 24
Transaction ID: 56

```
0000  00 00 00 01 00 06 00 50  56 98 c1 99 00 00 08 00   ·······P V         Tenant_ID:43
0010  45 c0 00 4c 0d 9d 40 00  40 06 b2 e5 0a 6c 30 a6   E··L··@· @         Node_ID:20.20.20.15
0020  0a 6c 33 ec 8d 50 19 e9  aa 36 08 d4 98 31 34 d9   ·l3··P··         Message_subtype : tenant
0030  80 18 00 73 a4 87 00 00  01 01 08 0a d4 2d c8 8b   ···s·······         deletion response
0040  06 02 61 6f 04 21 00 18  00 00 00 38 00 00 00 2b   ··ao·!         量子密钥分发网络
0050  14 14 14 0f ff ff 00 00  00 00 00 00              租户删除状态：成功
```

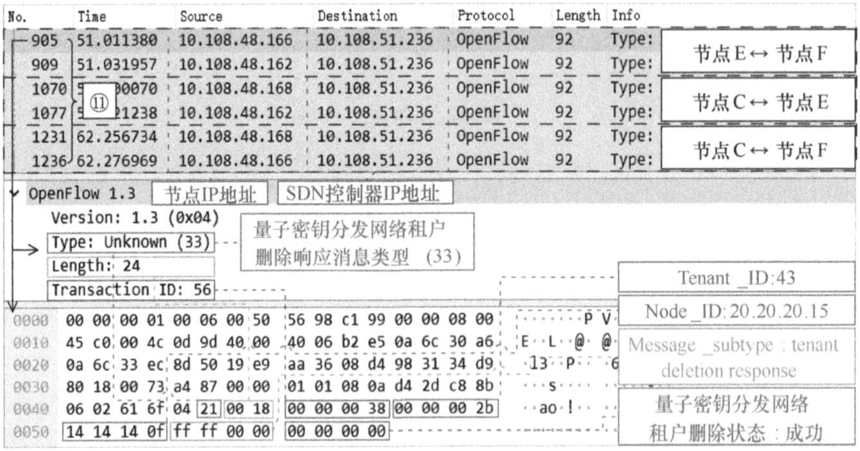

(b) 租户删除响应

图 7-24　量子密钥分发网络租户删除的 OpenFlow 协议消息流

　　以上述三节点租户为例，表 7-2 列出了量子密钥分发网络租户建立、调整和删除的控制时延。由表 7-2 可以看出，依赖软件定义控制技术，量子密钥分发网络租户建立、调整和删除的控制时延可以达到毫秒级。上述实验结果显示了基于软件定义控制技术实现量子密钥分发网络多租户配置的高效性和灵活性。

表 7-2　量子密钥分发网络租户建立、调整和删除的控制时延

租户节点数	量子密钥分发网络租户建立时延/ms	量子密钥分发网络租户调整时延/ms	量子密钥分发网络租户删除时延/ms
3	318.656	142.665	144.147

🔍 7.4　本章小结

　　本章对量子密钥分发网络软件定义创新服务进行了具体介绍，首先从量子密钥分发网络软件定义控制需求出发，分析了量子密钥分发网络软件定义控制技术的背景和发展现状。通过网络开放应用接口，软件定义控制技术可以对量子密钥分发网络资源和状态进行逻辑集中控制和监视，有助于实现高效、灵活、按需的量子密钥分发网络服务提供。本章围绕软件定义控制技术在量子密钥分发网络服务提供方面的应用需求，重点讨论了软件定义量子密钥分发即服务技术和软件定义量子密钥分发网络多租户配置技术。通过设计软件定义量子密钥分发网络可编程统一控制体系架构，结合面向量子密钥分发即服务或量子密钥分发网络多租户配置的协议扩展、跨层交互流程、路由和资源分配策略等实现方法，可以搭建实验演示平台，测试并验证基于软件定义控制技术实现量子密钥分发即服务或量子密钥分发网络多租户配置的高效性和灵活性。同时，量子密钥分发网络软件定义控制技术仍需要进一步的研究，如考虑跨层异构资源、协议接口兼容、控制信道安全等因素探索量子密钥分发网络软件定义控制的新方案。

参 考 文 献

[1] HUMBLE T S, SADLIER R J. Software-defined quantum communication systems[C]//Quantum Communications and Quantum Imaging XI. [S.l.]: Proceedings of SPIE, 2013.

[2] DASARI V R, SADLIER R J, PROUT R, et al. Programmable multi-node quantum network design and simulation[C]//Quantum Information and Computation IX. [S.l.]: Proceedings of SPIE, 2016.

[3] DASARI V R, SADLIER R J, GEERHART B E, et al. Software-defined network abstractions and configuration interfaces for building programmable quantum networks[C]//Advanced Photon Counting Techniques XI. [S.l.]: Proceedings of SPIE, 2017.

[4] YU W, ZHAO B, YAN Z. Software defined quantum key distribution network[C]//3rd IEEE International Conference on Computer and Communications. Piscataway: IEEE Press, 2017.

[5] ZHANG H, QUAN D, ZHU C, et al. A quantum cryptography communication network based on software defined network[J]. ITM Web of Conferences, 2018, 17: 01008.

[6] HUMBLE T S, SADLIER R J, WILLIAMS B P, et al. Software-defined quantum network

switching[C]//Disruptive Technologies in Information Sciences. [S.l.]: Proceedings of SPIE, 2018.

[7] WANG H, ZHAO Y, NAG A. Quantum-key-distribution (QKD) networks enabled by software-defined networks (SDN)[J]. Applied Sciences, 2019, 9(10): 2081.

[8] AGUADO A, HUGUES-SALAS E, HAIGH P A, et al. Secure NFV orchestration over an SDN-controlled optical network with time-shared quantum key distribution resources[J]. Journal of Lightwave Technology, 2017, 35(8): 1357-1362.

[9] AGUADO A, LOPEZ V, MARTINEZ-MATEO J, et al. GMPLS network control plane enabling quantum encryption in end-to-end services[C]//International Conference on Optical Network Design and Modeling. [S.l.:s.n.], 2017.

[10] AGUADO A, LOPEZ V, MARTINEZ-MATEO J, et al. Virtual network function deployment and service automation to provide end-to-end quantum encryption[J]. Journal of Optical Communications and Networking, 2018, 10(4): 421-430.

[11] EGOROV V I, CHISTYAKOV V V, SADOV O L, et al. Software-defined subcarrier wave quantum networking operated by OpenFlow protocol[C]//7th International Conference on Quantum Cryptography. [S.l.:s.n.], 2017.

[12] OU Y, HUGUES-SALAS E, NTAVOU F, et al. Field-trial of machine learning-assisted quantum key distribution (QKD) networking with SDN[C]//44th European Conference on Optical Communication. Piscataway: IEEE Press, 2018.

[13] HUGUES-SALAS E, NTAVOU F, GKOUNIS D, et al. Monitoring and physical-layer attack mitigation in SDN-controlled quantum key distribution networks[J]. Journal of Optical Communications and Networking, 2019, 11(2): A209-A218.

[14] LÓPEZ V, GOMEZ A, AGUADO A, et al. Extension of the ONF transport API to enable quantum encryption in end-to-end services[C]//45th European Conference on Optical Communication. [S.l.:s.n.], 2019.

[15] CHEN Q, SEGEV E, VARMA E, et al. Functional requirements for transport API[S]. ONF TR-527, 2016.

[16] CAO Y, ZHAO Y, WANG J, et al. SDQaaS: software defined networking for quantum key distribution as a service[J]. Optics Express, 2019, 27(5): 6892-6909.

[17] CAO Y, ZHAO Y, YU X, et al. Multi-tenant provisioning over software defined networking enabled metropolitan area quantum key distribution networks[J]. Journal of the Optical Society of America B, 2019, 36(3): B31-B40.

[18] CAO Y, ZHAO Y, YU X, et al. Experimental demonstration of end-to-end key on demand service provisioning over quantum key distribution networks with software defined networking[C]//Optical Fiber Communication Conference. Piscataway: IEEE Press, 2019.

[19] AGUADO A, LÓPEZ V, LÓPEZ D, et al. The engineering of software-defined quantum key distribution networks[J]. IEEE Communications Magazine, 2019, 57(7): 20-26.

[20] AGUADO A, LÓPEZ D R, PASTOR A, et al. Quantum cryptography networks in support of

path verification in service function chains[J]. Journal of Optical Communications and Net-working, 2020, 12(4): B9-B19.

[21] DYNES J F, TAM W W S, PLEWS A, et al. Ultra-high bandwidth quantum secured data trans-mission[J]. Scientific Reports, 2016, 6: 35149.

第8章

量子密钥分发网络未来展望

随着量子信息时代的到来，量子密钥分发网络将引起学术界和工程界越来越多的关注。量子密钥分发网络具有巨大的发展潜力，可以在现实世界中为各种应用提供长期的数据保护和面向未来的安全保障。近年来，量子密钥分发网络的初步应用已经开启了一系列相关的研究问题。要实现量子密钥分发网络的全面发展，需要跨越物理、计算机科学、密码学和信息通信等领域开展多方面的学术和工程研究。本章将开启量子密钥分发网络及其相关方向研究的新视角。

🔍 8.1　量子密钥分发组网与应用技术

除了本书前面章节中讨论的量子密钥分发网络关键技术，量子密钥分发组网与应用的研究还面临着许多开放性的挑战，如量子密钥分发组网性能提升、量子密钥分发网络编码应用、量子密钥分发组网测试与验证以及量子密钥分发网络商用化等。

8.1.1　量子密钥分发组网性能提升

为了面向越来越多的互联网用户提供前向保密和长期保护，需要提升量子密钥分发网络的性能。研究人员希望在量子密钥分发网络中实现更长的距离和更高的密钥生成率，从而发明了许多新型量子密钥分发协议和器件。例如，TF（Twin-Field）协议和 PM（Phase-Matching）协议可以突破量子密钥分发的速率–距离限制，而基于光子集成器件的芯片化量子密钥分发技术[1]有望实现量子密钥分发网络的大规模实用化部署。这些新型量子密钥分发协议和器件都需要进一步的研究，才能使其在现实量子密钥分发网络中实现。同时，量子密钥分发网络的数学模型[2]还需要深入研究，以准确描述和评估各种网络拓扑和量子密钥分发协议对于实际量子密钥分发网络性能的影响。此外，量子密钥分发与现有光网络的融合仍需要提升性能，从而促进光纤量子密钥分发网络的低成本高效部署。随着洲际量子密钥分发网络实验[3]的成功，基于卫星的量子密钥分发组网可行性得到了验证。基于卫星星座的量子密钥分发组网技术[4]需要进一步探索，与光纤量子密钥分发网络相互补充共同向全球天地一体化量子密钥分发网络方向发展。

8.1.2　量子密钥分发网络编码应用

网络编码在经典网络中已经得到了广泛的研究和分析，为了使网络编码能够更好地应用于量子密钥分发网络，需要解决许多面向量子密钥分发网络的网络编码应用相关问题。例如，基于可信中继的量子密钥分发网络对可信中继的依赖程度可以通过网络编码方案来缓解[5]。网络编码还可以帮助量子密钥分发网络中的多个发送端向多个接收端组播安全密钥[6]，同时有助于改进多用户量子密钥分发系统中现实的公共通信信道[7]。此外，一种新型的网络编码模式已被提出，被称为量子网络编码[8]。量子网络编码还处于起步阶段，目前的研究大多集中在其理论层面。将量子网络编码与经典网络编码相互补充，并挖掘其在量子密钥分发网络中的应用有望成为未来研究的重要方向。

8.1.3　量子密钥分发组网测试与验证

到目前为止，现实部署的量子密钥分发网络主要性能参数都是通过量子密钥分发设备厂商或网络运营商自行测试获得的，缺少专门针对量子密钥分发网络的官方测试与验证方案。参考文献[9]描述了一种替代方案，使量子密钥分发网络设备符合成熟的安全认证标准。此外，ETSI GS QKD 011 组织规范"量子密钥分发系统光学元件特性"中涵盖了量子密钥分发系统中单个器件各种参数的测量方法。如何保证量子密钥分发网络测试与验证的有效性和公正性是一个关键问题。需要针对不同的量子密钥分发网络环境，制定一些统一的测试与验证标准、仪器和平台。同时，还可以成立独立的评估机构，对不同环境下的量子密钥分发网络进行测试，验证网络建设者声称的网络性能。

8.1.4　量子密钥分发网络商用化

如今，各种商用量子密钥分发设备已经可以生产出来，许多实际的量子密钥分发网络也完成了部署。尽管如此，基于商用量子密钥分发设备搭建量子密钥分发网络并实现其商用化仍然面临许多障碍。美国 Battelle 公司的研究人员在可控的实验室环境中对比测试了定制和商用的量子密钥分发系统[10]，旨在建立一个量子密钥分发网络来表征其在现实城域和广域环境下的性能。移动手持式量子密钥分发设备[11]需要进一步的研究才能实现商用化。此外，量子密钥分发网络的现实安全性也是商用化的主要障碍之一，这是因为攻击者可能会恶意利用整体量子密钥分发网络的不完善性使其瘫痪。因此，应针对现实漏洞不断发明和更新应对方案，从而实现商用化环境下的量子密钥分发网络安全。

8.2 量子密钥分发网络融合技术

除了与经典光网络融合降低部署成本和提升光网络安全性，量子密钥分发还可以与其他许多先进技术或网络场景融合，产生多学科的学术和工程界都特别感兴趣的方向，如量子密钥分发融合后量子密码、量子密钥分发融合区块链、量子密钥分发融合物联网以及量子密钥分发融合无线网络等。

8.2.1 量子密钥分发融合后量子密码

除了量子密钥分发技术，后量子密码学[12]是可以提供量子安全性的另一种潜在方法。它包含一些被证明可以安全抵御已知量子攻击的密码算法。鉴于后量子密码算法主要是在软件中实现的，后量子密码具有与现有安全平台兼容的优势。实际上，量子密钥分发技术不能复现经典密码系统的所有功能。后量子密码学和量子密钥分发技术是两个平行的研究方向，两者受发展水平的限制在实践中都还没有达到广泛应用的程度。在不久的将来，后量子密码学有望与量子密钥分发技术相融合，共同构建量子安全密码系统的基础设施，从而可以在不同的高安全需求环境下实现量子安全方法的灵活选择。

8.2.2 量子密钥分发融合区块链

区块链是一个分布式的公共账本平台，它可以在一个庞大的去中心化网络中实现彼此不信任的各方的共识。区块链账本几乎可以由任何有价值的东西组成，比如身份、贷款、土地所有权和物流清单等。区块链最突出的应用之一是货币，如比特币。尽管区块链传统上被认为是安全的，但它很容易受到量子计算攻击的负面影响[13]。目前，已有一些研究关注后量子区块链[14]，即基于后量子密码学保证区块链的安全。另一方面，量子密钥分发是克服区块链在量子信息时代所面临安全挑战的一种很有前景的技术。城市区域的量子密钥分发网络通过建立基于量子密钥分发的量子安全区块链平台[15]，可以实现安全认证。同时，通过采用基于量子密钥分发的数字签名方案，可以提出量子安全许可的区块链框架[16]。因此，如何实现量子密钥分发网络与区块链的融合，对于构建高度安全的区块链平台具有十分重要的现实意义。

8.2.3　量子密钥分发融合物联网

物联网是一个巨大的物与物相连的网络，在这个网络中，所有的物理对象都连接到互联网，并通过网络设备或路由器交换数据。未来，物联网将成为人们日常生活中不可或缺的一部分。然而，研究人员对物联网发展过程中面临的风险尤为担忧，特别是在安全性和隐私性方面。事实上，物联网需要一个高度稳健的密码系统。目前，已有一些研究提出了后量子物联网的思想[17]，通过在物联网中融入后量子密码算法，以确保物联网系统免受已知的量子攻击威胁，这已经成为物联网研究的活跃领域。相比之下，量子密码学尤其是量子密钥分发与物联网融合形成的量子物联网[18]尚处于早期研究阶段，需要更多的研究关注。量子密钥分发与物联网融合为保障量子世界物联网的安全奠定了坚实的基础，从而带来了新的研究契机。

8.2.4　量子密钥分发融合无线网络

迄今为止，大多数现实世界的量子密钥分发网络都是使用有线链路（即光纤）和固定物理位置的节点。除了利用量子计算提供的计算能力提升无线系统性能的量子辅助无线通信[19]，一些初步研究表明，量子密钥分发能够为下一代无线网络（如 5G/B5G 网络）中的用户和业务提供高级别的安全性[20-21]。随着量子卫星[22]、量子无人机[23-24]等自由空间量子密钥分发和移动终端的发展，无线/移动量子密钥分发已成为一个有价值的研究方向。例如，室内环境下无线量子密钥分发的可行性已经得到了验证[25]。此外，参考文献[26]还探索了在太赫兹频段下实现量子密钥分发的可行性。基于无线链路和移动节点的量子密钥分发网络有望在未来建成，从而为无线通信提供安全的移动性。

🔍 8.3　量子通信网络新兴技术

除了实用化的制备与测量型量子密钥分发网络，量子通信网络还涉及一些尚未在实践中成熟应用的新兴技术，如纠缠量子密钥分发网络、量子隐形传态网络、量子安全直接通信网络以及量子互联网等。这些量子通信网络新兴技术引起了学术界的特别关注，需要进一步研究以促进其实用化。

8.3.1　纠缠量子密钥分发网络

纠缠是量子世界中最非凡的特征之一，在量子信息科学领域有许多应用，如量子密钥分发和量子隐形传态[27]。基于纠缠的量子密钥分发技术具有广阔的应用前景，它具有提供设备无关安全性和构建全球规模基于量子中继的量子密钥分发网络的潜力。基于光纤、自由空间以及卫星都已经实现了基于纠缠的量子密钥分发实验。此外，光网络上的纠缠分发已经在理论上进行了研究[28]，并在现场进行了实验测试[29]。同时，参考文献[30]演示了城域范围内全连接的纠缠量子密钥分发网络。尽管纠缠网络在理论和实验研究方面取得了一定进展，但要使完全纠缠的量子密钥分发网络在实际应用中达到成熟水平，还需要长期的努力。对于完全纠缠的大规模量子密钥分发网络，还需要进一步探索量子处理器和量子存储器等基础硬件设施。

8.3.2 量子隐形传态网络

量子隐形传态[27]使未知的量子态能够在网络中远距离的节点之间安全传输。长距离量子隐形传态是实现全球量子通信和大规模量子网络的基础。基于光纤和自由空间可以实现长距离的量子隐形传态，相关的一些实验已在综述参考文献[31]中进行了介绍。此外，基于光纤城域网[32]以及利用量子卫星[33]都已经验证了量子隐形传态的可行性。虽然量子网络中已经开发了一些用于实现量子隐形传态的有效方案，但是可靠的长距离量子隐形传态未来仍需要朝着实用化的方向发展，从而在现实世界中实现全球量子通信网络。

8.3.3 量子安全直接通信网络

除了量子密钥分发和量子隐形传态，量子安全直接通信[34-35]是量子通信方向的另一个分支。借助量子安全直接通信技术，机密信息可以直接通过量子信道进行传输，而不需进行密钥分发和数据加密。量子安全直接通信具有安全直接特性，成为构建量子直接秘密共享[36]、量子签名[37]和量子安全直接对话[38]等协议的重要密码学基元。目前，几种量子安全直接通信协议已被提出，并且在实验环境中已经可以实现实际的量子安全直接通信系统[39]。量子安全直接通信至今仍是一个活跃的研究领域，通过在这一领域开展深入研究，有望在现实世界中实现量子安全直接通信网络。

8.3.4 量子互联网

量子密钥分发在经典互联网上有许多应用。为了完成一些在经典互联网上只基于经典信息无法完成的任务，量子互联网[40]的设想即被提出，目标是基于量子通信提供新的互联网技术，从而实现与经典互联网的相互补充。量子互联网可以利用量子信道将量子信息处理器连接起来，使经典互联网无法实现的应用成为可能。参考文献[41]描述了量子互联网发展的技术路线，其中最初的发展阶段便是构建量子密钥分发网络。近年来，量子互联网吸引了越来越多的研究关注。然而，量子互联网仍处于起步阶段，很难预测未来量子互联网的所有应用。因此，需要研究量子互联网的各方面功能并对其进行测试。

🔍 8.4　本章小结

本章针对量子密钥分发网络及其相关方向的未来进行了展望。首先从量子密钥分发自身的组网与应用技术出发，讨论了量子密钥分发组网性能提升、量子密钥分发网络编码应用、量子密钥分发组网测试与验证以及量子密钥分发网络商用化等实用化挑战。然后概述了量子密钥分发网络融合技术，深入探讨了量子密钥分发融合后量子密码、量子密钥分发融合区块链、量子密钥分发融合物联网以及量子密钥分发融合无线网络等跨学科新方向。最后扩展至量子通信网络新兴技术，描述了纠缠量子密钥分发网络、量子隐形传态网络、量子安全直接通信网络以及量子互联网的未来愿景。量子密钥分发网络正处于高速发展的时期，未来仍面临诸多挑战，需要跨学科、跨领域的研究才能实现其全方位发展。

参 考 文 献

[1] SIBSON P, ERVEN C, GODFREY M, et al. Chip-based quantum key distribution[J]. Nature Communications, 2017, 8: 13984.

[2] LI Q, WANG Y, MAO H, et al. Mathematical model and topology evaluation of quantum key distribution network[J]. Optics Express, 2020, 28(7): 9419-9434.

[3] LIAO S K, CAI W Q, HANDSTEINER J, et al. Satellite-relayed intercontinental quantum network[J]. Physical Review Letters, 2018, 120(3): 030501.

[4] HUANG D, ZHAO Y, YANG T, et al. Quantum key distribution over double-layer quantum satellite networks[J]. IEEE Access, 2020, 8: 16087-16098.

[5] ELKOUSS D, MARTINEZ-MATEO J, CIURANA A, et al. Secure optical networks based on quantum key distribution and weakly trusted repeaters[J]. Journal of Optical Communications and Networking, 2013, 5(4): 316-328.

[6] XU F H, WEN H, HAN Z F, et al. Network coding in trusted relay based quantum network[EB].

[7] NGUYEN H V, TRINH P V, PHAM A T, et al. Network coding aided cooperative quantum key distribution over free-space optical channels[J]. IEEE Access, 2017, 5: 12301-12317.

[8] HAYASHI M, IWAMA K, NISHIMURA H, et al. Quantum network coding[C]//Annual Sympo-

sium on Theoretical Aspects of Computer Science. New York: ACM Press, 2007.

[9] WALENTA N, SOUCARROS M, STUCKI D, et al. Practical aspects of security certification for commercial quantum technologies[C]//Electro-Optical and Infrared Systems: Technology and Applications XII; and Quantum Information Science and Technology. [S.l.]: Proceedings of SPIE, 2015.

[10] OESTERLING L, HAYFORD D, FRIEND G. Comparison of commercial and next generation quantum key distribution: technologies for secure communication of information[C]//IEEE Conference on Technologies for Homeland Security. Piscataway: IEEE Press, 2012.

[11] CHUN H, CHOI I, FAULKNER G, et al. Handheld free space quantum key distribution with dynamic motion compensation[J]. Optics Express, 2017, 25(6): 6784-6795.

[12] BERNSTEIN D J, LANGE T. Post-quantum cryptography[J]. Nature, 2017, 549(7671): 188-194.

[13] FEDOROV A K, KIKTENKO E O, LVOVSKY A I. Quantum computers put blockchain security at risk[J]. Nature, 2018, 563(7732): 465-467.

[14] GAO Y L, CHEN X B, CHEN Y L, et al. A secure cryptocurrency scheme based on post-quantum blockchain[J]. IEEE Access, 2018, 6: 27205-27213.

[15] KIKTENKO E O, POZHAR N O, ANUFRIEV M N, et al. Quantum-secured blockchain[J]. Quantum Science and Technology, 2018, 3(3): 035004.

[16] SUN X, SOPEK M, WANG Q, et al. Towards quantum-secured permissioned blockchain: signature, consensus, and logic[J]. Entropy, 2019, 21(9): 887.

[17] FERNÁNDEZ-CARAMÉS T M. From pre-quantum to post-quantum IoT security: a survey on quantum-resistant cryptosystems for the Internet of Things[J]. IEEE Internet of Things Journal, 2020, 7(7): 6457-6480.

[18] RAHMAN M S, HOSSAM-E-HAIDER M. Quantum IoT: a quantum approach in IoT security maintenance[C]//International Conference on Robotics, Electrical and Signal Processing Techniques. Piscataway: IEEE Press, 2019.

[19] HANZO L, HAAS H, IMRE S, et al. Wireless myths, realities, and futures: from 3G/4G to optical and quantum wireless[J]. Proceedings of the IEEE, 2012, 100: 1853-1888.

[20] AGUADO A, LOPEZ D R, LOPEZ V, et al. Quantum technologies in support for 5G services: ordered proof-of-transit[C]//45th European Conference on Optical Communication.[S.l.:s.n.], 2019.

[21] WANG R, TESSINARI R S, HUGUES-SALAS E, et al. End-to-end quantum secured inter-domain 5G service orchestration over dynamically switched flex-grid optical networks enabled by a q-ROADM[J]. Journal of Lightwave Technology, 2020, 38(1): 139-149.

[22] LIAO S K, CAI W Q, LIU W Y, et al. Satellite-to-ground quantum key distribution[J]. Nature, 2017, 549(7670): 43-47.

[23] LIU H Y, TIAN X H, GU C, et al. Drone-based entanglement distribution towards mobile quantum networks[J]. National Science Review, 2020, 7(5): 921-928.

[24] LIU H Y, TIAN X H, GU C, et al. Optical-relayed entanglement distribution using drones as

mobile nodes[J]. Physical Review Letters, 2021, 126(2): 020503.

[25] ELMABROK O, RAZAVI M. Wireless quantum key distribution in indoor environments[J]. Journal of the Optical Society of America B, 2018, 35(2): 197-207.

[26] OTTAVIANI C, WOOLLEY M J, EREMENTCHOUK M, et al. Terahertz quantum cryptography[J]. IEEE Journal on Selected Areas in Communications, 2020, 38(3): 483-495.

[27] BENNETT C H, BRASSARD G, CRÉPEAU C, et al. Teleporting an unknown quantum state via dual classical and Einstein-Podolsky-Rosen channels[J]. Physical Review Letters, 1993, 70(13): 1895-1899.

[28] CIURANA A, MARTIN V, MARTINEZ-MATEO J, et al. Entanglement distribution in optical networks[J]. IEEE Journal of Selected Topics in Quantum Electronics, 2015, 21(3): 6400212.

[29] WENGEROWSKY S, JOSHI S K, STEINLECHNER F, et al. Entanglement distribution over a 96-km-long submarine optical fiber[J]. PNAS, 2019, 116(14): 6684-6688.

[30] JOSHI S K, AKTAS D, WENGEROWSKY S, et al. A trusted node-free eight-user metropolitan quantum communication network[J]. Science Advances, 2020, 6(36): eaba0959.

[31] XIA X X, SUN Q C, ZHANG Q, et al. Long distance quantum teleportation[J]. Quantum Science and Technology, 2017, 3(1): 014012.

[32] VALIVARTHI R, PUIGIBERT M G, ZHOU Q, et al. Quantum teleportation across a metropolitan fibre network[J]. Nature Photonics, 2016, 10(10): 676-680.

[33] REN J G, XU P, YONG H L, et al. Ground-to-satellite quantum teleportation[J]. Nature, 2017, 549(7670): 70-73.

[34] LONG G L, LIU X S. Theoretically efficient high-capacity quantum-key-distribution scheme[J]. Physical Review A, 2002, 65(3): 032302.

[35] LONG G L. Quantum secure direct communication: principles, current status, perspectives[C]//IEEE 85th Vehicular Technology Conference. Piscataway: IEEE Press, 2017.

[36] LAI H, XIAO J, ORGUN M A, et al. Quantum direct secret sharing with efficient eavesdropping-check and authentication based on distributed fountain codes[J]. Quantum Information Processing, 2014, 13(4): 895-907.

[37] YOON C S, KANG M S, LIM J I, et al. Quantum signature scheme based on a quantum search algorithm[J]. Physica Scripta, 2014, 90(1): 015103.

[38] ZHENG C, LONG G. Quantum secure direct dialogue using Einstein-Podolsky-Rosen pairs[J]. Science China Physics, Mechanics & Astronomy, 2014, 57(7): 1238-1243.

[39] QI R, SUN Z, LIN Z, et al. Implementation and security analysis of practical quantum secure direct communication[J]. Light: Science and Applications, 2019, 8(1): 22.

[40] KIMBLE H J. The quantum internet[J]. Nature, 2008, 453(7198): 1023-1030.

[41] WEHNER S, ELKOUSS D, HANSON R. Quantum internet: a vision for the road ahead[J]. Science, 2018, 362(6412): eaam9288.

名词索引